数学の本質をさぐる2

新しい解析幾何・複素数とガウス平面

石谷 茂 著

現代数学社

まえがき

数学に限らず，ものを学ぶとき緊張は禁物である．過度の緊張はかえって頭の働きをにぶくする．思い出せない電話番号や漢字を，気分転換によって気楽な気分になったとき，パット思い出すことがある．鉢巻をしたり，ひたいにしわをよせたりして，この本を開かないよう願いたい．

古代ギリシャ以来の古典幾何は，図をみて考え，名案を発見するという代数にはみられない長所がある．しかし，不思議なことに，長所は短所でもある．問題ごとに図から何かを発見しなければ解けないことは楽しみと同時に困難を伴う．解析幾何は，この古典幾何の困難の一部を軽減してくれると共に，新しい分野を解決する力をも与えてくれる．

デカルトの創案である解析幾何は空間の究明には欠かせないもので，高校の幾何の中核をなしている．この解析幾何をベクトルを用いて学ぶ方法は比較的新しいものである．本書はベクトルのよさが分るように解説した積りである．ベクトルの嫌いな学生もいるが，多くは食わず嫌いのような気がする．ベクトルはやさしいもので，応用も広い．習うより慣れろの諺もある．解析幾何はベクトルに親しむのにふさわしい数学でもある．ベクトルには矢線ベクトルと数ベクトルとあるが，この2つが一体となって働く場所が解析幾何なのである．

第II部の複素数とガウス平面は，複素数に親しむことをねらったものである．複素数の応用は代数，関数，幾何など多方面に及ぶが，ここでは主として幾何を取扱った．ベクトルは回転が苦手であるが，複素数はそれが得意であって，思いもよらないところで力を発揮する．特に第4章で，それを学んで頂きたい．

本書は1996年に刊行された『高校生のためのハイレベル数学II』を，より多くの方々に親しんでただきたいと書名変更したものです．

内容は高校数学プラスアルファの知識を懇切丁寧に解説し，より高度な数学への橋渡し的な役割を果たすものです．現在の高校数学を既知とする方々に，是非お読みいただければ幸いです．

現代数学社編集部

目　次

II部　複素数とガウス平面

I部
新しい解析幾何

一気に現代的取扱いへ高飛びするのを避け、古典的方法から新しい方法へと、ラセン的に進むよう解説してみた。ベクトルは高校の既習事項だから最初から用い、行列と行列式の利用をなるべくあとへ回したのは、そのためである。第3章で、2次曲線の標準形と基本的性質を解説したのは、この内容の大部分が高校の数学から姿を消そうとしているからである。2次曲線は図形的には天体の運動と関係が深く、基本的内容は常識として、今後も生き残るであろう。代数的には2次形式の理論に結びつき、応用の道が広い。

第1章　平面上の1次図形

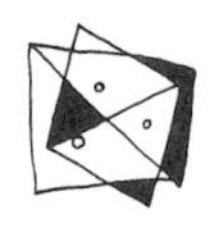

はじめに　あずま男と京女は結婚の理想のようなことをいう人がいる．人間を見かけで判断するのはどうかと思う．かくも育ちが違っては，融和に時間がかかろう．またいつものくせが出たな，などとひやかさずに次を読んで頂きたい．

解析幾何とベクトルは，あずま男と京女のごとく育ちがちがう．本質において深い関係があるのに，親しくなるのに時間がかかったのは，そのためであろう．30年以前の本をみると，解析幾何とベクトルは，封建時代の城主のように，おたがいに領地を守って近づこうとしなかった．数学ではかなり前から結びつけられていたのに，学校教育の中では，異質なものとしてその存在が主張され続けて来た．その原因の大半は，教育にたずさわる人々の保守性にあったように思われる．外に向けては威勢のいいことをいう進歩主義者も，こと授業となると急に保守的になることが意外に多いものである．権力の排除が，自己の怠慢擁護に転用されるのを見るのはつらいものである．

高校にベクトルがはいって久しいがはじめは全くバラバラで，頭が東を向けば尾は西を向くの状態であった．その後，その状態は次第に改善の方向へ向かったが，まだ違和感がただよっている．できることなら新しいものは使わないで済したいという，残像がどこかをうろついているものと見える．

いまからでも遅くはない．せめて高校の解析幾何は，ベクトルを十分に活用した指導に改めたいものである．

座標平面や空間は，完全に有向化された世界である．だから，そこへ有向化されないものを持ち込むことは，水の中に油をたらすようなもので，融和がむずかしい．絶えず場合分けが起きてなやまされよう．

古い解析幾何の本は，この場合分けをおそれ，説明に都合のよい図だけを用いた．ほかにいろいろの場合が残るが，それは各自試みよというわけである．学ぶ者の類推や帰納に期待をかけた本も多く，そのような本はアッサリしていて教育的だともてはやされもした．

私はこれを経験主義の残像とみる．残像は消えさるべき運命にある．夕焼はやがて消えさるがゆえに美しいのである．24時続く夕焼を夢みることは愚かである．ロダンは，女性とは夕焼のような存在だといった．夕焼の空は刻々に変わり，最高の美が現われるのは一瞬に過ぎない．われわれは経験主義的残像が消えさり行くのを，あるべき姿としてよろこばねばならない．

経験主義は直観に傾斜し，論理を軽く見がちである．論理の裏づけのない直観は，アルコール分の消滅した酒のようなもので，教育的価値に乏しい．

現代化は経験主義の克服と，見えざるところで結びついている．

直観はやさしく教育的で，論理はむずかしく非教育的である．これが過去の教育観の主流であった．子供には子供なりに，少年には少年なりに，青年は青年なりに論理をもち，それはおとなが想像したものよりは質的にも，量的にも，高く豊かなものだという実態の認識が最近の成果である．学生の現象面に目をうばわれて，それを支えている論理を見失うてはならないと思う．

その実体を補捉するための一つの試みとしても，現代化は意義あるもののように思われる．

解析幾何の現代化の1つの方法は，ベクトルをフルに活用することである．ベクトルは多元量であるが，幾何学的には量の有向化と結びつく．どんな向きの線分の長さも，どんな位置の図形の面積や体積も，有向量として統一的にとらえることによって，有向化されている座標と完璧に結びつく．

このことは，行列や行列式の利用についてもいえることであるから，繰り返さない．

最近，高校にも3次元のベクトルが取りいれられたが，内積があって外積（ベクトル積）がないのは，画竜点睛を欠くの感がないでもない．

あれも，これもと欲ばることは「2兎を追うものは1兎を得ず」のたぐいで，その教育的効果に大きな疑問が残る．数学の選ばれた領域を，もっと深く学ぶ方針のほうが，数学の本当の姿に接する機会を与えるように思われる．

肉屋の肉も，こま切れは，信用できない．売れ残りの肉，売りものになりそうもない皮などが，巧みにかくされている．

数学に限らず，今の学校教育は，こま切れの知識の注入に追われ，こま切れ的思考の人間を流れ作業で作っている感が深い．えらそうなことをいい過ぎたかな．

§1　直線の方程式のパラメーター型

xy–平面上の任意のベクトル$\boldsymbol{a}$は，２つの実数の列(x, y)によって表わされる．

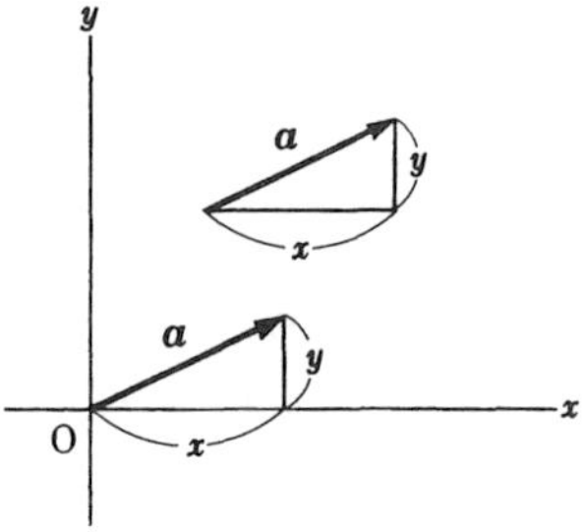

原点をOとすると，任意の点Pに対して，矢線$\overrightarrow{\mathrm{OP}}$が定まり，これの代表するベクトル$\boldsymbol{a}=(x, y)$が定まる．これをPの座標といい，この事実を

$$\mathrm{P}(\boldsymbol{a}), \quad \mathrm{P}(x, y)$$

で表わす．

以上が出発点のすべてである．

×　　　　　　　　×

高校の教科書には１つの流儀が固定しており，大部分の教科書が

線分を分ける点の位置 ⟶ 直線の方程式

の順序をふんでいる．しかし，これは振り返ってみると妙である．線分ABを分ける点を表わす公式は，直線の方程式の変形に過ぎず，それ自体直線の方程式とみても，少しもおかしくない．それで，ここでは，ズバリと直線の方程式からはいることにする．

×　　　　　　　　×

直線gは，その上の１点$\mathrm{P}_1(\boldsymbol{x}_1)$と，その方向を定める１つのベクトル$\boldsymbol{a}(\boldsymbol{a} \neq \boldsymbol{0})$とによって定まる．この直線の方程式は

[1]　　$\boldsymbol{x}=\boldsymbol{x}_1+\boldsymbol{a}t \qquad (t \in \boldsymbol{R})$

であった．これを直線の方程式の**パラメーター型**という．

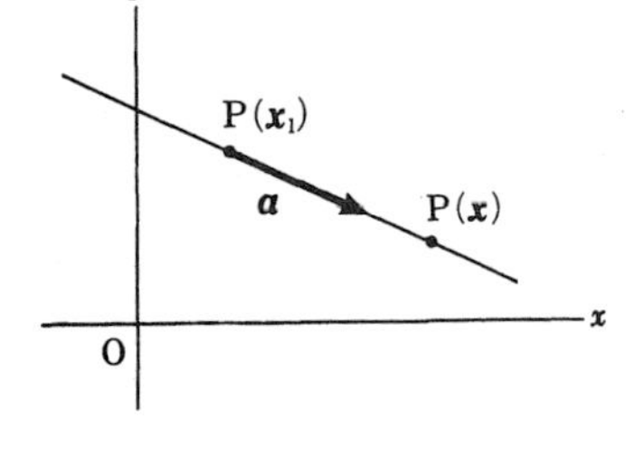

これを成分で表わすには$\boldsymbol{x}=(x, y)$，$\boldsymbol{x}_1=(x_1, y_1)$，$\boldsymbol{a}=(a, b)$とおけばよい．

$$(x, y)=(x_1, y_1)+(a, b)t$$

$$(x, y)=(x_1+at, y_1+bt)$$

これをx成分の関係とy成分の関係に分離して

$$[1'] \quad \begin{cases} x=x_1+at \\ y=y_1+bt \end{cases} \quad (t\in\boldsymbol{R})$$

これが直線の方程式のパラメーター表示で，パラメーターは実数全体$\boldsymbol{R}$を変域とする変数である.

直線gにベクトル$\boldsymbol{a}=(a,b)$によって向きを定めたときは，gを**有向直線**といい，$\boldsymbol{a}$を**方向ベクトル**という．そして方程式[1]は，この有向直線の方程式とみる.

たとえば，方程式$x=5+2t$，$y=4-3t$の方向ベクトルは$(2,-3)$である.

例1　次の方程式によって表わされた直線をかき，その上にパラメーターtの整数値を-2から4まで書きそえよ.

$$\begin{cases} x=-1+2t \\ y=4-t \end{cases}$$

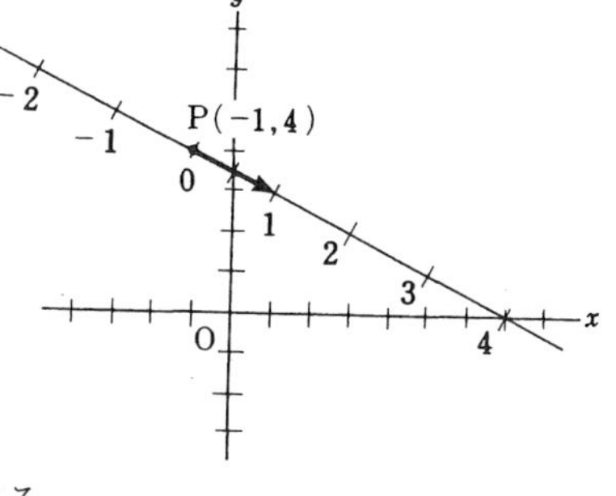

この直線は点$(-1,4)$を通り，ベクトル$(2,-1)$によって定まる直線である.

上の例から分るように，直線上の点に対応するtの値の負から正への向きは，ベクトル$\boldsymbol{a}=(2,-1)$の向きによって定まる.

×　　　×

2点$A(\boldsymbol{x}_1)$，$B(\boldsymbol{x}_2)$を通る直線gの方程式は，[1]を用いて導くか，またはベクトルによって導く.

この直線は1点$A(\boldsymbol{x}_1)$を通り，方向ベクトルが$\overrightarrow{AB}=\boldsymbol{x}_2-\boldsymbol{x}_1$の直線とみれば，その方程式は[1]によって

$$[2] \quad \boldsymbol{x}=\boldsymbol{x}_1+t(\boldsymbol{x}_2-\boldsymbol{x}_1) \quad (t\in\boldsymbol{R})$$

となる．さらに成分で表わせば

$$[2'] \quad \begin{cases} x=x_1+(x_2-x_1)t \\ y=y_1+(y_2-y_1)t \end{cases}$$

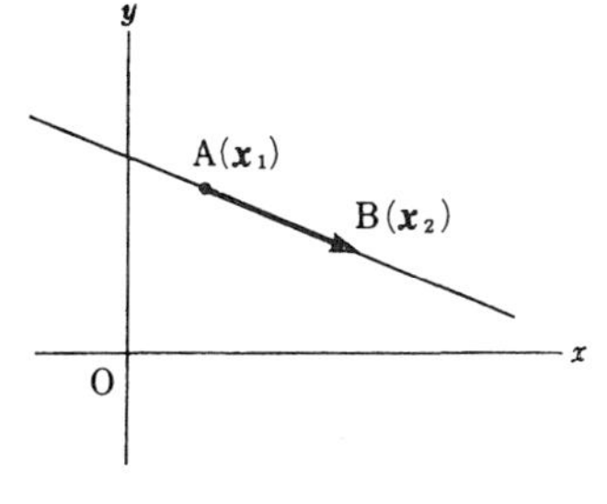

直線ABは向きを考慮しないとすると[2]と[2′]は適切な表現でない．もともとA, Bは平等なのだから，その方程式も$\boldsymbol{x}_1, \boldsymbol{x}_2$について平等な式で与えられるのが望ましい．それで[1]をそのような形にかきかえ

ることが広く試みられている．

[2] を $\boldsymbol{x}_1, \boldsymbol{x}_2$ について整理すれば

$$\boldsymbol{x}=(1-t)\boldsymbol{x}_1+t\boldsymbol{x}_2$$

ここで，$1-t=s$ とおくと

[3] $$\boldsymbol{x}=s\boldsymbol{x}_1+t\boldsymbol{x}_2 \qquad (s,t\in\boldsymbol{R},\ s+t=1)$$

この方程式では，s と t は**独立**ではなく，$s+t=1$ によって関係ずけられている．したがって，s,t は一方を与えれば，他方はおのずから定まる．

➡**注**　方程式 [3] は $\boldsymbol{x}_1$ と $\boldsymbol{x}_2$ についての**対称的**ではないが，$\boldsymbol{x}_1$ と $\boldsymbol{x}_2$ を入れかえると同時に s と t もいれかえれば変わらない式である．これは数学的には，**置換** $(\boldsymbol{x}_1\ \boldsymbol{x}_2)(s\ t)$ によって不変な方程式で，右辺の式を置換 $(\boldsymbol{x}_1\ \boldsymbol{x}_2)(s\ t)$ についての**不変式**という．

$\boldsymbol{x}=(x,y)$，$\boldsymbol{x}_1=(x_1,y_1)$，$\boldsymbol{x}_2=(x_2,y_2)$ と置いて [3] を成分で表わせば，次の2つの方程式に変わる．

[3′] $$\begin{cases} x=sx_1+tx_2 \\ y=sy_1+ty_2 \end{cases} \qquad (s,t\in\boldsymbol{R},\quad s+t=1)$$

簡単な例によって視覚的に理解を深め，定着させよう．

例2　次の方程式で与えられた直線をかき，その上に s,t の整数値を -1 から2までかきそえよ．

$$\begin{cases} x=-s+2t \\ y=-s+t \end{cases}$$

かきかえて (x_1,y_1)，(x_2,y_2) をはっきりさせる．

$$\begin{cases} x=s\cdot(-1)+t\cdot 2 \\ y=s\cdot(-1)+t\cdot 1 \end{cases}$$

2点 $(-1,-1)$，$(2,1)$ を通る直線である．

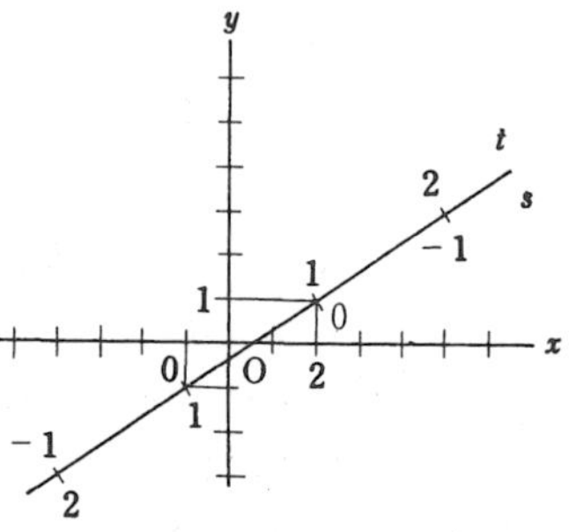

§2　直線上の点の位置

直線上の点の位置は，その方程式のパラメーターの値によって知ることができる．

直線 g が方程式

$$\boldsymbol{x}=\boldsymbol{x}_1+\boldsymbol{a}t \qquad (t\in\boldsymbol{R})$$

で与えられてあるときは，t の値は点 $\mathrm{A}(\boldsymbol{x}_1)$ を原点とし，ベクトル $\boldsymbol{a}$ で作った数直線の目盛と一致する．したがって $\boldsymbol{a}$ を表わす矢線 $\overrightarrow{\mathrm{AB}}$ を作れば，Bは単位点である．

直線 g が方程式

$$\boldsymbol{x}=s\boldsymbol{x}_1+t\boldsymbol{x}_2 \qquad (s,t\in\boldsymbol{R},\ s+t=1)$$

で与えられた場合には，この上の点 $\mathrm{P}(\boldsymbol{x})$ の位置は s の値によっても，t の値によっても知られる．そのようすをみるには，次のように変形してみるのが早道であろう．

（i）t を消去して

$$\boldsymbol{x}=s\boldsymbol{x}_1+(1-s)\boldsymbol{x}_2,\ \boldsymbol{x}-\boldsymbol{x}_2=s(\boldsymbol{x}_1-\boldsymbol{x}_2),\ \overrightarrow{\mathrm{BP}}=s\overrightarrow{\mathrm{BA}}$$

この式から，s の値は，点 $\mathrm{B}(\boldsymbol{x}_2)$ を原点とし，ベクトル $\overrightarrow{\mathrm{BA}}$ によって作った数直線の目盛であることがわかる．

（ii）s を消去して

$$\boldsymbol{x}=(1-t)\boldsymbol{x}_1+t\boldsymbol{x}_2,\quad \boldsymbol{x}-\boldsymbol{x}_1=t(\boldsymbol{x}_2-\boldsymbol{x}_1),\quad \overrightarrow{\mathrm{AP}}=t\overrightarrow{\mathrm{AB}}$$

この式から，t の値は，点 $\mathrm{A}(\boldsymbol{x}_1)$ を原点とし，ベクトル $\overrightarrow{\mathrm{AB}}$ によって作った数直線の目盛になることがわかる．

数直線は原点と単位点とで定まるから，s または $t=0,1$ を代入してみれば，どんな数直線になるかは，簡単に予想できる．

たとえば $t=0$ とすると（このとき $s=1$），$\boldsymbol{x}=\boldsymbol{x}_1$ だから，$\mathrm{A}(\boldsymbol{x}_1)$ が原点，また $t=1$ とすると（このとき $s=0$），$\boldsymbol{x}=\boldsymbol{x}_2$ だから，$\mathrm{B}(\boldsymbol{x}_2)$ が単位点である．

×　　　　　×

直線 g 上の2点をA, Bとすると，g 上のすべての点は，A, Bによって3つの領域に分けられる．

それらのどの領域内に $\mathrm{P}(\boldsymbol{x})$ が存在するかを知るのみであったら，s,t の値はわからなくとも，その符号を知れば十分である．そのようすは，次の図で理解して頂こう．

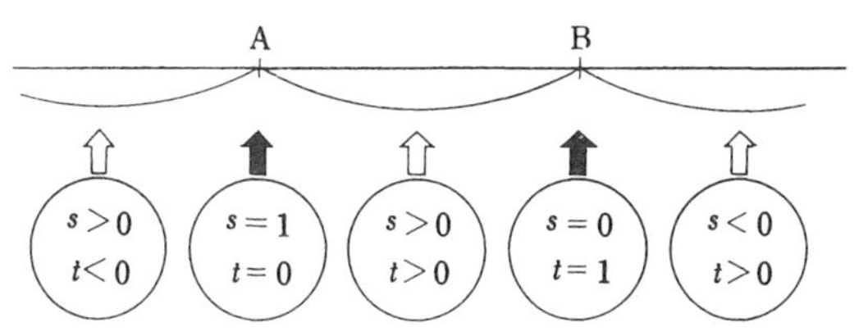

×　　　　　　　　×

点Pの位置は，和が等しい2つの実数の列 (s,t) によって表わすこともできる．これも1つの座標で，**重心座標**と呼ばれている．

この重心座標を，任意の実数で表わしたいときは，(s,t) の代りに比 $s:t$ を用いればよい．そうすれば，$s:t$ に等しい比 $m:n$ は，同じ点Pを表わす．

ただし　$m:n=s:t$ から

$$m=sk,\quad n=tk\quad (k\neq 0)$$

をみたす実数 k がある．このとき

$$m+n=(s+t)k=k\neq 0$$

逆に $m+n\neq 0$ をみたす任意の比 $m:n$ を与えられたとすれば

$$m:n=\frac{m}{m+n}:\frac{n}{m+n}$$

となるから，ここで $\dfrac{m}{m+n}=t$, $\dfrac{n}{m+n}=s$ とおくと，$s+t=1$ となるから，この (s,t) に対応して g 上の点Pが1つ定まる．

➡**注**　2数 m,n の比は，m,n のどちらかが0でないときのみ考える．そして2つの比 $m:n$ と $s:t$ が等しいことは，$m=sk$, $n=tk$ をみたす0と異なる数 k が存在することと約束する．小学校や中学校では，これを比の性質とみたが，高校以上では，比の相等の定義とみるのがよい．

以上によって，等しい比を同一視するならば，直線 g 上の点は2つの実数の比 $m:n$ によって表わされる．したがって $m:n$ を点Pの座標とみることも可能で，この座標も**重心座標**という．

g 上の点Pがどんな領域にあるかを重心座標 $m:n$ でみるときも，mn の符号をみれば十分である．大ざっぱにみると

$mn>0$ のときは，AとBの間

$mn<0$ のときは，線分ABの延長上

$mn=0$ のときは，AまたはBと一致する．

また $\overline{\mathrm{AP}}:\overline{\mathrm{PB}}=|m|:|n|$ であるから，Pが線分ABの中点Mに関し，Aと同側にあれば $|m|<|n|$，Bと同側にあれば $|m|>|n|$ である．以上2つの見方を組合せると，次の図のように，一層くわしい分類が得

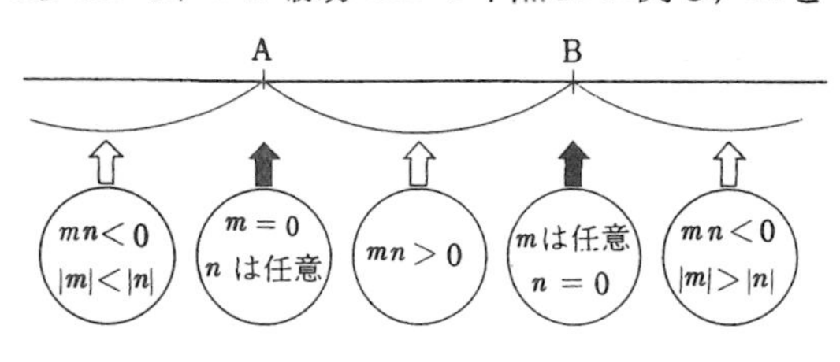

られる.

点Pの重心座標が $m:n$ であるとき，この比を点Pが線分ABを**分ける比**という.

点Pが線分AB上にあるときは，PはABを**内分**するといい，Pが線分ABの延長上にあるときは，PはABを**外分**するという.

➡**注** PがABを分けるというときは，$m:n$ の m, n に負の数を許すのがふつうであるが，内分，外分を用いるときは，$m:n$ の代りに $|m|:|n|$ を用いるのが慣用である．たとえばABを $2:3$ $(=-2:-3)$ に分けることは $2:3$ に内分するといい，ABを $2:-3$ $(=-2:3)$ に分けることは $2:3$ に外分するという.

このような表現は，線分の長さを有効化しない時代の初等幾何のなごりであって，ベクトルを用いるときは望ましくない.

× ×

点PがABを分ける比が $m:n$ のときは，$\dfrac{m}{m+n}=t$，$\dfrac{n}{m+n}=s$ とおくと，

$$\overrightarrow{AP}=t\overrightarrow{AB} \text{ から} \qquad \overrightarrow{AP}=\frac{m}{m+n}\overrightarrow{AB}$$

$$\overrightarrow{BP}=s\overrightarrow{BA} \text{ から} \qquad \overrightarrow{PB}=\frac{n}{m+n}\overrightarrow{AB}$$

ここで，$\overrightarrow{AB}$ と同じ向きの単位ベクトルを $\boldsymbol{e}$ とすると，有向の長さの定義によって $\overrightarrow{AP}=\mathrm{AP}\boldsymbol{e}$，$\overrightarrow{PB}=\mathrm{PB}\boldsymbol{e}$，$\overrightarrow{AB}=\mathrm{AB}\boldsymbol{e}$ であったから，これらを上の式に代入することによって

[4] $$\mathrm{AP}=\frac{m}{m+n}\mathrm{AB} \qquad \mathrm{PB}=\frac{n}{m+n}\mathrm{AB}$$

が導かれる．したがって，$m:n$ は AP : PB に等しいことがわかる.

[5] $$\mathrm{AP}:\mathrm{PB}=m:n$$

なお，$\mathrm{A}(\boldsymbol{x}_1)$，$\mathrm{B}(\boldsymbol{x}_2)$ のときは，ABを $m:n$ に分ける点Pの座標 $\boldsymbol{x}$ は $\boldsymbol{x}=s\boldsymbol{x}_1+t\boldsymbol{x}_2$ に $s=\dfrac{n}{m+n}$，$t=\dfrac{m}{m+n}$ を代入して

m n
A P B

[6] $$\boldsymbol{x}=\frac{m\boldsymbol{x}_2+n\boldsymbol{x}_1}{m+n}$$

m n
$\boldsymbol{x}_1$ $\boldsymbol{x}_2$

成分で表わせば

[6′] $$x=\frac{mx_2+nx_1}{m+n}, \qquad y=\frac{my_2+ny_1}{m+n}$$

➡**注** [6] では m，n と $\boldsymbol{x}_1, \boldsymbol{x}_2$ との積は上の図のように，入れ違いになることに注意されたい．こ

のことは成分表示の [6′] においても同じことである．図のような積の作り方を 俗に**タスキがけ**という．

§3　直線の方程式の内積型

直線 g が与えられたとき，これに垂直な直線 h を g の**法線**という．g の法線は無数にある．法線の方向を表わすベクトルを g の**法線ベクトル**という．

直線 g は，その上の1点 $\mathrm{A}(\boldsymbol{x}_1)$ と，法線ベクトルの1つ $\boldsymbol{n}$ を与えることによって定まるのだから，g の方程式は $\boldsymbol{x}_1$ と $\boldsymbol{n}$ で表わされるはずである．しかしそのためには内積が必要であった．

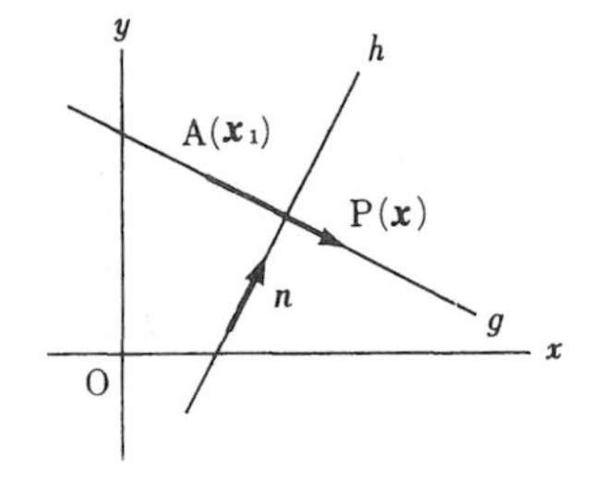

g 上の任意の点を $\mathrm{P}(\boldsymbol{x})$ とすると，ベクトル $\overrightarrow{\mathrm{AP}}=\boldsymbol{x}-\boldsymbol{x}_1$ は $\boldsymbol{n}$ に垂直であるから

[7]　　$\boldsymbol{n}(\boldsymbol{x}-\boldsymbol{x}_1)=0$

これが g の方程式で，内積で表わしてあるので**内積型**ということもある．

上の方程式はかきかえると $\boldsymbol{n}\boldsymbol{x}-\boldsymbol{n}\boldsymbol{x}_1=0$，$-\boldsymbol{n}\boldsymbol{x}_1$ は実の定数であるから c で表わして

[8]　　$\boldsymbol{n}\boldsymbol{x}+c=0$

と表わすこともできる．逆にこの形の方程式は $\boldsymbol{n}\neq\boldsymbol{0}$ ならば $\boldsymbol{n}$ を法線ベクトルとする直線を表わすことも証明できる．

上の2つの方程式を成分で表わすには，$\boldsymbol{x}=(x,y)$，$\boldsymbol{x}_1=(x_1,y_1)$，$\boldsymbol{n}=(a,b)$ とおけばよい．

[7′]　　$a(x-x_1)+b(y-y_1)=0$

[8′]　　$ax+by+c=0$

×　　　　　　×

1次関数 $f(\boldsymbol{x})=\boldsymbol{n}\boldsymbol{x}+c$ の正領域と負領域とは，方程式 [8′] の表わす直線の法線ベクトル $\boldsymbol{n}$ によって簡単に見分けられることを明らかにしよう．

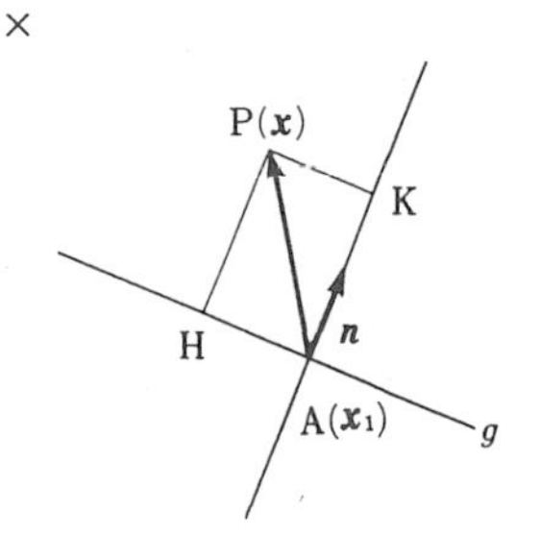

直線上の1点を $\mathrm{A}(\boldsymbol{x}_1)$，平面上の任意の点を $\mathrm{P}(\boldsymbol{x})$ とし，Aを通る法線にPからひいた垂線を PK としてみよ．

$\overrightarrow{\mathrm{AK}}$ を $\boldsymbol{n}$ と同じ向きの単位ベクトル $\dfrac{\boldsymbol{n}}{|\boldsymbol{n}|}$ で表わしときの スカラーを AK とすると，内積の定義によって

$$\boldsymbol{n}\overrightarrow{\mathrm{AP}}=|\boldsymbol{n}|\mathrm{AK}$$

ところが $\overrightarrow{\mathrm{AP}}=\boldsymbol{x}-\boldsymbol{x}_1$ であるから

$$\boldsymbol{n}\overrightarrow{\mathrm{AP}}=\boldsymbol{n}(\boldsymbol{x}-\boldsymbol{x}_1)=\boldsymbol{n}\boldsymbol{x}+\boldsymbol{n}\boldsymbol{x}_1=\boldsymbol{n}\boldsymbol{x}+c$$

したがって

$$|\boldsymbol{n}|\mathrm{AK}=\boldsymbol{n}\boldsymbol{x}+c$$

Pを通る法線が g と交わる点をHとすると HP=AK であるから

$$\mathrm{HP}=\frac{\boldsymbol{n}\boldsymbol{x}+c}{|\boldsymbol{n}|} \qquad ①$$

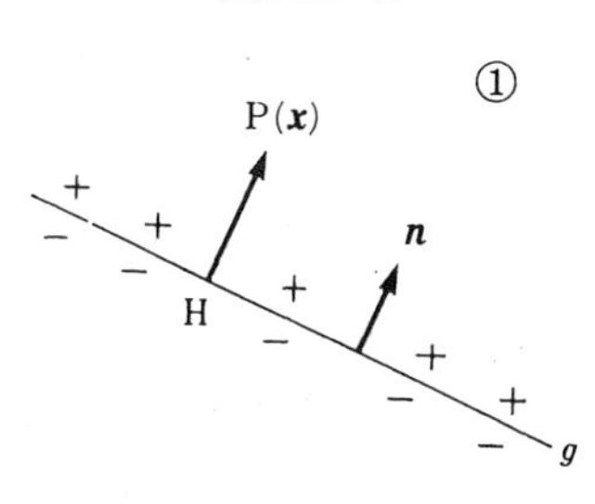

$|\boldsymbol{n}|$ は正の数であるから，$\boldsymbol{n}\boldsymbol{x}+c$ の符号はHP の等号と同じである．したがって

$\overrightarrow{\mathrm{HP}}$ の向きが $\boldsymbol{n}$ の向きと同じなら

$$\boldsymbol{n}\boldsymbol{x}+c>0$$

$\overrightarrow{\mathrm{HP}}$ の向きが $\boldsymbol{n}$ の向きと反対ならば

$$\boldsymbol{n}\boldsymbol{x}+c<0$$

すなわち $\boldsymbol{n}$ によって $\boldsymbol{n}\boldsymbol{x}+c$ の正領域と負領域が簡単に見分けられる．

以上のことを成分で表わせば，$f(x,y)=ax+by+c$ の正領域，負領域の判定に変わる．

例3 次の関数の正領域と負領域を図示せよ．

(1) $2x+y-4$ 　　　(2) $-3x+2y+c$

法線ベクトルをかいてみよ．

(1) の法線ベクトルは $(2,1)$，(2) の法線ベクトルは $(-3,2)$

直線に関し，これらの法線ベクトルの向きの側が正領域で，反対側が負領域である．

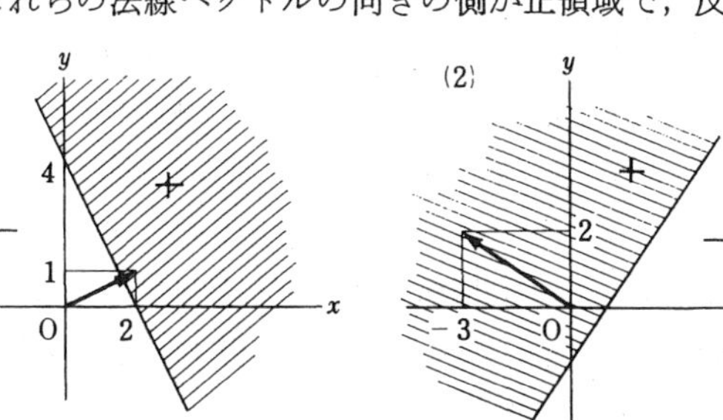

➡**注**　原点の座標を代入してみる方法は，(1) ではやさしいが，(2) では $f(0,0)=c$ となるので，c の符号によって 2 つの場合に分けることになって法線ベクトルによる方法よりやっかいになる．法線ベクトルで見分ける方法に親しんで頂きたい．これがベクトルによる現代流儀である．

×　　　　　　×

1次関数の符号がわかれば，直線 g から点Pまでの距離の有向化はいたってやさしい．

Pを通る g の法線が g と交わる点をHとしたとき，①の式で定まる有向の長さHPをもって，g とPの距離と定めれば，①の式はそのまま使えて合理的である．この距離を g とPの有向距離といい，$d(g,\mathrm{P})$ で表わす．

[9]　$$d(g,\mathrm{P})=\frac{\boldsymbol{n}\boldsymbol{c}+c}{|\boldsymbol{n}|}=\frac{ax+by+c}{\sqrt{a^2+b^2}}$$

これが直線 $g:\boldsymbol{n}\boldsymbol{x}+c=0$ と点 $\mathrm{P}(\boldsymbol{x})$ との有向距離を与える公式である．

この距離は $\overrightarrow{\mathrm{HP}}$ の向きと法線ベクトルとの向きが同じならば正で，反対向きならば負である．

例4　(1)　直線 $g:2x-3y+6=0$ と点 $\mathrm{P}(4,1)$ との距離を求めよ．

(2)　直線 $g:2x-3y-6=0$ と点 $\mathrm{Q}(2,4)$ との距離を求めよ．

$$d(g,\mathrm{P})=\frac{2\cdot4-3\cdot1+6}{\sqrt{2^2+3^2}}=\frac{11}{\sqrt{13}}$$

$$d(g,\mathrm{Q})=\frac{2\cdot2-3\cdot4-6}{\sqrt{2^2+3^2}}=-\frac{14}{\sqrt{13}}$$

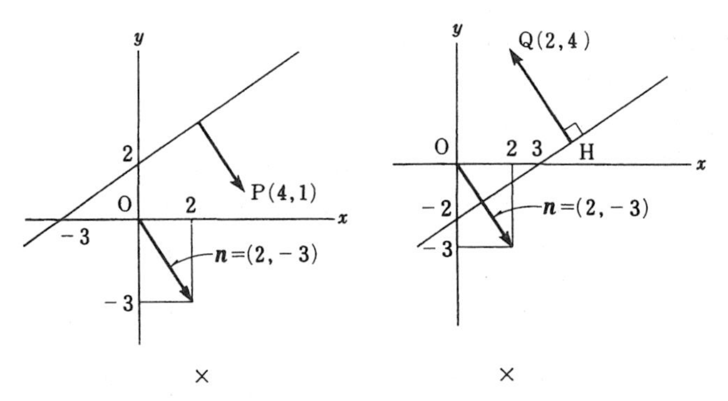

×　　　　　　×

直線 g の方程式のヘッセの標準形は，従来の方式によると，原点Oを通る法線が g と交わる点をHとし，$\overline{\mathrm{OH}}=p$，OHが x 軸となす角を θ とおいて

$$x\cos\theta+y\sin\theta=p$$

と表わす．

この方式は p が有向化されていないので，ベクトルによる取扱いと結びつかず，いろいろの不都合がおきる．

ここでは，単位の法線ベクトル $\boldsymbol{e}$ を用い，有向の長さ OH を p で表わす．そうすれば $\overrightarrow{\mathrm{OH}}=\mathrm{OH}\boldsymbol{e}=p\boldsymbol{e}$ となるから，g は点 $p\boldsymbol{e}$ を通り，$\boldsymbol{e}$ に垂直になる．よってその方程式は $\boldsymbol{e}(\boldsymbol{x}-p\boldsymbol{e})=0$，すなわち

[10] $\qquad \boldsymbol{e}\boldsymbol{x}=p \qquad (p=\mathrm{OH})$

と表わされる．これが有向化された**ヘッセの標準形**である．

成分で表わしたものは，$\boldsymbol{e}=(\cos\theta, \sin\theta)$，$\boldsymbol{x}=(x, y)$ とおいて

[10′] $\qquad x\cos\theta+y\sin\theta=p \qquad (p=\mathrm{OH})$

×　　　　×

では，一般の方程式 $ax+by+c=0$ をヘッセの標準形に直せばどうなるか．この直線を g とし，原点 O を通る法線が g と交わる点を H とすると

$$p=\mathrm{OH}=-\mathrm{HO}=-d(g, \mathrm{O})$$

ところが距離の公式によると

$$d(g, \mathrm{O})=\frac{a\cdot 0+b\cdot 0+c}{\sqrt{a^2+b^2}}=\frac{c}{\sqrt{a^2+b^2}}$$

であった．一方法線ベクトル (a, b) と同じ向きの単位ベクトルは

$$\boldsymbol{e}=\left(\frac{a}{\sqrt{a^2+b^2}}, \ \frac{b}{\sqrt{a^2+b^2}}\right)$$

である．したがってヘッセの標準形は

[11] $$\frac{ax+by}{\sqrt{a^2+b^2}}=\frac{-c}{\sqrt{a^2+b^2}}$$

である．

例5 直線 $3x-4y+15=0$ をヘッセの標準形に直せ．

両辺を $\sqrt{3^2+4^2}=5$ で割り，定数項を移項するだけでよい．

$$\frac{3x-4y+15}{5}=0 \qquad \therefore\ \frac{3}{5}x-\frac{4}{5}y=-3$$

§4 ベクトル列の正系と負系

任意の2点 $\mathrm{A}(x_1, y_1)$，$\mathrm{B}(x_2, y_2)$ をとり，$\triangle\mathrm{OAB}$ の面積 S を求めてみる．

$\overline{\mathrm{OA}}=r_1$, $\overline{\mathrm{OB}}=r_2$ とおき，$\overrightarrow{\mathrm{OA}},\overrightarrow{\mathrm{OB}}$ が x 軸となす角をそれぞれ θ_1,θ_2 とし，$\theta_2-\theta_1=\theta$ とおくと，$\theta>0$ のときは

$$
\begin{aligned}
S&=\frac{1}{2}r_1r_2\sin\theta=\frac{1}{2}r_1r_2\sin(\theta_2-\theta_1)\\
&=\frac{1}{2}r_1r_2(\sin\theta_2\cos\theta_1-\cos\theta_2\sin\theta_1)\\
&=\frac{1}{2}(x_1y_2-x_2y_1)
\end{aligned}
$$

$\theta<0$ のときは同様にして

$$S=\frac{1}{2}r_1r_2\sin(-\theta)=\frac{1}{2}(x_2y_1-x_1y_2)$$

となって，前と符号だけ異なる式ができる．

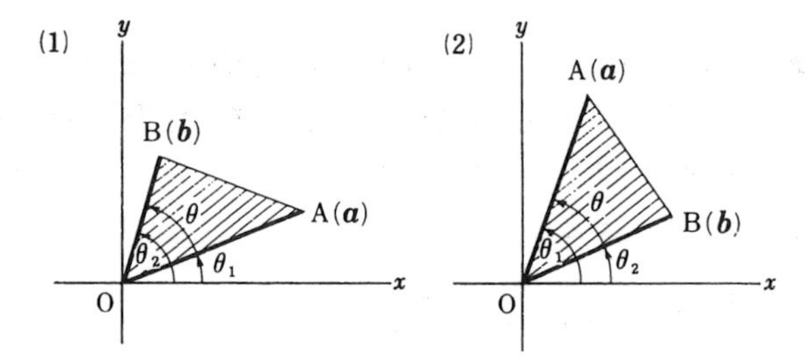

これら2つの場合を統一するには，面積Sに符号をつければよいことは明らかである．それには，まず2つのベクトル $\overrightarrow{\mathrm{OA}}=\boldsymbol{a}$, $\overrightarrow{\mathrm{OB}}=\boldsymbol{b}$ に順序を定めてかからなければならない．ベクトルの列 $(\boldsymbol{a},\boldsymbol{b})$ を定めれば，$\boldsymbol{a}$ から $\boldsymbol{b}$ までの角 θ は，区間 $(-\pi,\pi]$ の範囲から選ぶことができる．そこで

$\theta>0$ のとき $S>0$,　　$\theta<0$ のとき $S<0$

と定める．もちろん $\theta=0$ のときは $S=0$ でよい．そうすればSは常に次の式で表わされることになって好都合である．

[12]　$$S=\frac{1}{2}(x_1y_2-x_2y_1)=\begin{vmatrix}x_1 & y_1\\ x_2 & y_2\end{vmatrix}$$

×　　　　　×

上の場合に，ベクトル列 $(\boldsymbol{a},\boldsymbol{b})$ は

$\theta>0$ ならば　**正系**である

$\theta<0$ ならば　**負系**である

という．

$(\boldsymbol{a},\boldsymbol{b})$ の正系と負系は，△OAB の周上を $\overrightarrow{AB}$ の 向きに1周したとき，その回転の向きが正か負かによって見分けることもできる．

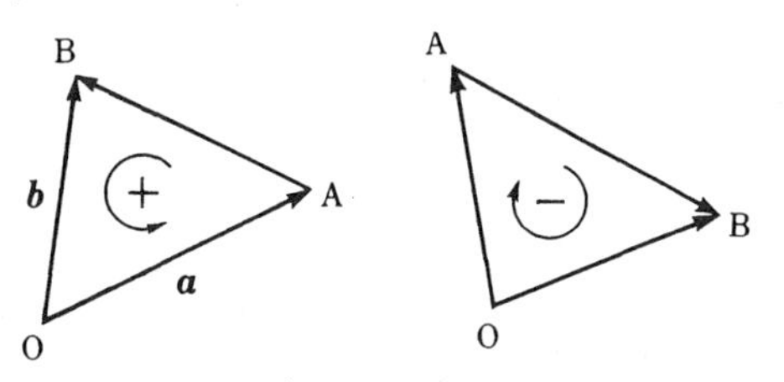

例6　3点 $A(x_1,y_1)$，$B(x_2,y_2)$，$C(x_3,y_3)$ を頂点とする三角形 ABC の面積を求めよ．

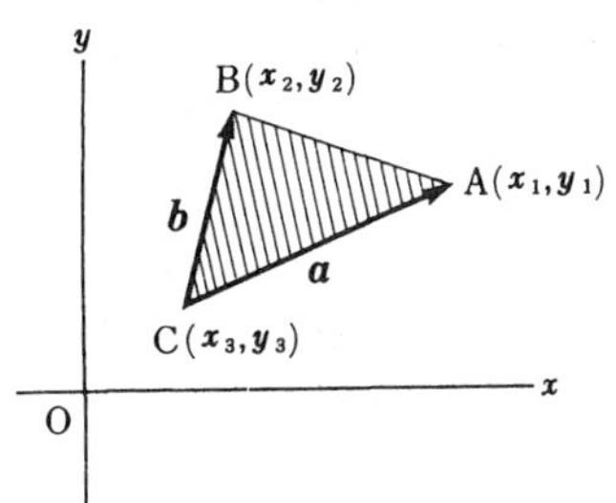

ベクトルを用いる．

$\boldsymbol{a}=\overrightarrow{CA}=(x_1-x_3,y_1-y_3)$

$\boldsymbol{b}=\overrightarrow{CB}=(x_2-x_3,y_2-y_3)$

とおく．ベクトル系 $(\boldsymbol{a},\boldsymbol{b})$ に対応する面積を S とすれば，[12] によって

$$S=\frac{1}{2}\{(x_1-x_3)(y_2-y_3)-(x_2-x_3)(y_1-y_3)\}$$

となる．これを簡単にすれば

$$S=\frac{1}{2}\{x_1(y_2-y_3)+x_2(y_3-y_1)+x_3(y_1-y_2)\}$$

さらに，行列式で表わせば

[12′]
$$S=\frac{1}{2}\begin{vmatrix} x_1 & y_1 & 1 \\ x_2 & y_2 & 1 \\ x_3 & y_3 & 1 \end{vmatrix}$$

➡**注**　$(\overrightarrow{CA},\overrightarrow{CB})$ の正系，負系に対応して，$(\overrightarrow{AB},\overrightarrow{AC})$ の正系，負系が定まる．したがって $(\overrightarrow{AB},\overrightarrow{AC})$ によって求めた面積 S も上の式と一致する．$(\overrightarrow{BC},\overrightarrow{BA})$ についても同様であって，[13] は求め方には関係がない．

×　　　　　×

有向直線の法線ベクトルの選び方を明らかにしよう．直線 g の方向ベクトルを $\boldsymbol{a}$ とする．法線ベクトル $\boldsymbol{n}$ の選び方は，その向きの選び方でみると2通りあって一意には定まらない．この選び方を一意にするには，$\boldsymbol{a}$ とある関係にある $\boldsymbol{n}$ を選ぶことに約束することにすればよい．それは結論を先にいえば，ベクトル系 $(\boldsymbol{a},\boldsymbol{n})$ が正系となるように $\boldsymbol{n}$ を選べばよいのである．

[13]　方向ベクトル $\boldsymbol{a}$ の有向直線の法線ベクトル $\boldsymbol{n}$ は $(\boldsymbol{a}, \boldsymbol{n})$ が正系になるように選ぶと定める．

すなわち $\boldsymbol{a}$ から $\boldsymbol{n}$ までの角が $+\frac{\pi}{2}$ となるように $\boldsymbol{n}$ を定める．

このように約束すると，1次関数 $\boldsymbol{nx}+c$ の符号は，g 上で $\boldsymbol{a}$ の向きに向いたとき，左側では正で，右側では負になり，正領域と負領域が簡単に見わけられる．

➡注　上の法線ベクトルの選び方が，三角形の面積の符号のつけ方とうまく結びつくことは，たとえば B から OA に垂線 BH をひき，△OAB の面積 S を底辺と高さで求めてみると納得されよう．

$$S=\frac{1}{2}\mathrm{OA}\cdot\mathrm{HB}$$

$(\boldsymbol{a}, \boldsymbol{b})$ が正系ならば，OA, HB はともに正であるから S は正，$(\boldsymbol{a}, \boldsymbol{b})$ が負系ならば，OA は正で，HB は負であるから S は負である．

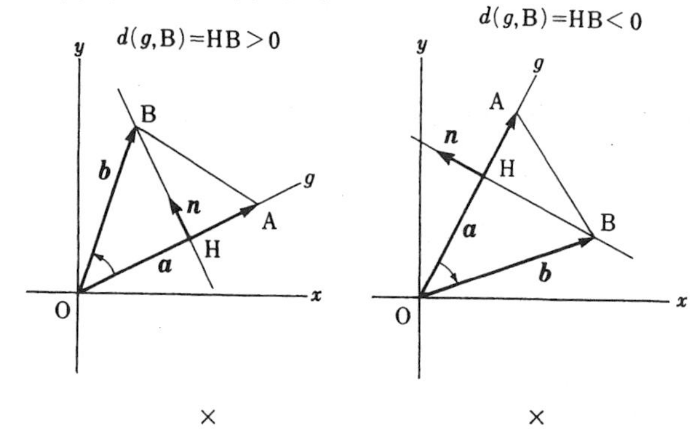

法線ベクトル $\boldsymbol{n}$ と方向ベクトル $\boldsymbol{a}$ の以上の関係を成分でみればどうなるか．

$\boldsymbol{a}=(a, b)$，$\boldsymbol{n}=(c, d)$ とおいてみよ．$\boldsymbol{a}, \boldsymbol{n}$ の大きさを等しくとるものとすると，$\boldsymbol{a}$ の向きを $\frac{\pi}{2}$ かえたものが $\boldsymbol{n}$ である．したがって図から

$$c=r\cos\left(\theta+\frac{\pi}{2}\right)=-r\sin\theta=-b$$

$$d=r\sin\left(\theta+\frac{\pi}{2}\right)=r\cos\theta=a$$

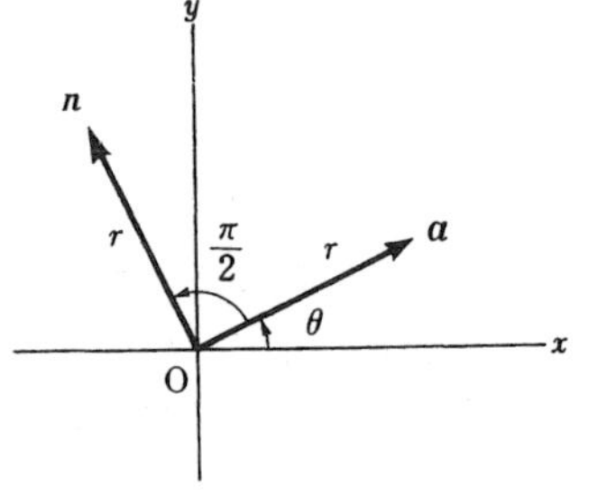

そこで，次の関係がわかった．

[14] 直線 g の方向ベクトルを $\boldsymbol{a}$，法線ベクトルを $\boldsymbol{n}$ とすると

（i） $\boldsymbol{a}=(a,b)$ ならば $\boldsymbol{n}=(-b,a)$

（ii） $\boldsymbol{n}=(a,b)$ ならば $\boldsymbol{a}=(b,-a)$

たとえば，直線 $2x+3y+8=0$ の法線ベクトルは $(2,3)$ だから方向ベクトルは $(3,-2)$ である．

また直線 $x=4-5t$，$y=7+3t$ の方向ベクトルは $(-5,3)$ であるから，法線ベクトルは $(-3,-5)$ である．

× ×

2直線の交角の二等分線は，方程式をヘッセの標準形で表わし，方向ベクトルを用いれば，求め方は簡単に定式化される．

g_1： $a_1x+b_1y+c_1=0$

g_2： $a_2x+b_2y+c_2=0$

g_1 の方向ベクトルは $(b_1,-a_1)=\boldsymbol{a}_1$

g_2 の方向ベクトルは $(b_2,-a_2)=\boldsymbol{a}_2$

これらによって，g_1,g_2 と点 $\mathrm{P}(x,y)$ との有向距離の符号がわかる．

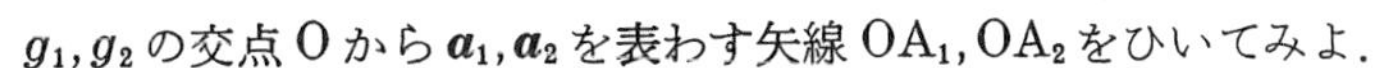

g_1,g_2 の交点Oから $\boldsymbol{a}_1,\boldsymbol{a}_2$ を表わす矢線 $\mathrm{OA}_1,\mathrm{OA}_2$ をひいてみよ．

$\angle \mathrm{A}_1\mathrm{OA}_2$ 内またはその対頂角内では $d(g_1,\mathrm{P})$ と $d(g_2,\mathrm{P})$ は異符号であるから，これらの角の二等分線 h_1 上では

$$d(g_1,\mathrm{P})+d(g_2,\mathrm{P})=0$$

よって，h_1 の方程式は

[15] $$\frac{a_1x+b_1y+c_1}{\sqrt{a_1{}^2+b_1{}^2}}+\frac{a_2x+b_2y+c_2}{\sqrt{a_2{}^2+b_2{}^2}}=0$$

$\angle \mathrm{A}_1\mathrm{OA}_2$ の補角内では，$d(g_1,\mathrm{P})$ と $d(g_2,\mathrm{P})$ とは同符号だから，これらの角の二等分線 h_2 上では

$$d(g_1,\mathrm{P})-d(g_2,\mathrm{P})=0$$

よって，h_2 の方程式は

[15′] $$\frac{a_1x+b_1y+c_1}{\sqrt{a_1{}^2+b_1{}^2}}-\frac{a_2x+b_2y+c_2}{\sqrt{a_2{}^2+b_2{}^2}}=0$$

2つの方程式を法線ベクトルで見わけることは，読者におまかせしよう．

例7 2直線 $g：y=mx$，$h：y=-mx\,(m>0)$ がある．点Pからこれら

の直線に垂線 PG, PH をおろしたとき，$\overline{\mathrm{PG}}+\overline{\mathrm{PH}}=k(>0)$ となる点 P の軌跡を求めよ．

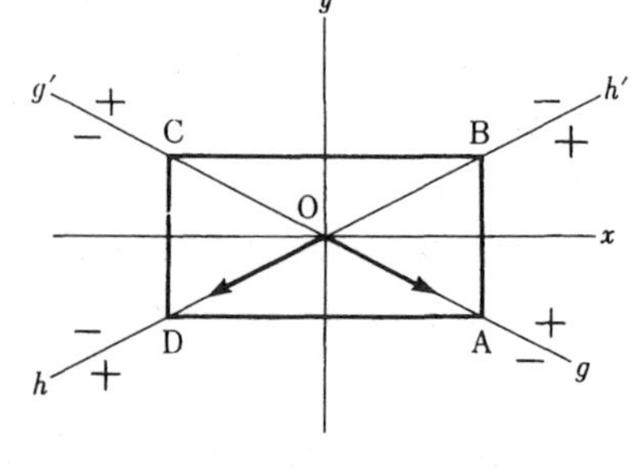

2つの方程式を

$$mx-y=0,\quad mx+y=0$$

と整えて，方向ベクトルを求めれば，それぞれ$(-1,-m)$, $(1,-m)$である．

これらを図示すると，

$d(g,\mathrm{P})$, $d(h,\mathrm{P})$の符号が図のように分かる．

$\angle gOh'$ 内では，

$$d(g,\mathrm{P})=\frac{mx-y}{\sqrt{m^2+1}}>0,\qquad d(h,\mathrm{P})=\frac{mx+y}{\sqrt{m^2+1}}>0$$

であるから，P の軌跡の方程式は

$$\frac{mx-y}{\sqrt{m^2+1}}+\frac{mx+y}{\sqrt{m^2+1}}=k\qquad\therefore\ x=\frac{k\sqrt{m^2+1}}{2m}$$

よって軌跡は，y 軸に平行な線分 AB である．

他の角内でも同様であるから，求める軌跡は長方形 ABCD の周である．

§5　2直線の関係

はじめに2直線の平行，垂直をみよう．

$$g_1:a_1x+b_1y+c_1=0\qquad\qquad g_2:a_2x+b_2y+c_2=0$$

これらの方程式は直線を表わすのだから，ことわりがなくとも (a_1,b_1), (a_2,b_2) は $(0,0)$ と異なるとみて頂きたい．

高校では，これらの平行,垂直をみるのに，傾き $-\dfrac{a_1}{b_1}$, $-\dfrac{a_2}{b_2}$を用いるが，この方法は，b_1,b_2 に0があるときに役に立たないので，いろいろの場合が起き，完全にやろうとすると，しごくやつかいである．その点，法線ベクトルや方向ベクトルを用いる方法は，場合わけが起きず，やさしい．

g_1,g_2 の法線ベクトルはそれぞれ $\boldsymbol{n}_1=(a_1,b_1)$, $\boldsymbol{n}_2=(a_2,b_2)$ であるから

$g_1\perp g_2$ であるための条件は $\boldsymbol{n}_1\perp\boldsymbol{n}_2$

$$\therefore\ \boldsymbol{n}_1\boldsymbol{n}_2=(a_1,b_1)(a_2,b_2)=a_1a_2+b_1b_2=0$$

$g_1/\!/g_2$ であるための条件は $\boldsymbol{n}_1/\!/\boldsymbol{n}_2$，すなわち $\boldsymbol{n}_1, \boldsymbol{n}_2$ は1次従属である．$\boldsymbol{n}_1$，$\boldsymbol{n}_2$ は $\boldsymbol{0}$ と異なるから，1次従属ならば $\boldsymbol{n}_2=k\boldsymbol{n}_1$ $(k\neq 0)$ をみたす k が存在する．

$$\therefore \quad (a_2, b_2)=k(a_1, b_1)$$
$$a_2=ka_1, \quad b_2=ka_2 \quad (k\neq 0)$$

これは k を消去した $a_1b_2-a_2b_1=0$ と同値である．

[16]
$$g_1/\!/g_2 \Longleftrightarrow a_1b_2-a_2b_1=0$$
$$g_1\perp g_2 \Longleftrightarrow a_1b_2+a_2b_1=0$$

➡注1　g_2 の方向ベクトルを $\boldsymbol{a}_2=(b_2, -a_2)$ とすると，$g_1/\!/g_2$ であるための条件は $\boldsymbol{n}_1\perp\boldsymbol{a}_2$ すなわち $\boldsymbol{n}_1\boldsymbol{a}_2=(a_1, b_1)(b_2-a_2)=a_1b_2-a_2b_1=0$ から求められる．しかし，この方法は平面のとき一般化できないのが欠点である．

➡注2　$g_1/\!/g_2$ の条件は，$\boldsymbol{n}_1, \boldsymbol{n}_2$ を2辺とする三角形の面積が0になる条件と同じで，外積を用いれば $\boldsymbol{n}_1\times\boldsymbol{n}_2=0$ と簡単に表わされる．

$$g_1/\!/g_2 \Leftrightarrow \boldsymbol{n}_1\times\boldsymbol{n}_2=0, \qquad g_1\perp g_2 \Leftrightarrow \boldsymbol{n}_1\boldsymbol{n}_2=0$$

×　　　　　　×

2直線の位置関係の共有点による分類は，理論的には連立1次方程式

$$\begin{cases} a_1x+b_1y+c_1=0 & ① \\ a_2x+b_2y+c_2=0 & ② \end{cases}$$

の解の在り方の吟味になる．それは連立1次方程式の一般理論を用いて簡単に解決されるが，この程度のものに，そのような予備知識を期待するのは，どじょうの料理にまさかりを特ち出すのそしりを受けそうである．ここでは，初歩的方法で①,②を解くことにする．

①$\times b_2-$②$\times b_1$ から

$$(a_1b_2-a_2b_1)x=b_1c_2-b_2c_1 \qquad ③$$

②$\times a_1-$①$\times a_2$ から

$$(a_1b_2-a_2b_1)y=c_1a_2-c_2a_1 \qquad ④$$

$a_1b_2-a_2b_1=A$，$b_1c_2-b_2c_1=P$，$c_1a_2-c_2a_1=Q$ とおけば

$$Ax=P, \qquad Ay=Q \qquad ⑤$$

（i）$A\neq 0$ のとき　$x=\dfrac{P}{A}$，$y=\dfrac{Q}{A}$

これが①,②をみたすことは代入によって確かめられる．したがって，1組の解をもつから，2直線は交わる．

(ii) $A=0$ のとき

もし，$P \neq 0$ または $Q \neq 0$ ならば，⑤の方程式の少なくとも一方は不成立であるから，当然①,②も不成立で，①,②には解がない．したがってこのとき，2直線は，平行でかつ重ならない．

もし $P=0$，$Q=0$ ならば

$$a_1b_2-a_2b_1=0, \qquad b_1c_2-b_2c_1=0, \qquad c_1a_2-c_2a_1=0$$

以上の結果をまとめておく．

[17] $a_1b_2-a_2b_1=A$，$b_1c_2-b_2c_1=P$，$c_1a_2-c_2a_1=Q$ とおくと

(i) g_1, g_2 が交わる $\iff A \neq 0$

(ii) $g_1 /\!/ g_2$，$g_1 \neq g_2 \iff A=0 \text{ and} (P \neq 0 \text{ or } Q \neq 0)$

(iii) $g_1 /\!/ g_2$，$g_1=g_2 \iff A=0 \text{ and } P=0 \text{ and } Q=0$

➡注 この結論は，2つのマトリックスの階数を用いてまとめられる．

$$\operatorname{rank}\begin{pmatrix} a_1 & b_1 \\ a_2 & b_2 \end{pmatrix}=\rho \qquad \operatorname{rank}\begin{pmatrix} a_1 & b_1 & c_1 \\ a_2 & b_2 & c_2 \end{pmatrix}=\rho'$$

とおくと，あきらかに $1 \leqq \rho \leqq \rho' \leqq 2$ であるから，ρ, ρ' の値は次の3つの場合しか起きない．

(i) $\rho=2$，$\rho'=2$　　(ii) $\rho=1$，$\rho'=2$　　(iii) $\rho=1$，$\rho'=1$

これらには，それぞれ，上の3つの場合 (i),(ii),(iii) が対応する．

§6 共点と共線

相異なる3点が1直線上にあるための条件を求めてみよう．はじめに，ベクトルで考え，あとで成分で表わすことにする．

相異なる3点を $\mathrm{A}(\boldsymbol{x}_1)$，$\mathrm{B}(\boldsymbol{x}_2)$，$\mathrm{C}(\boldsymbol{x}_3)$ とする．これが1直線上にあるための条件は $\overrightarrow{\mathrm{CA}}=k\overrightarrow{\mathrm{CB}}$ をみたす実数 k が存在することである．したがって

$$\boldsymbol{x}_1-\boldsymbol{x}_3=k(\boldsymbol{x}_2-\boldsymbol{x}_3)$$

$$\boldsymbol{x}_1-k\boldsymbol{x}_2+(k-1)\boldsymbol{x}_3=\boldsymbol{0}$$

$l=1$，$-k=m$，$k-1=n$ とおくと

$$l\boldsymbol{x}_1+m\boldsymbol{x}_2+n\boldsymbol{x}_3=\boldsymbol{0} \qquad ①$$

$(l+m+n=0$，l, m, n の少なくとも1つは0でない$)$

逆に①が成り立ったとすると，n を消去して

$$l\boldsymbol{x}_1+m\boldsymbol{x}_2-(l+m)\boldsymbol{x}_3=\boldsymbol{0}$$

$$l(\boldsymbol{x}_1-\boldsymbol{x}_3)+m(\boldsymbol{x}_2-\boldsymbol{x}_3)=\boldsymbol{0}$$

$l=m=0$ とすると $n=0$ となって仮定に反するから，l, m の少なくとも一方は0でない．たとえば $l \neq 0$ とすると

$$\overrightarrow{\mathrm{CA}}=-\frac{m}{l}\overrightarrow{\mathrm{CB}}$$

よって，3点A, B, Cは1直線上にある．

[18] 相異なる3点 $\mathrm{A}(\boldsymbol{x}_1)$，$\mathrm{B}(\boldsymbol{x}_2)$，$\mathrm{C}(\boldsymbol{x}_3)$ が1直線上にあるための条件は，次の l, m, n が存在することである．

$$\begin{cases} l\boldsymbol{x}_1+m\boldsymbol{x}_2+n\boldsymbol{x}_3=\boldsymbol{0} \\ l+m+n=0,\ (l,m,n)\neq(0,0,0) \end{cases}$$

× ×

これを成分で表わすには $\boldsymbol{x}_1=(x_1, y_1)$，$\boldsymbol{x}_2=(x_2, y_2)$，$\boldsymbol{x}_3=(x_3, y_3)$ を代入し，第1成分と第2成分を分離すればよい．

$$lx_1+mx_2+nx_3=0 \quad ①$$

$$ly_1+my_2+ny_3=0 \quad ②$$

$$l+m+n=0 \quad ③$$

これから，l, m, n を消去すれば，求める条件がえられる．

l, m, n の少なくとも1つは0でないから，たとえば $l \neq 0$ としよう．③から $n=-l-m$，これを ①,② に代入して

$$l(x_1-x_3)+m(x_2-x_3)=0 \quad ④$$

$$l(y_1-y_3)+m(y_2-y_3)=0 \quad ⑤$$

④$\times(y_2-y_3)-$⑤$\times(x_2-x_3)$ を作れば

$$l\{(x_1-x_3)(y_2-y_3)-(x_2-x_3)(y_1-y_3)\}=0$$

$l \neq 0$ であったから

[19] $$x_1(y_2-y_3)+x_2(y_3-y_1)+x_3(y_1-y_2)=0$$

行列式を用いて表わせば

[19′] $$\begin{vmatrix} x_1 & y_1 & 1 \\ x_2 & y_2 & 1 \\ x_3 & y_3 & 1 \end{vmatrix}=0$$

これが求める条件である．

消去をもっとモダンにやるのであったら，同次の連立1次方程式の理論を用いればよい．①,②,③を l, m, n についての方程式とみよ．l, m, n の少なく

とも1つは0でないから，一気に

$$\begin{vmatrix} x_1 & x_2 & x_3 \\ y_1 & y_2 & y_3 \\ 1 & 1 & 1 \end{vmatrix}=0$$

が導かれる．行列式は行と列をいれかえても値が変わらないから，上の等式は[19′]と同じものである．

× ×

3点(x_1, y_1)，(x_2, y_2)，(x_3, y_3)が1直線上にあるための条件は，直線の方程式を用いて導いてもよい．これらの3点が1つの直線$ax+by+c=0$の上にあったとすると

$$\begin{cases} ax_1+by_1+c=0 \\ ax_2+by_2+c=0 \\ ax_3+by_3+c=0 \end{cases} \qquad ⑥$$

これをa, b, cについての連立方程式とみよ．a, bの少なくとも1つは0でないから，a, b, cの少なくとも1つは0でない．したがって[19′]が成り立つ．

逆に[19′]が成り立ったとすると，⑥をみたし，しかも少なくとも1つは0でない解a, b, cがある．その解の1組を(a, b, c)とする．この解ではa, bの少なくとも1つは0でない．なぜかというに$a=b=0$とすると⑥から$c=0$となって矛盾するからである．よって方程式

$$ax+by+c=0$$

は直線を表わし，その上に3点がある．

例8 △ABCの3辺BC, CA, ABをそれぞれ$l:1$，$m:1$，$n:1$に分ける点をP, Q, Rとする．P, Q, Rが1直線上にあるための必要十分条件をl, m, nで表わせ．（メネラウスの定理）

上で導いた定理を用いてみる．A, B, Cの座標をそれぞれ(x_1, y_1)，(x_2, y_2)，(x_3, y_3)とすると，Pの座標は

$$\left(\frac{lx_3+x_2}{l+1},\ \frac{ly_3+y_2}{l+1}\right)$$

l, m, nおよびサヒックスの1, 2, 3をサイクリックに入れかえれば，Q, Rの座標が得られる．これらの3点が1直線上にあるための条件は[19′]によって

$$\begin{vmatrix} lx_3+x_2 & ly_3+y_2 & l+1 \\ mx_1+x_3 & my_1+y_3 & m+1 \\ nx_2+x_1 & ny_2+y_1 & n+1 \end{vmatrix}=0$$

第3列に x_1 をかけて第1列からひき，第3列に y_1 をかけて第2列からひく．次に第2行の l 倍を第1行からひくと

$$\begin{vmatrix} x_2-x_1 & y_2-y_1 & 1-lm \\ x_3-x_1 & y_3-y_1 & m+1 \\ n(x_2-x_1) & n(y_2-y_1) & n+1 \end{vmatrix}=0$$

第1行の n 倍を第3行からひいて

$$\begin{vmatrix} x_2-x_1 & y_2-y_1 & 1-lm \\ x_3-x_1 & y_3-y_1 & m+1 \\ 0 & 0 & lmn+1 \end{vmatrix}=0$$

第3行について展開して

$$(lmn+1)\begin{vmatrix} x_2-x_1 & y_2-y_1 \\ x_3-x_1 & y_3-y_1 \end{vmatrix}=0$$

この行列式の部分は△ABCの面積の2倍であるから0にはならない．したがって

$$lmn+1=0$$

以上の推論は逆にたどることができるから，この式が求める条件である．

× ×

次に，3直線が1点で交わるための必要十分条件を求めたいのであるが，それに完全に答えるのはかなりむづかしいから，ここではよく用いられる十分条件を挙げるにとどめよう．

3直線の方程式を

$$g_1=a_1x+b_1y+c_1=0$$
$$g_2=a_2x+b_2y+c_2=0$$
$$g_3=a_3x+b_3y+c_3=0$$

とする．

次の関係が成り立てば，3直線は1点で交わるか，またはすべて平行になる．

[20] $\quad lg_1+mg_2+ng_3\equiv 0 \qquad lmn\neq 0$

2つの場合に分けて証明する．

（i） $g_1=0$ と $g_2=0$ が交わるとき

交点Pの座標を g_1, g_2 に代入すると $g_1=0$, $g_2=0$ は同時に成り立つ．したがって[20]から $ng_3=0$, ところが $n\neq 0$ だから $g_3=0$ となって，第3の直線もPを通り，3直線は1点を共有する．

（ii） $g_1=0$ と $g_2=0$ が平行のとき（一致することを許す）

このとき，$a_1b_2-a_2b_1=0$ であるから $a_2=ka_1$, $b_2=kb_1$ $(k\neq 0)$

$$g_2\equiv k(a_1x+b_1y)+c_2\equiv k(g_1-c_1)+c_2\equiv kg_1+(c_2-kc_1)$$

すなわち
$$g_2\equiv kg_1+h \qquad (k, h \text{ は定数})$$
が成り立ち，この逆も正しい．

この式を[20]に代入すると

$$lg_1+m(kg_1+h)+ng_3\equiv 0$$

$$g_3\equiv -\frac{l+mk}{n}g_1-\frac{mh}{n}$$

よって $g_3=0$ も $g_1=0$ に平行になるから，3直線は平行である．

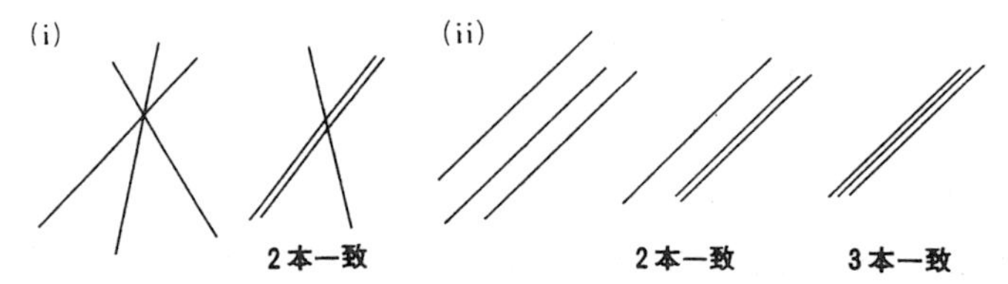

例9 三角形の3つの中線は1点で交わることを証明せよ．

3つの頂点を $A(x_1, y_1)$, $B(x_2, y_2)$, $C(x_3, y_3)$ とすれば，Aからひいた中線の方程式は

$$\left(y_1-\frac{y_2+y_3}{2}\right)(x-x_1)-\left(x_1-\frac{x_2+x_3}{2}\right)(y-y_1)=0$$

$$g_1=(2y_1-y_2-y_3)x-(2x_1-x_2-x_3)y+x_1y_2+x_1y_3-x_2y_1-x_3y_1=0$$

同様にして，B, Cからひいた中線の方程式は

$$g_2=(2y_2-y_3-y_1)x-(2x_2-x_3-x_1)y+x_2y_3+x_2y_1-x_3y_2-x_1y_2=0$$

$$g_3=(2y_3-y_1-y_2)x-(2x_3-x_1-x_2)y+x_3y_1-x_3y_2-x_1y_3-x_2y_3=0$$

x, y に関係なく $g_1+g_2+g_3\equiv 0$ であるから，3中線は1点で交わる．

× ×

3直線が1点を共有またはすべて平行の条件は，3つの1次式 g_1, g_2, g_3 が

1次従属の場合である．

もし，g_3 が g_1, g_2 の1次結合として表わされた．すなわち

[21] $$g_3 \equiv \lambda g_1 + \mu g_2 \qquad (\lambda, \mu) \neq (0,0)$$

の関係があったとしたら，3直線の関係はどうなるだろうか．

2直線 $g_1=0$，$g_2=0$ が交わったとすると，その交点Pの座標に対して，$g_1=0$，$g_2=0$ は成り立ち，[21]から $g_3=0$ となるから，Pの座標はこの方程式もみたす．したがって直線 $g_3=0$ は2直線 $g_1=0$，$g_2=0$ の交点を通ることがわかる．

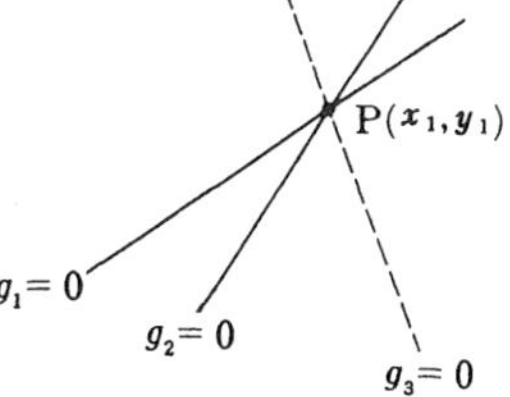

とくに $\lambda \neq 0$，$\mu=0$ のときは直線 $g_3=0$ は直線 $g_1=0$ に重なり，$\lambda=0$，$\mu \neq 0$ のときは直線 $g_3=0$ は直線 $g_2=0$ に重なる．

例 10 直線 $4x-7y+5=0$, $3x+2y-4=0$ の交点と点 $(-2,1)$ を通る直線の方程式を求めよ．

求める直線の方程式を

$$\lambda(4x-7y+5)+\mu(3x+2y-4)=0 \qquad (\lambda, \mu) \neq (0,0)$$

と置いて，$\lambda : \mu$ を決定するのが楽である．$x=-2$，$y=1$ を代入して

$$-10\lambda-8\mu=0 \qquad \therefore \quad \mu=-\frac{5}{4}\lambda$$

これを上の式に代入し，両辺を λ で割ってから簡単にする．

$$x-38y+40=0$$

例 11 次の方程式は k に関係なく定点を通る直線を表わすことを証明せよ．

$$(2k+1)x+(k-1)y+(7-4k)=0$$

$2k+1$ と $k-1$ が同時に0になることはないから，この方程式は直線を表わす．次に k について整理すると

$$k(2x+y-4)+(x-y+7)=0$$

$2x+y-4=0$，$x-y+7=0$ のとき，すなわち $x=-1$，$y=6$ のとき，k の値に関係なく上の等式は成り立つ．よって定点 $(-1,6)$ をつねに通る．

練　習　問　題　1

問題

1．点$(5,-7)$を通り，方向ベクトルが $\boldsymbol{a}=(-3,2)$ である直線の方程式を2通り求めよ．

2．方程式 $x=2s+3t$, $y=5s+4t$ $(s+t=1)$ によって表わされる直線をかき，その上に s と t の整数値を-3から4まで目盛れ．

3．次の2直線の交点の座標を求めよ．

$$g:\begin{cases}x=2+2t\\ y=1-t\end{cases}\quad(t\in\boldsymbol{R})$$

$$h:\begin{cases}x=1+s\\ y=6+s\end{cases}\quad(s\in\boldsymbol{R})$$

4．次の直線の法線ベクトル$\boldsymbol{n}$と方向ベクトル$\boldsymbol{a}$を求めよ．

(1) $2x-5y+4=0$

(2) $-4x-3y+9=0$

5．次の関数の正領域を図示せよ．

(1) $2x+y-4$

(2) $3x-2y+6$

6．次の直線 g と点Pとの距離 $d(g,\mathrm{P})$ を求めよ．

(1) $g:5x+12y-60=0$
　$\mathrm{P}(7,-3)$

(2) $g:3x-2y-5=0$
　$\mathrm{P}(-4,-7)$

7．次のベクトル列$(\boldsymbol{a},\boldsymbol{b})$は正系か負系か．

ヒントと略解

1．パラメーター型，$x=5-3t$, $y=-7+2t$ $(t\in\boldsymbol{R})$．これより t を消去して $2x+3y+11=0$

2．

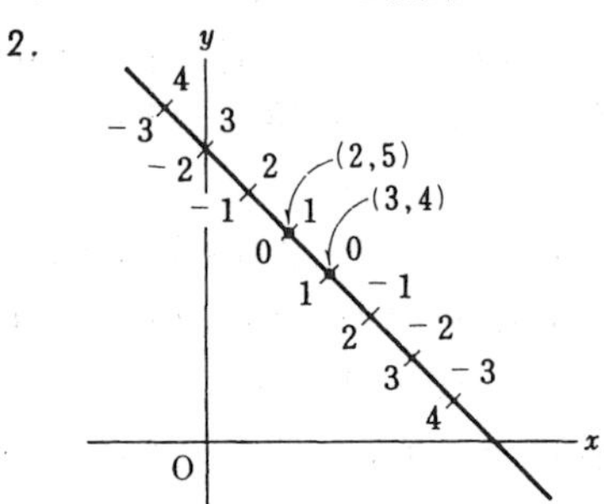

3．$2+2t=1+s$, $1-t=6+s$ をみたす s,t を求めて $s=-3$, $t=-2$．このとき $x=-2$, $y=3$, $(-2,3)$

4．(1) $\boldsymbol{n}(2,-5)$　$\boldsymbol{a}=(-5,-2)$

(2) $\boldsymbol{n}=(-4,-3)$　$\boldsymbol{a}=(-3,4)$

5．(1) 法線ベクトル $\boldsymbol{n}=(2,1)$

(2) 法線ベクトル $\boldsymbol{n}=(3,-2)$

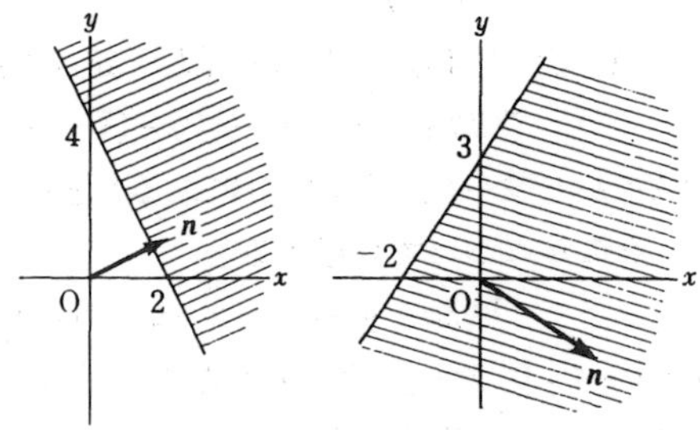

6．(1) $d(g,\mathrm{P})=\dfrac{5\cdot7+12\cdot(-3)-60}{\sqrt{5^2+12^2}}=-\dfrac{61}{13}$

(2) $d(g,\mathrm{P})=\dfrac{3\cdot(-4)-2\cdot(-7)-5}{\sqrt{3^2+(-2)^2}}=-\dfrac{3}{\sqrt{13}}$

7．$\boldsymbol{a}=(x_1,y_1)$, $\boldsymbol{b}=(x_2,y_2)$ の正系，負系は $x_1y_2-x_2y_1$ の符号で見分ける．

(1) $\boldsymbol{a}=(5,4)$　$\boldsymbol{b}=(4,2)$

(2) $\boldsymbol{a}=(\cos\theta,-\sin\theta)$

$\boldsymbol{b}=(\sin\theta,\cos\theta)$

(3) $\boldsymbol{a}=(m,1)$

$\boldsymbol{b}=(-1,m-1)$

(4) $\boldsymbol{a}=(1,a)$　$\boldsymbol{b}=(a,-1)$

8．3点 A(2,6)，B(8,5)，C(−2,−3) を頂点とする三角形の有向面積 S を求めよ．

9．次の方程式をヘッセの標準型に直せ．

(1)　$12x-5y+39=0$

(2)　$-3x+6y-5=0$

10．次の図で，∠ABC の二等分線の方程式を求めよ．

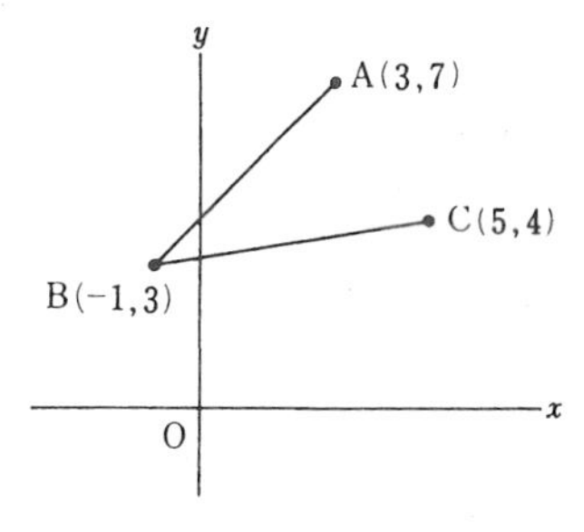

11．三角形 ABC において，BC, CA, AB の単位法線ベクトル $\boldsymbol{e}_1, \boldsymbol{e}_2, \boldsymbol{e}_3$ を$(\overrightarrow{\mathrm{BC}}, \boldsymbol{e}_1)$，$(\overrightarrow{\mathrm{CA}}, \boldsymbol{e}_2)$，$(\overrightarrow{\mathrm{AB}}, \boldsymbol{e}_3)$が正系になるようにとり，原点Oからこれらの直線にひいた垂線を OH_1, OH_2, OH_3 として，この有向の長さを p_1, p_2, p_3 とする．

(1) 3つの内角の二等分線の方程式を求めよ．

(1) $5\cdot2-4\cdot4=-6<0$　負系

(2) $\cos^2\theta+\sin^2\theta=1>0$　正系

(3) $m(m-1)+1=m^2-m+1$

$=\left(m-\dfrac{1}{2}\right)^2+\dfrac{3}{4}>0$　正系

(4) $-1-a^2<0$　負系

8．$\overrightarrow{\mathrm{CA}}=(4,9)$，$\overrightarrow{\mathrm{CB}}=(10,8)$

$S=\dfrac{1}{2}\{4\cdot8-9\cdot10\}=-29$

9．(1) $\sqrt{12^2+(-5)^2}=13$　$\dfrac{12}{13}x-\dfrac{5}{13}y=-3$

(2) $\sqrt{3^2+6^2}=3\sqrt{5}$　$-\dfrac{x}{\sqrt{5}}+\dfrac{2}{\sqrt{5}}y=\dfrac{\sqrt{5}}{3}$

10．$\overrightarrow{\mathrm{BA}}=(4,4)$，$\overrightarrow{\mathrm{BC}}=(6,1)$

BA, BC の法線ベクトルは $(-4,4)$，$(-1,6)$ であるから，方程式は

$-4x+4y-16=0$，$-x+6y-19=0$

∠ABC 内の点と BA, BC との有向距離は異符号であるから，

$$\frac{-4x+4y-16}{4\sqrt{2}}+\frac{-x+6y-19}{\sqrt{37}}=0$$

11．(1) 3辺の方程式

$\boldsymbol{e}_1\boldsymbol{x}=p_1$

$\boldsymbol{e}_2\boldsymbol{x}=p_2$

$\boldsymbol{e}_3\boldsymbol{x}=p_3$，内角 A, B, C の二等分線は

$(\boldsymbol{e}_2\boldsymbol{x}-p_1)-(\boldsymbol{e}_3\boldsymbol{x}-p_2)=0$　①

$(\boldsymbol{e}_3\boldsymbol{x}-p_3)-(\boldsymbol{e}_1\boldsymbol{x}-p_1)=0$　②

$(\boldsymbol{e}_1\boldsymbol{x}-p_1)-(\boldsymbol{e}_2\boldsymbol{x}-p_2)=0$　③

(2) ①, ② の交点は ①+② をみたす．ところが ①+② は ③ と同値の方程式であるから，交点は ③ をみたし，直線 ③ の上にもある．

12．(1) CB の方向ベクトルは $(x_2-x_3,\ y_2-y_3)$，このベクトルが垂線の法線ベクトルになるから

$(x_2-x_3)(x-x_1)+(y_2-y_3)(y-y_1)=0$

(2) それらは1点で交わることを示せ．

12． 3点 $A(x_1,y_1)$, $B(x_2,y_2)$, $C(x_3,y_3)$ を頂点とする三角形がある．

(1) AからBCにひいた垂線の方程式を求めよ．

(2) 3つの垂線は1点で交わることを証明せよ．

13． 3点 $A(x_1,y_1)$, $B(x_2,y_2)$, $C(x_3,y_3)$ を頂点とする三角形がある．

(1) 辺BCの垂直二等分線の方程式を求めよ，

(2) 3辺の垂直二等分線は1点で交わることを証明せよ．

14． 次の方程式は，任意の k に対して定点を通る直線を表わすことを証明せよ．

$$(k+1)x+(1-2k)y-6=0$$

15． どの2つも平行でない3直線

$$a_1x+b_1y+c_1=0$$
$$a_2x+b_2y+c_2=0$$
$$a_3x+b_3y+c_3=0$$

が1点で交わるための条件を求めよ．

16． 次の3直線が1点で交わるように k の値を定めよ．

$$3x+4y=12$$
$$x-y=1$$
$$kx+(k+1)y+4=0$$

$$(x_2-x_3)x+(y_2-y_3)y$$
$$-(y_2-x_3)x_1-(y_2-y_3)y_1=0$$

(2) 1, 2, 3 をサイクリックに入れかえて他の2つの垂線の方程式を導く．3垂線を $g_1=0$, $g_2=0$, $g_3=0$ とすると $g_1+g_2+g_3\equiv0$

13． (1) $(x-x_2)^2+(y-y_2)^2=(x-x_3)^2+(y-y_3)^2$,

$$2(x_2-x_3)x+2(y_2-y_3)y$$
$$+x_3{}^2-x_2{}^2+y_3{}^2-y_2{}^2=0$$

(2) 1,2,3をサイクリックにいれかえて，他の方程式を導く．3つの垂直二等分線を $g_1=0$, $g_2=0$, $g_3=0$ とおくと $g_1+g_2+g_3\equiv0$

14． $k+1$ と $1-2k$ とは同時に0になることがない．　$k(x-2y)+(x+y-6)=0$　$x-2y=0$, $x+y-6=0$ のとき，すなわち $x=4$, $y=2$ のとき，k に関係なく成り立つ．定点 $(4,2)$ を通る．

15． x,y を消去して

$$D=\begin{vmatrix} a_1 & b_1 & c_1 \\ a_2 & b_2 & c_2 \\ a_3 & b_3 & c_3 \end{vmatrix}=0$$

逆に $D=0$ ならば

$$a_ix+b_iy+c_iz=0 \quad (i=1,2,3)$$

をみたす解 $(x,y,z)\neq(0,0,0)$ がある．もし $z=0$ とすると $a_i:b_i$ は一定になり，3直線は平行である．これは仮定に反するから $z\neq0$．よって1点 $\left(\dfrac{x}{z},\ \dfrac{y}{z}\right)$ を通る．

16． $\begin{vmatrix} 3 & 4 & -12 \\ 1 & -1 & -1 \\ k & k+1 & 4 \end{vmatrix}=0$　　$k=-\dfrac{37}{25}$

第2章　空間の1次図形

はじめに　2次元空間は成分が2つで計算も楽だから，行列式を使わないでも済むが，3次元空間はそうはいかない．一応初歩的取扱いを挙げ，そのあとで，行列式による表現を追加する順序を選んだ．しかし，三角形の面積や四面体の体積となると，それも行詰る．ぜひ行列式に親しんで頂きたい．

解析幾何で，ベクトル，行列，行列式の利用をこばむことは，世界旅行に船を利用するようなもので，レジャーならそれもよいが，実用的，能率的ではない．数学的には非合理的，現代化への背反となろう．

2次元の直線に対応する3次元の図形は，むしろ平面とみるべきだろう．その類似はベクトル方程式でみると，明白である．

2次元空間では，平行な直線群とそれに垂直な直線群とは，互いに補空間的関係にある．

これを3次元空間でみると，平行な直線群とそれに垂直な平面群とは，互いに補空間の関係にある．

これらの類似性については，すでにNo. 3のベクトル空間のところで簡単にふれた．Vの部分空間Wとその補空間$W^{\perp}$との関係がそれである．

2次元空間における，直線とその法線の関係には，3次元空間の，平面とその法線の関係が対応することに注意して学ぶことがたいせつである．

2次元空間における三角形の面積の有向化は，正負を考慮することであったが，3次元空間では完全に有向化され，1つのベクトルで表現される．ベクトルの外積とは，要するに，この有向化された面積を表現するための演算である．

この外積があれば，体積は外積と内積を組合わせて表現される．

ベクトルや行列式の力の不十分な方は，現代数学別冊No. 3の現代数学入門の第1章と第2章をお読み下さい．

これからの解析幾何は，ベクトル，行列，行列式を抜きにしては考えられない．

§1　直線の方程式のパラメーター型

直線のベクトル方程式のパラメーター型は，２次元空間でも，３次元空間でも同じであって，１点 $\mathrm{A}(\boldsymbol{x}_1)$ を通り，ベクトル $\boldsymbol{a}$ に平行な直線の方程式は

$$\boldsymbol{x}=\boldsymbol{x}_1+\boldsymbol{a}t \qquad (t\in\boldsymbol{R})$$

であった．

従って，３次元空間の場合に，これを成分で表わすには $\boldsymbol{x}=(x,y,z)$, $\boldsymbol{x}_1=(x_1,y_1,z_1)$, $\boldsymbol{a}=(a,b,c)$ とおくだけでよい．

$$\begin{aligned}(x,y,z)&=(x_1,y_1,z_1)+(a,b,c)t\\&=(x_1+at,y_1+bt,z_1+ct)\end{aligned}$$

さらに成分を分離して

[1]
$$\begin{cases}x=x_1+at\\y=y_1+bt\\z=z_1+ct\end{cases} \qquad (t\in\boldsymbol{R})$$

２次元の場合とくらべてみると，第３の方程式 $z=z_1+ct$ が追加されたに過ぎない．

×　　　　　　　　　　×

この直線 g は $\boldsymbol{a}$ によって方向ずけられたとみるとき，$\boldsymbol{a}$ を**方向ベクトル**といい，g を**有向直線**ということは，２次元空間の場合と少しも変わらない．

方向ベクトルをとくに単位ベクトル

$$\boldsymbol{e}=(l,m,n)$$

にとったときは

$$l^2+m^2+n^2=1$$

である．

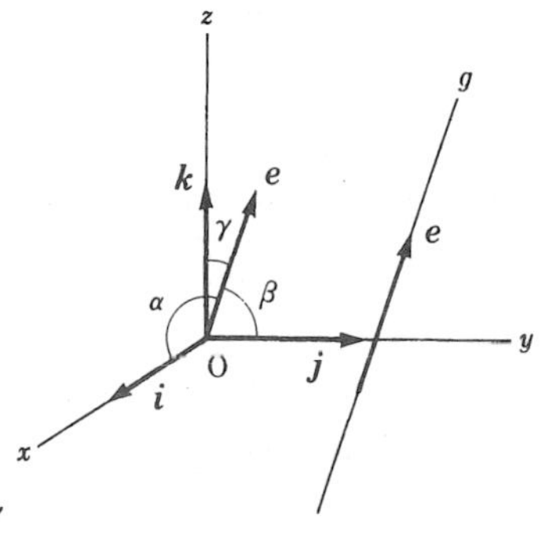

この単位ベクトル $\boldsymbol{e}$ が x 軸，y 軸，z 軸上の単位ベクトル $\boldsymbol{i},\boldsymbol{j},\boldsymbol{k}$ となす角をそれぞれ α,β,γ とすれば

$$l=\cos\alpha,\quad m=\cos\beta,\quad n=\cos\gamma$$

である．これらの成分を**方向余弦**といい，α,β,γ を**方向角**という．方向角は０から π までの角をとったので十分である．方向余弦の平方の和は１に等しい．

例1 x, y, z 軸と等角をなす有向直線の単位方向ベクトルを求めよ.

$\alpha=\beta=\gamma$ の場合であるから $l=m=n$, よって $l^2+m^2+n^2=1$ から

$$3l^2=1 \qquad \therefore \quad l=\pm\frac{1}{\sqrt{3}}$$

よって求める方向ベクトルは

$$\left(\frac{1}{\sqrt{3}},\ \frac{1}{\sqrt{3}},\ \frac{1}{\sqrt{3}}\right) \qquad \left(-\frac{1}{\sqrt{3}},\ -\frac{1}{\sqrt{3}},\ -\frac{1}{\sqrt{3}}\right)$$

例2 点 $(5, -4, 6)$ を通り, 方向ベクトルが $(1, -1, 2)$ である直線の方程式を求めよ.

方程式 [1] で $x_1=5$, $y_1=-4$, $z_1=6$; $a=1$, $b=-1$, $c=2$ とおく.

$$\begin{cases} x=5+t \\ y=-4-t \\ z=6+2t \end{cases} \qquad (t\in \boldsymbol{R})$$

× ×

方程式 [1] は t を消去して

$$[2] \qquad \frac{x-x_1}{a}=\frac{y-y_1}{b}=\frac{z-z_1}{c}$$

ともかく.

この表わし方は, 実数の性質からみて a, b, c に 0 があると用いられない. しかし, それでは余りにも一般性を欠き不便である. この不便を避ける対策はなにか. [1] において $a=0$, $bc \neq 0$ のときは

$$x=x_1, \qquad \frac{y-y_1}{b}=\frac{z-z_1}{c}$$

となる. このことから考えて, [2] は分母が 0 のときは, 分子も 0 と約束して使えばよいことがわかる. [2] にも捨てがたいよさがあるので, 今後使うことがあるが, そのときは, 上の約束に従っていると見て頂きたい.

× ×

2点 $\mathrm{A}(\boldsymbol{x}_1)$, $\mathrm{B}(\boldsymbol{x}_2)$ を通る直線を, 点 $\boldsymbol{x}_1=(x_1, y_1, z_1)$ を通り, 方向ベクトルが $\overrightarrow{\mathrm{AB}}=\boldsymbol{x}_2-\boldsymbol{x}_1=(x_2-x_1,\ y_2-y_1,\ z_2-z_1)$ の直線とみるならば, その方程式は

$$\begin{cases} x=x_1+(x_2-x_1)t \\ y=y_1+(y_2-y_1)t \\ z=z_1+(z_2-z_1)t \end{cases} \qquad (t\in \boldsymbol{R})$$

と表わされる．t を消去したものは

[3]　$$\frac{x-x_1}{x_2-x_1}=\frac{y-y_1}{y_2-y_1}=\frac{z-z_1}{z_2-z_1}$$

例 3　2点 $A(a,0,a)$, $B(0,a,0)$ $(a\neq 0)$ を通る直線の方程式を [2] の型で表わせ．

上の式で $x_1=a$, $y_1=0$, $z_1=a$; $x_2=0$, $y_2=a$, $z_2=0$ とおけばよい．

$$\frac{x-a}{0-a}=\frac{y-0}{a-0}=\frac{z-a}{0-a}$$

$$\therefore\quad \frac{x-a}{-a}=\frac{y}{a}=\frac{z-a}{-a}$$

例 4　次の2直線は交わるか．交わるならば，その交点の座標を求めよ．

$$\begin{cases}x=3-2s\\y=1+4s\\z=6-3s\end{cases}\qquad\begin{cases}x=5-t\\y=9+4t\\z=12-t\end{cases}\qquad(s,t\in\boldsymbol{R})$$

もし交点があるならば，その交点におけるパラメーター s,t の値に対して次の等式が成り立たなければならない．

$$3-2s=5-t,\ 1+4s=9+4t,\ 6-3s=12-t$$

はじめの2つの方程式を連立させて解いて $s=-4$, $t=-6$, この値は第3の方程式をみたす．よって，2直線は交わり，その交点の座標は

$$x=11,\quad y=-15,\quad z=18$$

である．

例 5　点 $P(4,3,-2)$ から，次の直線までの距離を求めよ．

$$\frac{x-5}{3}=\frac{y+1}{4}=\frac{z}{2}\qquad ①$$

直線上の任意の点を $Q(x,y,z)$ とし，$\overline{PQ}$ の最小値を求めればよい．

① の分数式の値を t とおくと

$$x=5+3t,\quad y=-1+4t,\quad z=2t$$

$$\begin{aligned}PQ^2&=(1+3t)^2+(-4+4t)^2+(2+2t)^2\\&=29t^2-18t+21\\&=29\left(t-\frac{9}{29}\right)^2+\frac{528}{29}\end{aligned}$$

よって，求める最小値は

$$\overline{\mathrm{PQ}}=\sqrt{\frac{528}{29}}$$

§2 平面の方程式

平面の方程式には，パラメーター型と内積型がある．はじめにパラメーター型を求めてみる．

平面はその通過する1点と，1次独立な2つのベクトルとによって一意に定まることはいうまでもなかろう．そこで，1点 $\mathrm{A}(\boldsymbol{x}_1)$ を通り，2つの1次独立なベクトル $\boldsymbol{a},\boldsymbol{b}$ に平行な平面 π の方程式を求めよう．

平面上の任意の点を $\mathrm{P}(\boldsymbol{x})$ とすると，$\overrightarrow{\mathrm{AP}}=\boldsymbol{x}-\boldsymbol{x}_1$ は $\boldsymbol{a},\boldsymbol{b}$ の1次結合として表わされるから

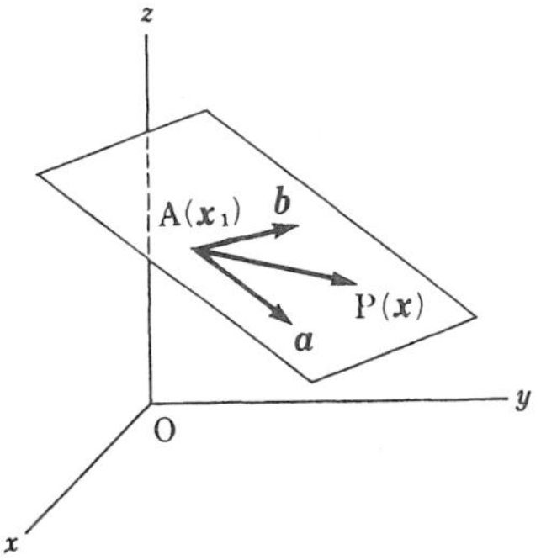

$$\boldsymbol{x}-\boldsymbol{x}_1=s\boldsymbol{a}+t\boldsymbol{b}$$

[4] $$\boldsymbol{x}=\boldsymbol{x}_1+s\boldsymbol{a}+t\boldsymbol{b}$$

これが π の方程式である．

これを成分で表わすには $\boldsymbol{x}=(x,y,z)$，$\boldsymbol{x}_1=(x_1,y_1,z_1)$，$\boldsymbol{a}=(a_1,b_1,c_1)$，$\boldsymbol{b}=(a_2,b_2,c_2)$ を代入すればよい．

$$(x,y,z)=(x_1,y_1,z_1)+s(a_1,b_1,c_1)+t(a_2,b_2,c_2)$$

成分を分離して

[4′] $$\begin{cases}x=x_1+sa_1+ta_2\\ y=y_1+sb_1+tb_2\\ z=z_1+sc_1+tc_2\end{cases}\qquad(s,t\in\boldsymbol{R})$$

この平面の方程式を x,y,z のみで表わしたいときは，上の3方程式から2つのパラメーター s,t を消去すればよい．

例6 次の平面の方程式を x,y,z についての方程式にかきかえよ．

$$\begin{cases}x=5+s+t & ①\\ y=-1+2s-t & ②\\ z=4-3s+2t & ③\end{cases}$$

①,②,③ から s,t を消去する．

①+② $$x+y=4+3s \qquad ④$$

②×2+③　　$2y+z=2+s$　　⑤

④−⑤×3　　$x-5y-3z=-2$

このほかに行列式を用いる方法もある．与えられた方程式をかきかえて

$$s+t+(5-x)=0$$
$$2s-t+(-1-y)=0$$
$$-3s+2t+(4-z)=0$$

この方程式は解 $(s,t,1)$ をもつとみられる．この解は $(0,0,0)$ と異なるから連立方程式の理論によって

$$\begin{vmatrix} 1 & 1 & 5-x \\ 2 & -1 & -1-y \\ -3 & 2 & 4-z \end{vmatrix}=0$$

これを第3列について展開すると

$$(5-x)\times 1+(1+y)\times 5+(4-z)\times(-3)=0$$
$$\therefore\quad x-5y-3z=-2$$

×　　　　×

次に平面の方程式の内積型を求めよう．

平面 π に垂直な直線 h を π の**法線**といい，法線の方向を表わすベクトル $\boldsymbol{n}$ $(\boldsymbol{n}\neq\boldsymbol{0})$ を π の**法線ベクトル**という．

平面 π は，それが通過する1つの点 $\mathrm{A}(\boldsymbol{x}_1)$ と，1つの法線ベクトル $\boldsymbol{n}$ を与えれば一意に定まる．この事実は2次元空間における直線と全く同じで，当然ベクトル方程式も直線と同じになる．

この平面上の任意の点を $\mathrm{P}(\boldsymbol{x})$ とせよ．$\overrightarrow{\mathrm{AP}}=\boldsymbol{x}-\boldsymbol{x}_1$ は法線ベクトル $\boldsymbol{n}$ に垂直であるから

$$\boldsymbol{n}(\boldsymbol{x}-\boldsymbol{x}_1)=0$$

成分で表わすため $\boldsymbol{x}=(x,y,z)$，$\boldsymbol{x}_1=(x_1,y_1,z_1)$，$\boldsymbol{n}=(a,b,c)$ とおけば

[5]　　$a(x-x_1)+b(y-y_1)+c(z-z_1)=0$

簡単で，しかも形の整った方程式が現われた．この式で $c=0$ とおくと，2次元空間における直線の方程式の内積型になる．

上の方程式はかっこをはずし $-(ax_1+by_1+cz_1)=d$ とおくと

$$ax+by+cz+d=0\qquad (a,b,c)\neq(0,0,0)$$

となり，左辺は x,y,z についての1次式である．

例7 x 軸，y 軸，z 軸との交点がそれぞれ $(a,0,0)$，$(0,b,0)$，$(0,0,c)$ である平面の方程式の内積型を求めよ．ただし $abc \neq 0$ とする．

求める方程式を

$$Ax+By+Cz+D=0 \qquad ①$$

とおいて，A,B,C,D を決定すればよい．

$x=a$，$y=0$，$z=0$ を代入して

$$Aa+D=0 \qquad \therefore \quad A=-\frac{D}{a}$$

$x=0$，$y=b$，$z=0$ を代入して

$$Bb+D=0 \qquad \therefore \quad B=-\frac{D}{b}$$

$x=0$，$y=0$，$z=c$ を代入して

$$Cc+D=0 \qquad \therefore \quad C=-\frac{D}{c}$$

以上で求めた A,B,C を ① に代入し，両辺を $D(\neq 0)$ で割ってから移項すれば

$$\frac{x}{a}+\frac{y}{b}+\frac{z}{c}=1$$

例8 次の直線と平面の交点の座標を求めよ．

$$\frac{x-3}{2}=\frac{y+1}{-2}=\frac{z+2}{3} \qquad ①$$

$$4x-2y+5z=31 \qquad ②$$

①,② を連立させて解けばよい．① の分数式の値を t とおけば

$$x=3+2t,\ y=-1-2t,\ z=-2+3t \qquad ③$$

③ を ② に代入して

$$4(3+2t)-2(-1-2t)+5(-2+3t)=31$$

$$27t=27 \qquad \therefore \quad t=1$$

③ に代入して $x=5$，$y=-3$，$z=1$

よって交点の座標は $(5,-3,1)$ である．

× ×

平面の方程式で，係数または定数項が 0 のときは，座標軸に対する位置の退化した場合が起きる．

$d=0$ のとき　　原点を通る平面である．

$c=0$ のとき　　$ax+by+d=0$

見かけは xy 平面上の直線の方程式であるが，3次元空間の方程式とみると，z は任意なわけで，xy 平面に垂直な平面を表わす．

$b=c=0$ のとき　　$ax+d=0$

これも1つの点 $x=-\dfrac{d}{a}$ を表わすのではない．y, z は任意だから，この点を通り yz 平面に平行な平面を表わす．

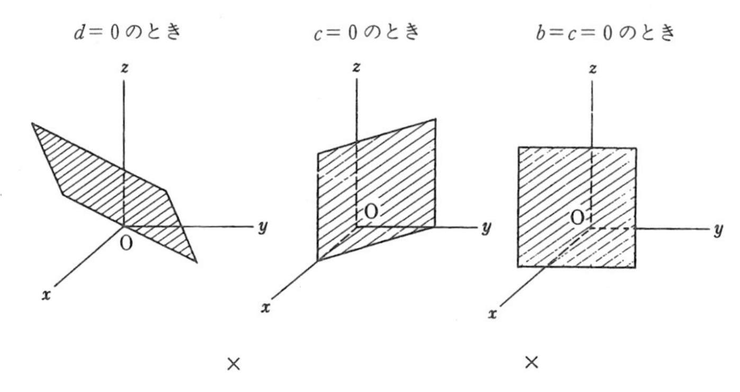

×　　　　　　×

2平面の位置関係について簡単にふれておこう．

2つの平面が交わるか，平行か（一致する場合を含む）は，それらの法線が平行でないか，平行かによって定まることは，すでにわかっているものとしよう．2つの平面の方程式を

$$\pi_1 : a_1x+b_1y+c_1z+d_1=0 \qquad ①$$

$$\pi_2 : a_2x+b_2y+c_2z+d_2=0 \qquad ②$$

とすれば，π_1, π_2 の法線ベクトルの1つは，それぞれ

$$\boldsymbol{n}_1=(a_1, b_1, c_1),\ \ \boldsymbol{n}_2=(a_2, b_2, c_2)$$

である．

従って，2平面が平行である（一致を含める）ための条件は

$$\boldsymbol{n}_1 /\!/ \boldsymbol{n}_2 \quad \text{すなわち} \quad \boldsymbol{n}_2=k\boldsymbol{n}_1\ (k \fallingdotseq 0)$$

で，$\boldsymbol{n}_1, \boldsymbol{n}_2$ が1次従属であることと同値である．成分で表わせば

$$a_2=ka_1,\ \ b_2=kb_1,\ \ c_2=kc_1 \qquad (k \fallingdotseq 0) \qquad ③$$

である．

2平面が交わる条件は，$\boldsymbol{n}_1$ と $\boldsymbol{n}_2$ が平行でないことだから，$\boldsymbol{n}_1, \boldsymbol{n}_2$ が1次独

立と同値で，成分でみれば③をみたすような実数 k が存在しないことである．

なお，2平面が一致する場合は，③にさらに $d_2=kd_1$ を追加すればよい．

これは2つのベクトル (a_1, b_1, c_1, d_1)，(a_2, b_2, c_2, d_2) が1次従属といってもよい．

× ×

2つの平面が交わるときは，その交わりの図形は直線である．従って，直線は2つの1次方程式を連立させて表わすことができる．

例9 次の直線の方程式のパラメーター型を1つ求めよ．

$$\begin{cases} x-2y-3z=6 & ① \\ 2x+3y-2z=12 & ② \end{cases}$$

この直線の方程式のパラメーター型は無数にあり，一意に定まるわけではない．なるべく簡単なものを1つ求めればよい．まず①,②を x, y について解く．

①×3+②×2　　$7x-13z=42$

$$7(x-6)=13z \qquad \therefore \quad \frac{x-6}{13}=\frac{z}{7}$$

②−①×2　　$7y+4z=0$　　$\therefore \quad \dfrac{y}{4}=-\dfrac{z}{7}$

$$\therefore \quad \frac{x-6}{13}=\frac{y}{-4}=\frac{z}{7}$$

この式の分数式の値を t とおいて

$$x=6+13t, \quad y=-4t, \quad z=7t$$

× ×

平面と点との距離についても符号をつける．その方式は直線と点との場合と全く同じである．

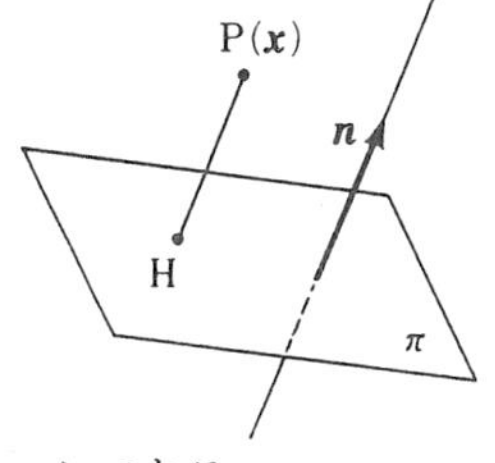

平面 π の法線ベクトルを $\boldsymbol{n}$ とする．任意の点Pを通る法線が π と交わる点をHとしたとき，$\overrightarrow{\mathrm{HP}}$ が $\boldsymbol{n}$ と同じ向きならHPを正，反対向きならHPを負とする．これは $\overrightarrow{\mathrm{HP}}$ を $\boldsymbol{n}$ と同じ向きの単位ベクトル $\dfrac{\boldsymbol{n}}{|\boldsymbol{n}|}$ で表わしたときのスカラーが，ちょうどHPになるように，長さHPを有向化したのと同じことである．

このように符号をつけた距離HPを，π とPとの**有向距離**といい

$$d(\pi, \mathrm{P})$$

で表わすことにする．

平面 π の方程式の内積型を

$$\boldsymbol{n}\boldsymbol{x}+d=0$$

とすると，直線の場合と全く同様にして，次の等式が成り立つ．

[6] $$d(\pi, \mathrm{P})=\frac{\boldsymbol{n}\boldsymbol{x}+d}{|\boldsymbol{n}|}$$

従って，1次関数 $\boldsymbol{n}\boldsymbol{x}+d$ の符号は $d(\pi, \mathrm{P})$ の符号と一致するから，その正領域と負領域は，法線ベクトル $\boldsymbol{n}$ によって見わけられる．

上の式を成分で表わせば

[6′] $$d(\pi, \mathrm{P})=\frac{ax+by+cz+d}{\sqrt{a^2+b^2+c^2}}$$

例10 平面 $2x-y+2z=8$ と点 $\mathrm{P}(-1, 3, -2)$ との有向距離を求めよ．

この平面を π とすると

$$d(\pi, \mathrm{P})=\frac{2\cdot(-1)-3+2\cdot(-2)-8}{\sqrt{2^2+(-1)^2+2^2}}=-\frac{17}{3}$$

例11 点 $\mathrm{A}(a, 0, 0)$，$\mathrm{B}(0, b, 0)$，$\mathrm{C}(0, 0, c)$ を通る平面 π と原点Oとの距離を求めよ．ただし $a, b, c>0$ とする．

平面 π の方程式は例7から

$$bcx+cay+abz-abc=0$$

よって，π とOとの有向距離HOは

$$d(\pi, \mathrm{O})=\frac{-abc}{\sqrt{b^2c^2+c^2a^2+a^2b^2}}$$

正の距離をとって答は

$$\frac{abc}{\sqrt{b^2c^2+c^2a^2+a^2b^2}} \qquad ①$$

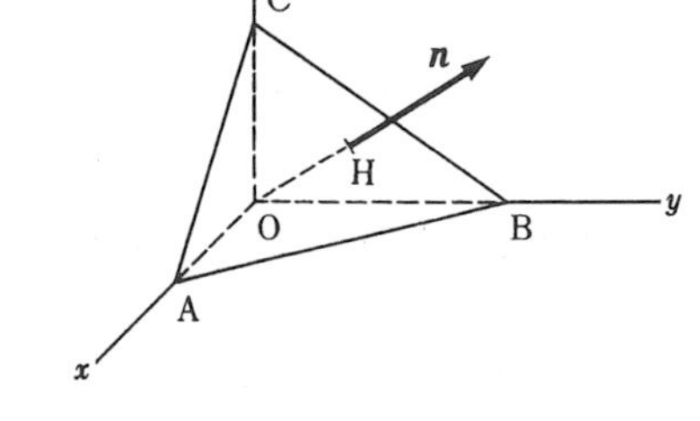

➡**注** $d(\pi, \mathrm{O})$ が負の数になったのは，$\overrightarrow{\mathrm{HO}}$ の向きが $\boldsymbol{n}=(bc, ca, ab)$ の向きと反対なためである．$\mathrm{HO}=d(\pi, \mathrm{O})$ だから

$$\mathrm{OH}=-\mathrm{HO}=-d(\pi, \mathrm{O})$$

で，この値は①と一致する．もし，直線の方程式を

$$-bcx-cay-abz+abc=0$$

と書きかえたとすると，法線ベクトルは $(-bc, -ca, -ab)$ で，このとき $d(\pi, \mathrm{O})=\mathrm{HO}$ は①

と一致し，OHは①の符号をかえたものになる．

§3 ベクトル列の右手系と左手系

2次元空間の直線の場合に，直線がベクトル $\boldsymbol{a}$ で方向づけられているときは，その法線ベクトル $\boldsymbol{n}$ を，$(\boldsymbol{a},\boldsymbol{n})$ が正系となるように選んだ．この考えを3次元空間の平面の場合へ拡張するとどうなるだろうか．

平面 π が，2つのベクトルの列 $(\boldsymbol{a},\boldsymbol{b})$ に平行であるとすると，π は $(\boldsymbol{a},\boldsymbol{b})$ によって方向づけられているとみることができる．そのわけを明らかにしよう．

$\boldsymbol{a}=(a_1,b_1,c_1)$，$\boldsymbol{b}=(a_2,b_2,c_2)$ とし，法線ベクトルの1つを

$$\boldsymbol{n}=(u,v,w)$$

で表わしてみると，$\boldsymbol{a}\perp\boldsymbol{n}$，$\boldsymbol{b}\perp\boldsymbol{n}$ から

$$a_1u+b_1v+c_1w=0$$
$$a_2u+b_2v+c_2w=0$$

この式から

$$u=(b_1c_2-b_2c_1)k,\quad v=(c_1a_2-c_2a_1)k,\quad w=(a_1b_2-a_2b_1)k$$

k は0でない実数なら何んでもよいから，1に選んでみると

[7] $\boldsymbol{n}=(b_1c_2-b_2c_1,\ c_1a_2-c_2a_1,\ a_1b_2-a_2b_1)$

以上と全く同じ手順を，$\boldsymbol{a},\boldsymbol{b}$ を入れかえた

$$\boldsymbol{b}=(a_2,b_2,c_2),\quad \boldsymbol{a}=(a_1,b_1,c_1)$$

に試みれば，法線ベクトル $\boldsymbol{n}'$ は，上の $\boldsymbol{n}$ の1,2を入れかえたものになるから $\boldsymbol{n}$ の符号をかえたものに等しい．

この事実からみて，2つのベクトル列 $(\boldsymbol{a},\boldsymbol{b})$ に平行な平面と，$(\boldsymbol{b},\boldsymbol{a})$ に平行な平面とは，区別するのが合理的であることがわかる．

さて，$\boldsymbol{a},\boldsymbol{b}$ に対して[7]で定まる $\boldsymbol{n}$ は，どのような位置関係にあるだろうか．それを簡単に知るには，$\boldsymbol{a},\boldsymbol{b}$ を簡単なベクトルに選んでみればよい．たとえば x 軸，y 軸方向の単位ベクトルに選んでみよ．

$$\boldsymbol{a}=\boldsymbol{i}=(1,0,0)$$
$$\boldsymbol{b}=\boldsymbol{j}=(0,1,0)$$
$$\boldsymbol{n}=(0\cdot0-1\cdot0,\ 0\cdot0-0\cdot1,\ 1\cdot1-0\cdot0)$$
$$=(0,0,1) \qquad ①$$

$\boldsymbol{n}$ は z 軸方向の単位ベクトル $\boldsymbol{k}$ に等しい.

ふつう，われわれが用いる座標軸の選び方は**右手系**で，この座標空間では，$\boldsymbol{n}$ を①によって定めると，ベクトル列

$$(\boldsymbol{a}, \boldsymbol{b}, \boldsymbol{n})$$

は右手系になる.

それでわれわれは，$(\boldsymbol{a}, \boldsymbol{b})$ に平行な平面の法線ベクトル $\boldsymbol{n}$ を $(\boldsymbol{a}, \boldsymbol{b}, \boldsymbol{n})$ が右手系になるように選ぶことに定める.

そうすれば $(\boldsymbol{a}, \boldsymbol{b})$ に対して $\boldsymbol{n}$ の向きは一意に定まり，$\boldsymbol{n}$ の1つは[7]の式で与えられることになる.

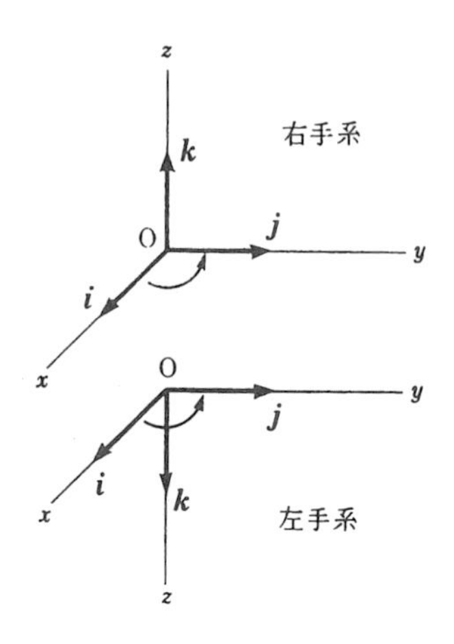

×　　　　×

ベクトル $\boldsymbol{n}$ を法線ベクトルにもつ平面は，$\boldsymbol{n}$ によって向きが定められているとみて，**有向平面**という.

法線ベクトルが $\boldsymbol{n}=(a, b, c)$ の有向平面の方程式は

$$\boldsymbol{n}\boldsymbol{x}+d=0$$

成分でかけば

$$ax+by+cz+d=0$$

この方程式は，両辺の符号をかえると，法線ベクトルは $(-a, -b, -c)=-\boldsymbol{n}$ となり，向きが反対になる.

従って有向平面としては別のものになる.

例12　$\boldsymbol{a}=(1, -2, 3)$，$\boldsymbol{b}=(2, 4, -1)$ のとき，ベクトルの列 $(\boldsymbol{a}, \boldsymbol{b})$ に平行な有向平面の法線ベクトルを求めよ.

$\boldsymbol{a}, \boldsymbol{b}$ は順序が定っているから，公式[7]にあてはめて求めるのが無難である.

$$\boldsymbol{a}=(a_1, b_1, c_1)=(1, -2, 3)$$

$$\boldsymbol{b}=(a_2, b_2, c_2)=(2, 4, -1)$$

$$x \text{ 成分}=b_1c_2-b_2c_1=2-12=-10$$

$$y \text{ 成分}=c_1a_2-c_2a_1=6+1=7$$

$$z \text{ 成分}=a_1b_2-a_2b_1=4+4=8$$

よって法線ベクトルの1つは $(-10, 7, 8)$ である.

➡注　前頁の計算は右のように成分をかき並べてタスキ掛けを行うと，かける数の順序や組合せを間違えないだろう．

$\boldsymbol{n}$ は行列式で表わせば

$$\boldsymbol{n}=\left(\begin{vmatrix} b_1 & c_1 \\ b_2 & c_2 \end{vmatrix}, \begin{vmatrix} c_1 & a_1 \\ c_2 & a_2 \end{vmatrix}, \begin{vmatrix} a_1 & b_1 \\ a_2 & b_2 \end{vmatrix}\right)$$

となって，一層わかりやすい．

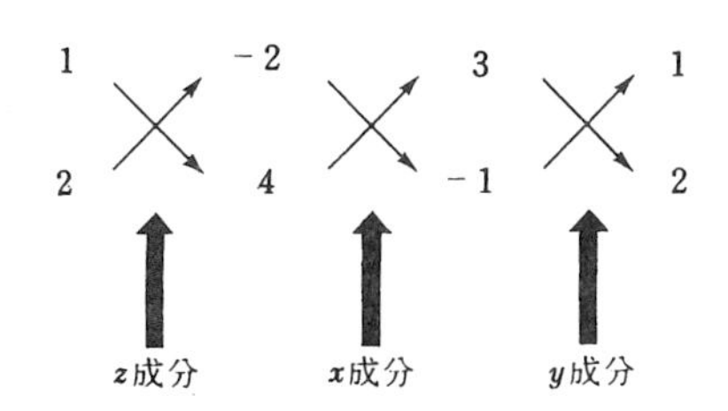

§4　面積と体積

2点を A($\boldsymbol{a}$)，B($\boldsymbol{b}$) とすれば，△OAB の面積を $\boldsymbol{a},\boldsymbol{b}$ で表わす式は，空間の次元に関係なく同じであって

$$S=\frac{1}{2}|\boldsymbol{a}|\,|\boldsymbol{b}|\,|\sin\theta|=\frac{1}{2}\sqrt{|\boldsymbol{a}|^2|\boldsymbol{b}|^2-(\boldsymbol{ab})^2}$$

によって与えられる．

3次元空間のとき，$\boldsymbol{a}=(a_1,b_1,c_1)$，$\boldsymbol{b}=(a_2,b_2,c_2)$ とおいて，上の式を成分で表わしてみよう．

$$|\boldsymbol{a}|^2|\boldsymbol{b}|^2-(\boldsymbol{ab})^2=(a_1{}^2+b_1{}^2+c_1{}^2)(a_2{}^2+b_2{}^2+c_2{}^2)-(a_1a_2+b_1b_2+c_1c_2)^2$$

この式は，かきかえると

$$(b_1c_2-b_2c_1)^2+(c_1a_2-c_2a_1)^2+(a_1b_2-a_2b_1)^2$$

そこで次の公式が導かれた．

[8]　$$S=\frac{1}{2}\{(b_1c_2-b_2c_1)^2+(c_1a_2-c_2a_1)^2+(a_1b_2-a_2b_1)^2\}^{\frac{1}{2}}$$

この式をよくみると，$\{\quad\}^{\frac{1}{2}}$ の部分は，先に導いた法線ベクトル $\boldsymbol{n}$ の大きさに等しい．従って

$$2S=|\boldsymbol{n}|$$

$2S$ は $\overrightarrow{\mathrm{OA}},\overrightarrow{\mathrm{OB}}$ を2辺とする平行四辺形の面積に等しい．

×　　　　×

いよいよ，いままで伏せていたベクトルの外積が顔を出すときが訪れたようである．ベクトル $\boldsymbol{a},\boldsymbol{b}$ の外積というのは，$\boldsymbol{a},\boldsymbol{b}$ を代表する矢線 $\overrightarrow{\mathrm{OA}},\overrightarrow{\mathrm{OB}}$ を作ったとき，次の条件をみたすベクトルのことである．

（i）　その大きさは OA, OB を2辺とする平行四辺形の面積に等しい．

（ii）　その向きは，$(\boldsymbol{a},\boldsymbol{b},\boldsymbol{n})$ が右手系になるように選ぶ．

$\boldsymbol{a}, \boldsymbol{b}$ の外積を $\boldsymbol{a}\times\boldsymbol{b}$ で表わす．

以上で知ったことから，$\boldsymbol{a}\times\boldsymbol{b}$ は，[7] で示すベクトル $\boldsymbol{n}$ に等しいことがわかり，法線ベクトルは外積とぴったり結びついた．

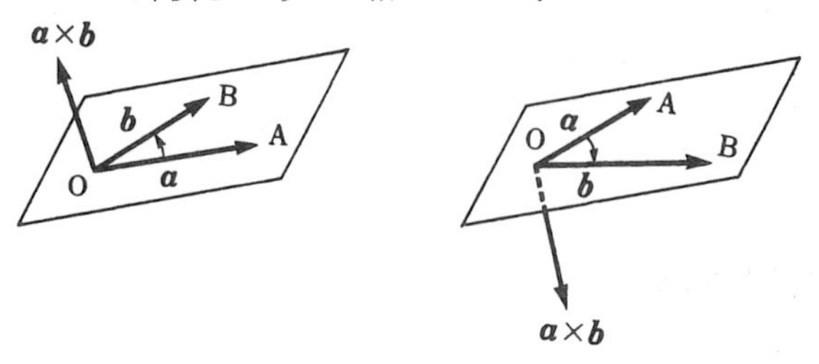

△OAB の面積 $S(\geqq 0)$ は，外積を用いると

[8′]　　$S=\dfrac{1}{2}|\boldsymbol{a}\times\boldsymbol{b}|$

と表わされる．

例 13　3 点 $\mathrm{A}(a,0,0)$，$\mathrm{B}(0,b,0)$，$\mathrm{C}(0,0,c)$ を頂点とする △ABC の面積を求めよ．

ベクトル $\boldsymbol{a}=\overrightarrow{\mathrm{CA}}=(a,0,-c)$，$\boldsymbol{b}=\overrightarrow{\mathrm{CB}}=(0,b,-c)$ の作る三角形とみて，外積を用いる．

$$S=\frac{1}{2}|\boldsymbol{a}\times\boldsymbol{b}|$$
$$=\frac{1}{2}\sqrt{b^2c^2+c^2a^2+a^2b^2}$$

a　0　$-c$　a
0　b　$-c$　0
ab　bc　ca

×　　　×

3 次元空間における三角形の面積は求められたから，次に四面体の体積の求め方を検討しよう．

はじめに，3 点を $\mathrm{A}(\boldsymbol{a})$，$\mathrm{B}(\boldsymbol{b})$，$\mathrm{C}(\boldsymbol{c})$ とし，四面体 OABC の体積 V を求める．

C から平面 OAB にひいた垂線を CH，有向の長さ $\mathrm{HC}=h$，△OAB の面積を $S(>0)$ とすると

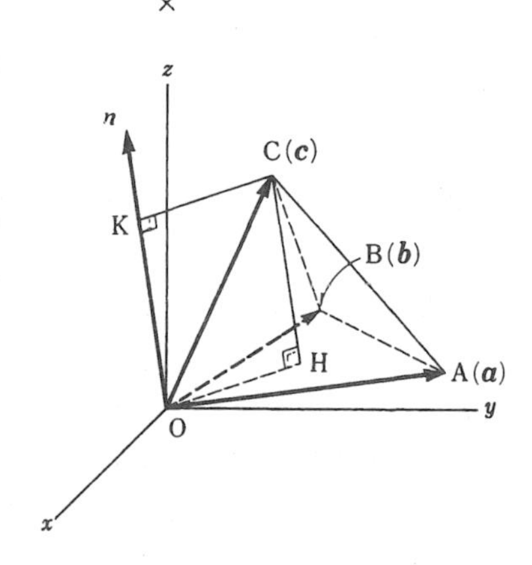

$$V=\frac{1}{3}\cdot Sh \qquad ①$$

この体積 V の符号は h の符号と同じと定め，これを**有向体積**という．

すでに知ったように，$\boldsymbol{a},\boldsymbol{b}$ の外積 $\boldsymbol{a}\times\boldsymbol{b}$ を $\boldsymbol{n}$ で表わすと

$$S=\frac{1}{2}|\boldsymbol{n}| \qquad ②$$

であった．次にCから $\overrightarrow{\mathrm{ON}}=\boldsymbol{n}$ におろした垂線の足をKとすると

$$\mathrm{OK}=\mathrm{HC}=h$$

h はベクトル $\boldsymbol{c}$ のベクトル $\boldsymbol{n}$ 上への正射影であるから

$$\boldsymbol{nc}=|\boldsymbol{n}|h \qquad \therefore\quad h=\frac{\boldsymbol{nc}}{|\boldsymbol{n}|} \qquad ③$$

$$\therefore$$

②,③を①に代入して

[9] $$V=\frac{1}{6}\boldsymbol{nc}=\frac{1}{6}(\boldsymbol{a}\times\boldsymbol{b})\boldsymbol{c}$$

これが，四面体OABCの体積を求める公式である．

この公式を $\boldsymbol{a}=(a_1,b_1,c_1)$，$\boldsymbol{b}=(a_2,b_2,c_2)$，$\boldsymbol{c}=(a_3,b_3,c_3)$ とおいて成分で表わし，さらに行列式にかきかえてみる．

$$V=\frac{1}{6}\left(\begin{vmatrix} b_1 & c_1 \\ b_2 & c_2 \end{vmatrix}, \begin{vmatrix} c_1 & a_1 \\ c_2 & a_2 \end{vmatrix}, \begin{vmatrix} a_1 & b_1 \\ a_2 & b_2 \end{vmatrix}\right)(a_3,b_3,c_3)$$

$$=\frac{1}{6}\left\{a_3\begin{vmatrix} b_1 & c_1 \\ b_2 & c_2 \end{vmatrix}+b_3\begin{vmatrix} c_1 & a_1 \\ c_2 & a_2 \end{vmatrix}+c_3\begin{vmatrix} a_1 & b_1 \\ a_2 & b_2 \end{vmatrix}\right\}$$

[9′] $$V=\frac{1}{6}\begin{vmatrix} a_1 & b_1 & c_1 \\ a_2 & b_2 & c_2 \\ a_3 & b_3 & c_3 \end{vmatrix}$$

3つのベクトルの列 $(\boldsymbol{a},\boldsymbol{b},\boldsymbol{c})$ でみると，

$$(\boldsymbol{a},\boldsymbol{b},\boldsymbol{c})\ \text{が}\begin{cases}\text{右手系ならば} & V>0 \\ \text{左手系ならば} & V<0\end{cases}$$

となる．とくに

$\boldsymbol{a},\boldsymbol{b},\boldsymbol{c}$ が共面のときは　$V=0$

例14　A(5,7,2)，B(−2,5,3)，C(1,2,8) であるとき，四面体OABCの体積を求よ．

公式[9′]にこれらの値を代入する．

$$V=\frac{1}{6}\begin{vmatrix} 5 & 7 & 2 \\ -2 & 5 & 3 \\ 1 & 2 & 8 \end{vmatrix}=\frac{1}{6}\begin{vmatrix} 5 & -3 & -38 \\ -2 & 9 & 19 \\ 1 & 0 & 0 \end{vmatrix}$$

$$=\frac{1}{6}\begin{vmatrix} -3 & -38 \\ 9 & 19 \end{vmatrix}=\frac{19}{2}\begin{vmatrix} -1 & -2 \\ 3 & 1 \end{vmatrix}=\frac{95}{2}$$

× ×

四面体の4つの頂点が一般の位置にある場合の体積の公式はどうなるか.

4頂点を $\mathrm{A}(x_1, y_1, z_1)$, $\mathrm{B}(x_2, y_2, z_2)$, $\mathrm{C}(x_3, y_3, z_3)$, $\mathrm{D}(x_4, y_4, z_4)$ とすると

$$\overrightarrow{\mathrm{DA}}=(x_1-x_4, y_1-y_4, z_1-z_4)$$
$$\overrightarrow{\mathrm{DB}}=(x_2-x_4, y_2-y_4, z_2-z_4)$$
$$\overrightarrow{\mathrm{DC}}=(x_3-x_4, y_3-y_4, z_3-z_4)$$

従って，この四面体の体積は公式 [9′] によって

$$V=\frac{1}{6}\begin{vmatrix} x_1-x_4 & y_1-y_4 & z_1-z_4 \\ x_2-x_4 & y_2-y_4 & z_2-z_4 \\ x_3-x_4 & y_3-y_4 & z_3-z_4 \end{vmatrix}$$

となる．これを4次の行列式にかきかえ，形を整えよう．

$$V=\frac{1}{6}\begin{vmatrix} x_1-x_4 & y_1-y_4 & z_1-z_4 & 0 \\ x_2-x_4 & y_2-y_4 & z_2-z_4 & 0 \\ x_3-x_4 & y_3-y_4 & z_3-z_4 & 0 \\ x_4 & y_4 & z_4 & 1 \end{vmatrix}$$

第4行を第1, 第2, 第3行に加えると，次の公式がえられる．

[10] $$V=\frac{1}{6}\begin{vmatrix} x_1 & y_1 & z_1 & 1 \\ x_2 & y_2 & z_2 & 1 \\ x_3 & y_3 & z_3 & 1 \\ x_4 & y_4 & z_4 & 1 \end{vmatrix}$$

例 15 a, b, c が正の定数のとき，4点

$$\mathrm{A}(x, 0, 0),\ \mathrm{B}(x+a, 0, 0),\ \mathrm{C}(0, y, c),\ \mathrm{D}(0, y+b, c)$$

を頂点とする四面体の体積は x, y に関係なく一定であることを証明せよ．

上の公式にあてはめると

$$6V=\begin{vmatrix} x & 0 & 0 & 1 \\ x+a & 0 & 0 & 1 \\ 0 & y & c & 1 \\ 0 & y+b & c & 1 \end{vmatrix}$$

第1行について展開すれば

$$6V=x\begin{vmatrix}0&0&1\\y&c&1\\y+b&c&1\end{vmatrix}-\begin{vmatrix}x+a&0&0\\0&y&c\\0&y+b&c\end{vmatrix}$$

$$=x\begin{vmatrix}y&c\\y+b&c\end{vmatrix}-(x+a)\begin{vmatrix}y&c\\y+b&c\end{vmatrix}$$

$$=-x\cdot bc+(x+a)bc=abc$$

$$\therefore\quad V=\frac{1}{6}abc\quad(\text{一定})$$

練　習　問　題　2

問題

1．点A$(-5,2,-7)$を通り，ベクトル$\boldsymbol{a}=(4,-3,-6)$に平行な直線の方程式のパラメーター型を求めよ．

2．x軸，y軸の正の向きとともに$\dfrac{\pi}{3}$に交わる直線の方向余弦を求めよ．また，この直線がz軸の正の向きとなす角を求めよ．

3．直線

$$\frac{x-2}{3}=\frac{y+1}{2}=\frac{z-3}{4}$$

と点P$(-1,5,-7)$との距離を求めよ．

4．次の2直線は交わるか．

$$g_1:\begin{cases}x=1-2s\\y=3+s\\z=5+4s\end{cases}\quad(s\in\boldsymbol{R})$$

$$g_2:\begin{cases}x=4+3t\\y=-2+2t\\z=-4-t\end{cases}\quad(t\in\boldsymbol{R})$$

ヒントと略解

1．$x=-5+4t$，$y=2-3t$，$z=-7-6t$

2．$l=m=\cos\dfrac{\pi}{3}=\dfrac{1}{2}$，$l^2+m^2+n^2=1$ だから

$\dfrac{1}{4}+\dfrac{1}{4}+n^2=1\quad\therefore\ n=\pm\dfrac{1}{\sqrt{2}}$

$\cos\gamma=\pm\dfrac{1}{\sqrt{2}}$ から $\gamma=\dfrac{\pi}{4}$，$\dfrac{3\pi}{4}$

3．$x=2+3t$，$y=-1+2t$，$z=3+4t$

直線上の任意の点をQとすると

$\mathrm{PQ}^2=(3+3t)^2+(-6+2t)^2+(10+4t)^2$

$=29t^2+74t+145$，$t=-\dfrac{37}{29}$ のとき最小になる．

$\overline{\mathrm{PQ}}=\sqrt{\dfrac{2836}{29}}$

4．$1-2s=4+3t$，$3+s=-2+2t$，$5+4s=-4-t$，

はじめの2つの方程式から $s=-3$，$t=1$ これは第3の方程式をみたさない．よって2直線は交わらない．

5．この条件があれば，連立方程式

$(x_1-x_2)u+a_1v+a_2w=0$　①

$(y_1-y_2)u+b_1v+b_2w=0$　②

$(z_1-z_2)u+c_1v+c_2w=0$　③

5．2直線

$$\frac{x-x_1}{a_1}=\frac{y-y_1}{b_1}=\frac{z-z_1}{c_1}$$

$$\frac{x-x_2}{a_2}=\frac{y-y_2}{b_2}=\frac{z-z_2}{c_2}$$

が次の条件をみたすとき，どんな位置にあるか．

$$\begin{vmatrix} x_1-x_2 & a_1 & a_2 \\ y_1-y_2 & b_1 & b_2 \\ z_1-z_2 & c_1 & c_2 \end{vmatrix}=0$$

6．次の2直線の交角を求めよ．

$$x+8=\frac{y-5}{-2}=\frac{z+10}{2}$$

$x=8+t$，$y=3$，$z=5+t$

7．1辺の長さが $2a$ の立方体

ABCD-EFGH

がある．E を原点にとり，$\overrightarrow{\mathrm{EF}}$，$\overrightarrow{\mathrm{EH}}$，$\overrightarrow{\mathrm{EA}}$をそれぞれ x 軸，y 軸，z 軸の正の方向にとる．

辺 AB, BF, FG, GH, HD, DA の中点をそれぞれ P,Q,R, S,T,U とする．

(1) 3点 P,Q,R を通る平面の方程式を x,y,z で表わせ．

(2) 上で求めた平面上に S,T, U があることを示せ．

8．点 $(-8,5,-2)$ を通り，ベクトル $\boldsymbol{n}=(2,-2,-1)$ に垂直な平面の方程式を求めよ．

9．3点 $\mathrm{A}(a,0,0)$，$\mathrm{B}(0,b,0)$，$\mathrm{C}(0,0,c)$ を通る平面の方程式の内積型を $\overrightarrow{\mathrm{AB}}$，$\overrightarrow{\mathrm{AC}}$ を利用して求めよ．

10．次の直線と平面の交点の座標を求めよ．

は少なくとも1つは0でない解 (u,v,w) をもつ．$u\neq 0$ のときは $\dfrac{v}{u}=s$，$\dfrac{w}{u}=t$ とおくと

$x_1+a_1s=x_2-a_2t$

$y_1+b_1s=y_2-b_2t$

$z_1+c_1s=z_2-c_2t$

をみたす (s,t) があるから，2直線は交わる．

$u=0$ のときは u,w の一方は0でなく，

①②③から $a_1=a_2k$，$b_1=b_2k$，$c_1=c_2k$ が導かれる．よって2直線は平行である．

6．2直線の方向ベクトルは $\boldsymbol{a}=(1,-2,2)$，$\boldsymbol{b}=(1,0,1)$，交角を θ とすると

$$\cos\theta=\frac{\boldsymbol{ab}}{|\boldsymbol{a}||\boldsymbol{b}|}=\frac{3}{3\cdot\sqrt{2}}=\frac{1}{\sqrt{2}},\quad \theta=\frac{\pi}{4}$$

7．(1) $\mathrm{P}(a,0,2a)$，$\mathrm{Q}(2a,0,a)$，$\mathrm{R}(2a,a,0)$

$\overrightarrow{\mathrm{PQ}}=(a,0,-a)$，$\overrightarrow{\mathrm{PR}}=(a,a,-2a)$ 平面 PQR は $x=a+as+at$，$y=at$，$z=2a-as-2at$，これから s,t を消去して $x+y+z=3a$

(2) $\mathrm{S}(a,2a,0)$，$\mathrm{T}(0,2a,a)$，$\mathrm{U}(0,a,2a)$，これらの座標はいずれも(1)の方程式をみたす．

8．$2(x+8)-2(y-5)-(z+2)=0$

$2x-2y-z+24=0$

9．$\overrightarrow{\mathrm{AB}}=(-a,b,0)$，$\overrightarrow{\mathrm{AC}}=(-a,0,c)$

$\mathrm{A}(a,0,0)$ だから，方程式のパラメーター型は $x=a-as-at$，$y=bs$，$z=ct$，これから s,t を消去し $x=a-\dfrac{a}{b}y-\dfrac{a}{c}z$，　$\therefore\ \dfrac{x}{a}+\dfrac{y}{b}+\dfrac{z}{c}=1$

10．$x=-5+3t$，$y=7+4t$，$z=4-4t$ を第2の方程式に代入して $-2+11t=31$，$\therefore\ t=3$，交点は $(4,19,-8)$

11．(1) $\dfrac{2\cdot(-1)-5+3\cdot(-2)+6}{\sqrt{2^2+1^2+3^2}}=-\dfrac{7}{\sqrt{14}}$

(2) $\dfrac{3\cdot2-4\cdot(-6)-12\cdot(-5)-12}{\sqrt{3^2+4^2+12^2}}=6$

12．(1) $\overrightarrow{\mathrm{CA}}=(a-c,\ b-a,\ c-b)$

$$\frac{x+5}{3}=\frac{y-7}{4}=\frac{z-4}{-4}$$

$x+y-z=31$

11．次の平面πと点Pとの有向距離を求めよ．

(1) $\pi: 2x-y+3z+6=0$
　P$(-1,5,-2)$

(2) $\pi: 3x-4y-12z=12$
　P$(2,-6,-5)$

12．次の3点を頂点とする三角形の面積Sを求めよ．

(1) A(a,b,c)，B$=(b,c,a)$，C(c,a,b)

(2) A$(10,13,7)$，B$(6,4,8)$，C$(5,3,10)$

13．A$=(a,b,c)$，B$=(b,c,a)$，C(c,a,b) さらに原点をOとするとき，四面体OABCの体積Vを求めよ．

14．次の4点を頂点とする四面体の体積は，x,y,zに関係なく一定であることを示せ．

A$(x,x,0)$
B$(x+a,x+a,0)$
C$(0,y,y+b)$
D$(0,y+c,y+b+c)$

15．3次元空間にある△ABCのyz平面，zx平面，xy平面上への正射影をそれぞれ$\triangle A_1B_1C_1$，$\triangle A_2B_2C_2$，$\triangle A_3B_3C_3$とし，これらの有向面積をS_1,S_2,S_3とすれば

$S^2=S_1{}^2+S_2{}^2+S_3{}^2$

が成り立つことを証明せよ．ただしSは△ABCの面積とする．

$\overrightarrow{CB}=(b-c,\ c-a,\ a-b)$，$\overrightarrow{CA}\times\overrightarrow{CB}$ のx成分は$-(b-a)^2-(c-b)(c-a)$

$=bc+ca+ab-a^2-b^2-c^2=\delta$ とおく．

y成分，z成分もδである．

$$S=\frac{1}{2}\sqrt{\delta^2+\delta^2+\delta^2}=\frac{\sqrt{3}}{2}|\delta|$$

(2) $\overrightarrow{CA}=(5,10,-3)$，$\overrightarrow{CB}=(1,1,-2)$
$\overrightarrow{CA}\times\overrightarrow{CB}$ のx成分は $-20+3=-17$，y成分は$-3+10=7$，z成分は $5-10=-5$

$$S=\frac{1}{2}\sqrt{(-17)^2+7^2+(-5)^2}=\frac{11}{2}\sqrt{3}$$

13．公式によって

$$V=\frac{1}{6}\begin{vmatrix} a & b & c \\ b & c & a \\ c & a & b \end{vmatrix}$$

$$\therefore\quad V=\frac{1}{6}(3abc-a^3-b^3-c^3)$$

14．

$$V=\frac{1}{6}\begin{vmatrix} x & x & 0 & 1 \\ x+a & x+a & 0 & 1 \\ 0 & y & y+b & 1 \\ 0 & y+c & y+b+c & 1 \end{vmatrix}$$

$$=\frac{1}{6}\begin{vmatrix} x & x & 0 & 1 \\ a & a & 0 & 0 \\ 0 & y & y+b & 1 \\ 0 & c & c & 0 \end{vmatrix}$$

$$=\frac{1}{6}abc\ (\text{一定})$$

15．$\overrightarrow{CA}=\boldsymbol{a}=(a_1,b_1,c_1)$
　$\overrightarrow{CB}=\boldsymbol{b}=(a_2,b_2,c_2)$ とすれば

$4S^2=(b_1c_2-b_2c_1)^2+(c_1a_2-c_2a_1)^2+(a_1b_2-a_2b_1)^2$

一方 $\overrightarrow{C_1B_1}=(0,b_1,c_1)$，$\overrightarrow{C_1B_1}=(0,b_2,c_2)$ であるから $2S_1=b_1c_2-b_2c_1$，同様にして

$2S_2=c_1a_2-c_2a_1$，$2S_3=a_1b_2-a_2b_1$

よって $4S^2=4S_1{}^2+4S_2{}^2+4S_3{}^2$

$\therefore\quad S^2=S_1{}^2+S_2{}^2+S_3{}^2$

第3章　2次図形の性質

はじめに　1次図形は1次方程式で表わされる図形のことで，2次元空間には直線，3次元空間には直線と平面があった．

2次図形は2次方程式で表わされる図形のことで，2次元空間では，代表的なものとして，楕円（円を含む），双曲線，放物線があることは，大部分の読者がご存じのはずである．

代表的といったのは，このほかに，退化したものとして，2直線，1直線，点，さらに虚なる図形などが考えられるからである．代表的という代りに，典型的といってもよいし，基本的といっても同じことだろう．

2次元空間でみると，2次方程式の一般形は

$$ax^2+2hxy+by^2$$
$$+2gx+2fy+c=0$$

と表わされる．この方程式がどんな図形を表わすかを検討することから話をはじめるのが順序であろう．しかし，その道は険しいので，この講座では逆の順序を選ぶことにした．代表的2次図形を軌跡としてとらえることによって，その方程式の標準形を導く．これが第1歩である．第2歩はそれらの曲線を表わす方程式のパラメーター型の紹介である．曲線の性質を調べるには，それにふさわしい方程式を選べば計算も推論も格段とやさしくなることが多いからである．第3歩は，2次曲線の性質のうち，代表的なものを明らかにすることである．

何を代表的性質とみるかは簡単にきまりそうもないが，そこは，かど張らない判断に頼り，まあまあというところでがまんして頂くことにしよう．

2次図形に共通な性質は，射影的なもので，それを本格的に明らかにしようとすると，射影幾何を体系的に展開せざるを得ない．そうなっては，この講座の目標からそれるし，与えられた紙数でこなせるはずもない．ご希望の読者は，その方の専門書を読んで頂きたい．

2次図形一般に共通には成り立たないが，個々の2次図形で成り立つよう

な性質は，主としてユークリッド的なもので，角の大きさや線分の絶対的長さが関係し，直角座標を用いて証明される．

この講座では，2次図形一般の性質を体系的に明らかにすることはしなかったが，二,三のいちぢるしい性質，たとえば 接線,極と 極線などにふれることにした．

高校の数学をみると，これらの性質を，円,楕円,双曲線,放物線で，バラバラに取り扱われている．しかも，練習問題として．

考えてみると，これは実に無駄なことである．共通に成り立つ本質は一括して取扱うのが数学の体質である．それが困難ならともかく，可能ならばことさら避けて通る理由はないだろう．

2次図形の一般性質は，2次方程式の一般型

$$ax^2+2hxy+by^2 \\ +2gx+2fy+c=0$$

で調べればよいわけだが，それでは計算がやっかいであるから，この講座では，中間を選び

$$Ax^2+By^2+2Gx+C=0$$

を用いてみた．その積りで，本章の最後の方をお読み頂きたい．

× ×

2次元空間の2次図形は，ふつう2次曲線という．このほかに，円錐曲線の別名も広く用いられている．前の2つは解析幾何的（代数的）呼び方とみれば，最後の円錐曲線は幾何学的呼び方とみられよう．

円錐曲線の歴史は古い．すでにアポロニュースがその全貌を明らかにしている．彼は円錐の切口として，この曲線が現われることを知っていた．2次図形のこのとらえ方は視覚的でわかりやすいが，理論的にやろうとすると，初等幾何の知識が多少必要である．

切口がどんな位置をとるとき，どんな曲線になるかは，切口の平面と円錐の軸との交角 $\theta(0\leqq\theta\leqq\frac{\pi}{2})$ によって簡単に見わけられる．

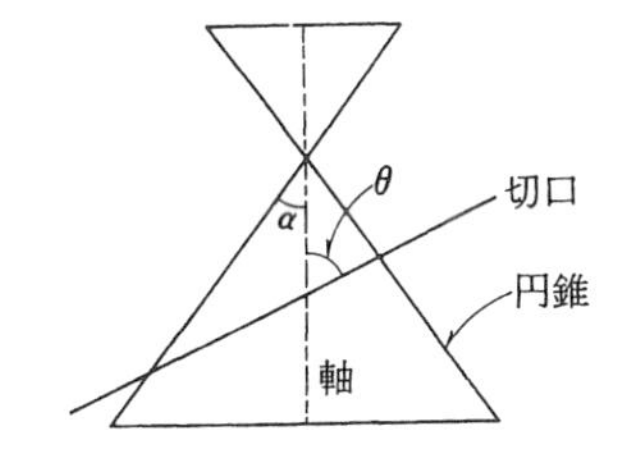

円錐の頂角の半分を α とすると

$\theta>\alpha$ のとき楕円

$\theta=\alpha$ のとき放物線

$\theta<\alpha$ のとき双曲線

とくに $\theta=\frac{\pi}{2}$ のときは円である．また切口が頂点を通るときは退化して，2直線や1直線，さらに点になる．

§1　円の方程式

円は楕円に属するが特殊なもので，楕円にはみられない性質をもっている．実用的にみても円は重要であろう．

円の性質のうち，円の定義に代りうる基本的なのは2つである．その1つは線分でとらえるもので，1点Cからの距離が一定長rに等しい点Pの軌跡とみる．他の1つは，角でとらえるもので，定線分ABを等角にみる点Pの軌跡とみる．くわしくいえば，直線ABを境とする半平面をπ_1, π_2とするとき，

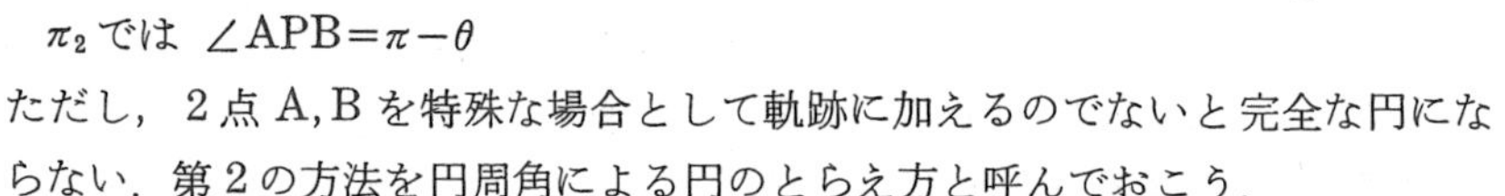

π_1では　$\angle \mathrm{APB}=\theta$

π_2では　$\angle \mathrm{APB}=\pi-\theta$

ただし，2点A,Bを特殊な場合として軌跡に加えるのでないと完全な円にならない．第2の方法を円周角による円のとらえ方と呼んでおこう．

この円周角による円のとらえ方は，角を有向化すれば，座標との結び合のうまくいくことが多い．

たとえば，矢線$\overrightarrow{\mathrm{PA}}, \overrightarrow{\mathrm{PB}}$を考え，$\overrightarrow{\mathrm{PA}}$から$\overrightarrow{\mathrm{PB}}$までの角$\theta$を有向角とみれば，どちらの半平面を$\pi_1, \pi_2$とみるかに関係なく，$\pi_1$で$\overrightarrow{\mathrm{PA}}, \overrightarrow{\mathrm{PB}}$のなす角を$\theta$とすれば，$\pi_2$では$\overrightarrow{\mathrm{PA}}, \overrightarrow{\mathrm{PB}}$のなす角は$\theta+\pi$で表わされる．

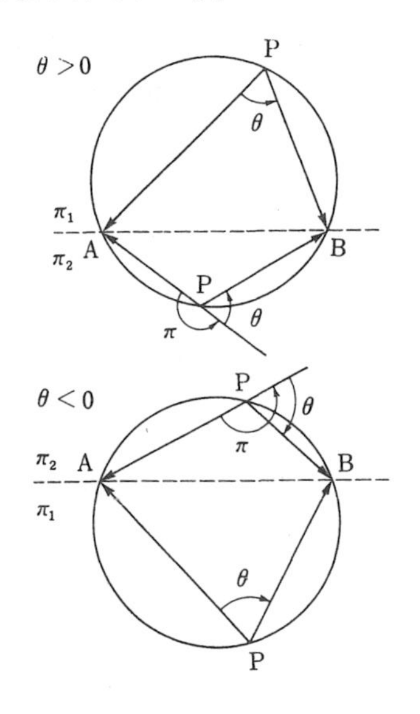

×　　　　　　　×

以上の予備知識のもとで，円の方程式を導くことにする．

円の方程式の第1歩は，線分の長さによる円のとらえ方に関するもので，ベクトルで表わせば

[1]　　$|\boldsymbol{x}-\boldsymbol{c}|=r$　　　$(r>0)$

ただし $\boldsymbol{c}$ は中心Cの座標で，r は半径である．

成分で表わすには，平方しておかないと，無理式になってまずい．

[2] $$(\boldsymbol{x}-\boldsymbol{c})^2=r^2 \qquad (r>0)$$

$\boldsymbol{x}=(x,y), \boldsymbol{c}=(a,b)$ とおいて成分で表わせば

$$(x-a, y-b)^2=r^2$$

[2′] $$(x-a)^2+(y-b)^2=r^2 \qquad (r>0)$$

となって，よく見かける円の方程式が現われる．

この方程式は，左辺を展開し，整理すれば

$$x^2+y^2-2ax-2by+a^2+b^2-r^2=0$$

ここで $-a=g$，$-b=f$，$a^2+b^2-r^2=c$ とおくと

[3] $$x^2+y^2+2gx+2fy+c=0$$

逆に，この形の方程式が円を表わすかどうかは検討しないことには明らかでない．現在の高校の教科書をみると，逆の重要であることを強調しておきながら，図形の方程式の誘導では，逆の取り挙げ方が，いたって気まぐれである．逆をやらないと困るときか，逆の証明のやさしいときだけ，もったいぶったことをいい，都合の悪いときはほうかぶりのような感じである．これでは習う方が迷惑するだろう．推論を逆にたどることの保証がないときは，逆をまともに取扱うべきものと思う．

上の推論で，[2′] を [3] の形に書きかえたが，逆に [3] を [2′] の形にかきかえることができるかどうかは明らかでない．[3] をかきかえると

$$(x+g)^2+(y+f)^2=g^2+f^2-c \qquad ①$$

従って $g^2+f^2-c>0$ のときに限って $g^2+f^2-c=r^2 (r>0)$ とおくことができるから，[2′] の形になり，中心 $(-g,-f)$，半径 r の円を表わすことになる．

× ×

では，g^2+f^2-c が正でないときはどうなるだろうか．

(i) $g^2+f^2-c=0$ のとき

① から $x=-g$，$y=-f$ で，① の表わす図形は1点 $(-g,-f)$ である．

(ii) $g^2+f^2-c<0$ のとき

① をみたす x,y の実数値がないから，① の表わす図形がない．

数学は例外を嫌う．とはいっても例外を簡単に除けないことがある．このよ

うなときは，主として表現の統一に焦点を当て，新しい用語を作る．

円で半径を0に近づけたときの極限は1つの点（中心）である．これからみて，点を円に含めることは不自然でない．それで，この点を**点円**と呼んで，円の仲間に入れる．

先の(ii)の場合は，[3]の表わす図形がなかったが，$g^2+f^2-c=(ir)^2$ とおくと，とにかく形は

$$(x+g)^2+(y+f)^2=(ir)^2$$

となって，円の方程式[2']と同じになる．そこで，中心が $(-g,-f)$ で，半径が ir（純虚数）の円なるものを仮想し，これに**虚円**の名を与え，上の方程式は，この虚円を表わすとみる．

点円や虚円を含めた円を，常識としての円と区別するため**広義の円**と呼んでもよい．

広義の円
- 円…………($g^2+f^2-c>0$ のとき)
- 点円………($g^2+f^2-c=0$ のとき)
- 虚円………($g^2+f^2-c<0$ のとき)

このように約束すれば，方程式[3]は，つねに広義の円を表わすことになる．

➡**注** 方程式 $(x+g)^2+(y+f)^2=0$ は因数分解することによって

$$(x+g)+i(y+f)=0,\ (x+g)-i(y+f)=0$$

と分解される．この方程式は虚直線を表わすとみると，点円 $(-g,-f)$ は2つの虚直線の交点とみられる．虚直線の交点だけが実点になるわけである．これとは逆に，実なる曲線や直線の交点が虚になることがしばしばある．たとえば円 $x^2+y^2=1$ と直線 $x+y=2$ とはともに実であるが，交点は実ではない．虚数を座標とする点は**虚点**といい，これらの円と直線は虚点で交わるとみることもある．

方程式[3]の表わす図形は，多くの場合円であるが，特殊な場合には点円や虚円になることをみた．このとき，数学では，円が**退化**して点円や虚円になるとみる．

$$\text{円} \xrightarrow{\text{退化}} \text{点円, 虚円}$$

人間には昔，さるのように，堂々たる尾があったらしい．それが退化して姿を消したが，尾底骨だけ残っている．男には退化したらしいオッパイがある．さて，その昔，男のオッパイはボインだったのだろうか．この究明は意外とむずかしいらしい．

例1 $a>0$ のとき，次の方程式はどんな図形を表わすか．

$$x+y+\sqrt{2xy}=a$$

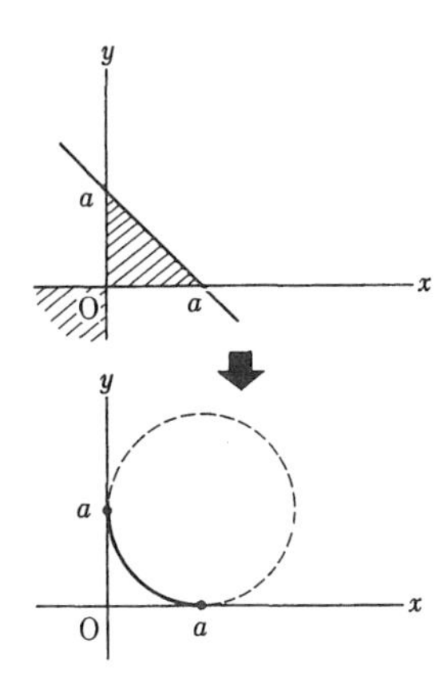

有理化してみる．移項して

$$a-x-y=\sqrt{2xy} \quad ①$$

x, y は実数であることから

$$\begin{cases} xy \geqq 0 \\ a-x-y \geqq 0 \end{cases} \quad ②$$

② の領域は斜線の部分（境界を含む）

① は ② のもとでは，両辺を平方した

$$(a-x-y)^2=2xy$$

と同値である．

$$x^2+y^2-2ax-2ay+a^2=0$$

$$(x-a)^2+(y-a)^2=a^2$$

この方程式の表わす図形は，中心 (a, a)，半径 a の円で，この円のうち斜線の部分にある実線の弧が，求める図形である．

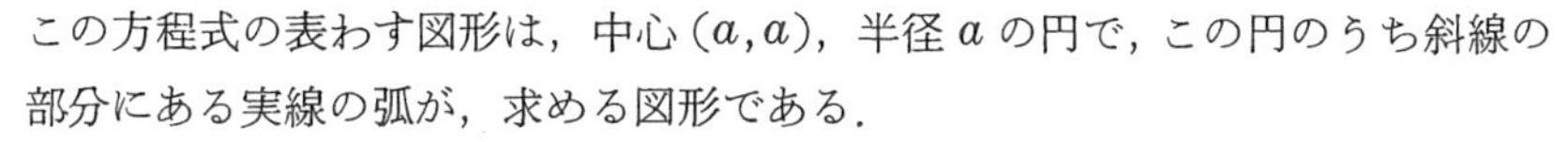
× ×

さて，円の方程式の場合1次結合は何になるだろうか．2つの円の方程式を

$$f_1=0, \quad f_2=0$$

とすると，左辺の式を1次結合して作った方程式

$$mf_1+nf_2=0 \quad ①$$

はどんな図形を表わすだろうか．

f_1, f_2 をベクトルを用いて表わしてみると

$$f_1=\boldsymbol{x}^2+2\boldsymbol{a}_1\boldsymbol{x}+c_1=0$$

$$f_2=\boldsymbol{x}^2+2\boldsymbol{a}_2\boldsymbol{x}+c_2=0$$

$$mf_1+nf_2=(m+n)\boldsymbol{x}^2+2(m\boldsymbol{a}_1+n\boldsymbol{a}_2)\boldsymbol{x}$$
$$+mc_1+nc_2=0$$

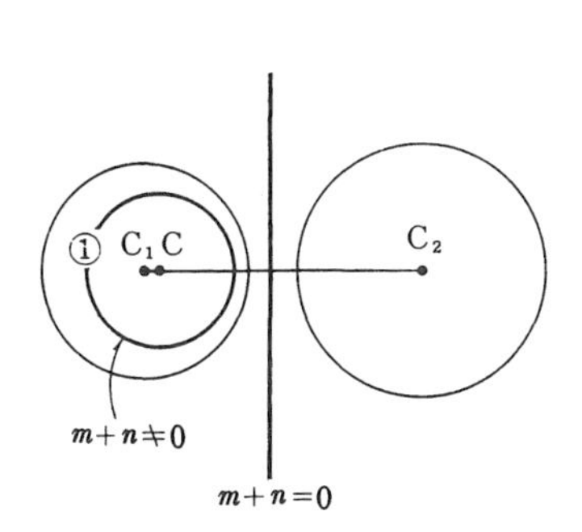

$m+n \neq 0$ のとき円を表わす．この円の中心Cは

$$\frac{m(-\boldsymbol{a}_1)+n(-\boldsymbol{a}_2)}{m+n}$$

であるから，はじめの2円の中心 C_1, C_2 を

結ぶ線分 C_1C_2 を $n:m$ に分ける点である.

$m+n=0$ のとき ① は直線を表わし，その直線の法線ベクトルは $\boldsymbol{a}_1-\boldsymbol{a}_2$ で，これは $\overrightarrow{C_1C_2}=(-\boldsymbol{a}_2)-(-\boldsymbol{a}_1)$ に等しい．従って，①は C_1C_2 に垂直な直線である．この直線を2円の**根軸**という.

① はかきかえると

$$f_1:f_2=-n:m$$

f_1, f_2 は点 $P(\boldsymbol{x})$ の2円 C_1, C_2 に関する方べきであるから，上の式はその方べきの比が $-n:m$（一定）の点の軌跡でもある.

2円 $f_1=0$, $f_2=0$ が交われば，① はそれらの2円の交点を通る.

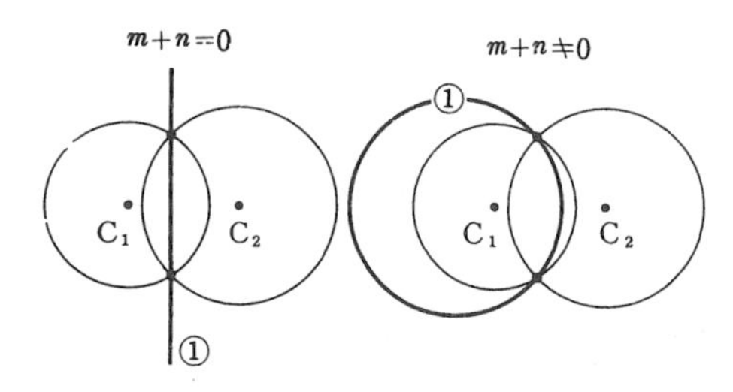

例2　方程式 $x^2+y^2-4+k(x^2+y^2-6x)=0$ の表わす図形を F とする.

(1)　k の値をいろいろ変えるとき，F はどんな図形をえがくか.

(2)　図形 F が直線 $y=4$ に接するときの k の値を求めよ.

F がどんな図形かは，上の解説によって明らかであろう.

(1)　$k\neq 1$ のとき　2円の交点を通る円

　　$k=-1$ のとき　2円の交点を通る直線

(2)　$y=4$ を代入して

$$(k+1)x^2-6kx+4(4k+3)=0$$

接するときは，この方程式は重根をもつから

$$9k^2-4(k+1)(4k+3)=0$$

$$7k^2+28k+12=0$$

$$\therefore\quad k=\frac{-14\pm 4\sqrt{7}}{7}$$

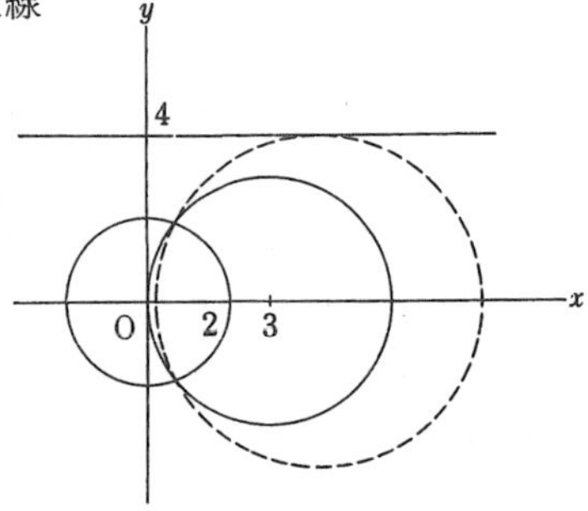

×　　　　　　×

次に円の方程式をパラメーターで表わすことを考える.

一般に曲線 $f(x,y)=0$ のパラメーター表示を作るには，曲線上の点 $P(x,y)$

がパラメーターの全射写像となるようにしなければならない．しかし，完全に全射にすることが無理なときは，特殊な点を除く．

たとえば，原点を中心とする単位円

$$x^2+y^2=1$$

で，原点Oを通る半直線gをひき，円との交点を$P(x,y)$とし，gがx軸となす角を$\theta(0\leqq\theta<2\pi)$とすれば，対応

$$\theta\longrightarrow P$$

は全射の写像である．従って

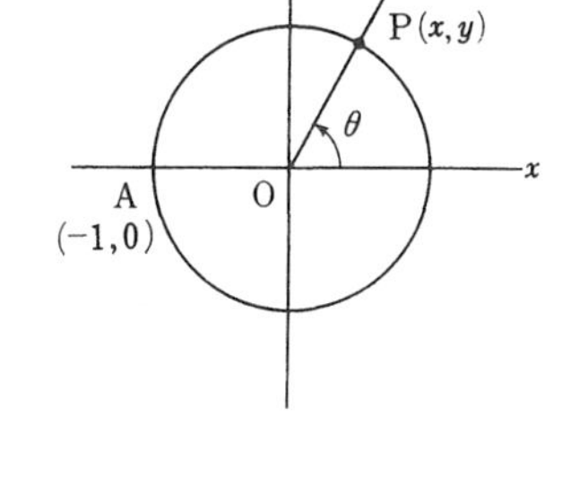

$$\theta\longrightarrow x,\qquad \theta\longrightarrow y$$

も全射の写像で，その写像は

[4] $$\begin{cases}x=\cos\theta\\ y=\sin\theta\end{cases}\qquad \theta\in[0,2\pi)$$

で表わされ，パラメーター表示が成功する．この場合は，円上の点で，パラメーター表示からもれるものがない．

上のパラメーター表示は $\tan\dfrac{\theta}{2}=t$ とおくと，別のパラメーター表示にかわる．

$$\cos\theta=\cos^2\frac{\theta}{2}-\sin^2\frac{\theta}{2}=\frac{\cos^2\dfrac{\theta}{2}-\sin^2\dfrac{\theta}{2}}{\cos^2\dfrac{\theta}{2}+\sin^2\dfrac{\theta}{2}}=\frac{1-\tan^2\dfrac{\theta}{2}}{1+\tan^2\dfrac{\theta}{2}}$$

$$\sin\theta=2\sin\frac{\theta}{2}\cos\frac{\theta}{2}=\frac{2\sin\dfrac{\theta}{2}\cos\dfrac{\theta}{2}}{\cos^2\dfrac{\theta}{2}+\sin^2\dfrac{\theta}{2}}=\frac{2\tan\dfrac{\theta}{2}}{1+\tan^2\dfrac{\theta}{2}}$$

従って

[5] $$x=\frac{1-t^2}{1+t^2},\quad y=\frac{2t}{1+t^2},\qquad t\in\boldsymbol{R}$$

この式を導く過程をみると，$\cos\dfrac{\theta}{2}\neq 0$ だから $\theta\neq\pi$，従って，点$A(-1,0)$が除かれる．この不自然さを避けるにはどうすればよいだろうか．

$$\theta\longrightarrow\pi \text{ のとき } \cos\frac{\theta}{2}\longrightarrow 0,\ \text{従って } |t|\longrightarrow\infty$$

このことからみて，tの値として$\pm\infty$を追加し，$\pm\infty$には円上の点 $A(-1,0)$を対応させればよいことがわかる．このくふうが合理的であることは[5]において $|t|\longrightarrow\infty$ とすると

$$x=\frac{\frac{1}{t^2}-1}{\frac{1}{t^2}+1}\longrightarrow -1 \qquad y=\frac{\frac{2}{t}}{\frac{1}{t^2}+1}\longrightarrow 0$$

となることからも納得されよう．

実数全体 $\boldsymbol{R}$ に $\pm\infty$ を追加した集合を $\boldsymbol{R}^*$ で表わし，**広義の実数**と呼ぶことにすると，パラメーター表示

[5′]　$x=\dfrac{1-t^2}{1+t^2}$,　$y=\dfrac{2t}{1+t^2}$,　　$t\in\boldsymbol{R}^*$

は円全体を表わすことになる．

×　　　　　　　×

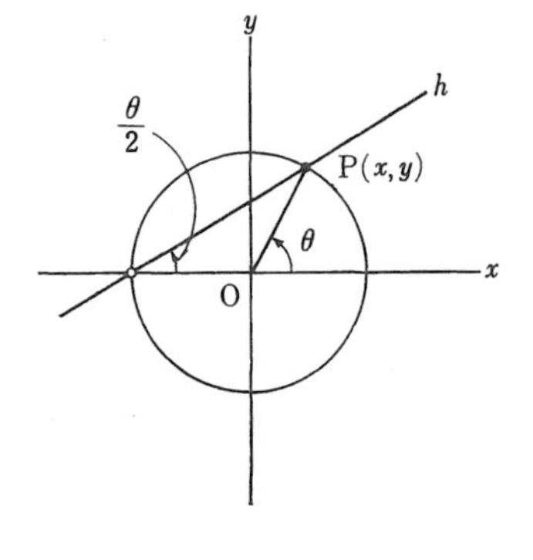

パラメーター表示の [5], [5′] は，幾何学的に直接求める道もある．

A$(-1,0)$ を通る直線 h の傾きを t としてみよ．h は円と2点で交わるから，交点のうち A と異なる方を P(x,y) とすると，対応 $t\longrightarrow$ P は写像になるから，円は t で表わされるはず．

h の方程式は

$$y=t(x+1) \qquad ①$$

これを $x^2+y^2=1$，すなわち $y^2=1-x^2$ に代入すると

$$t^2(x+1)^2=(1-x)(1+x)$$

P$\neq$A だから $x\neq-1$，よって両辺を $x+1$ で割って

$$t^2(x+1)=1-x$$

$$\therefore\quad x=\frac{1-t^2}{1+t^2}$$

これを ① に代入して y を求めれば

$$y=\frac{2t}{1+t^2}$$

となって [5] と同じ式が導かれた．

[4] と [5] の幾何学的関係は，図から明白であろう．

×　　　　　　　×

最後に，円を円周角でとらえることをもとにして，円の方程式を導くことを考えてみよう．これを一般的に解決するのはむずかしいから，はじめに円周角

が $\dfrac{\pi}{2}$ のときを考える.

これは, 2点 $A(\boldsymbol{a})$, $B(\boldsymbol{b})$ を結ぶ線分を直径とする円の方程式を求めることである. この円上の任意の点を $P(\boldsymbol{x})$ とすると

$$\overrightarrow{AP}=\boldsymbol{x}-\boldsymbol{a},\ \ \overrightarrow{BP}=\boldsymbol{x}-\boldsymbol{b}$$

は直交するから

[6] $$(\boldsymbol{x}-\boldsymbol{a})(\boldsymbol{x}-\boldsymbol{b})=0$$

これがこの円のベクトル方程式である.

$\boldsymbol{x}=(x,y)$, $\boldsymbol{a}=(x_1,y_1)$, $\boldsymbol{b}=(x_2,y_2)$ とおいて成分で表わせば

$$(x-x_1,y-y_1)(x-x_2,y-y_2)=0$$

[6′] $$(x-x_1)(x-x_2)+(y-y_1)(y-y_2)=0$$

× ×

円周角が θ の一般の場合の方程式を導くのは容易でない. 計算を楽にするため, 特殊な座標軸を選ぶことにしよう.

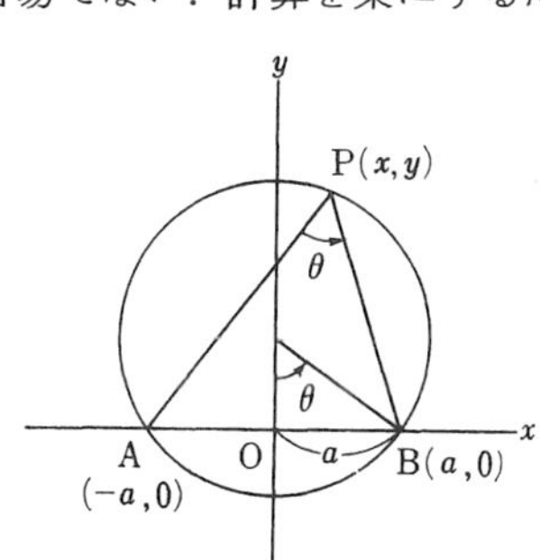

直線 AB を x 軸にとり, 線分 AB の垂直二等分線を y 軸にとり, $A(-a,0)$, $B(a,0)$ とおく. P が x 軸の上方にあるとき $\angle APB=\theta$ とおき, 円の中心を C とすると, C の座標は

$$(0,a\cot\theta)$$

で, 半径は $\overline{BC}=a\operatorname{cosec}\theta$ に等しい. これらの式は, 一般に θ が 0 と π の間の角のとき成り立つから, 円の方程式は

$$x^2+(y-a\cot\theta)^2=a^2\operatorname{cosec}^2\theta$$

§2 楕　　円

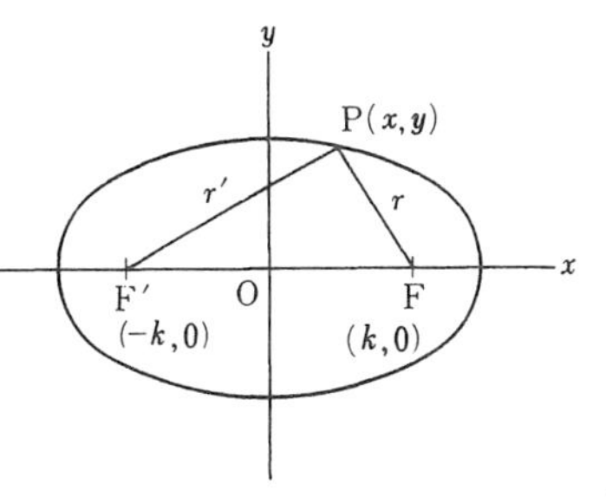

楕円のとらえ方は種々あるが, ここでは, 2つの定点からの距離の和が一定な点の軌跡を定義に選ぶことにする.

2つの定点 F, F′ からの距離の和が

$2a(a>0)$ に等しい点Pの軌跡を求めよう．

直線FF′を x 軸にとり，線分FF′の垂直二等分線を y 軸にとって，$F(k,0)$，$F'(-k,0)$ とおく．

楕円上の任意の点を $P(x,y)$ とし，$\overline{PF}=r$，$\overline{PF'}=r'$ とおくと

$$r'+r=2a \qquad ①$$

$$r^2=(x-k)^2+y^2 \qquad ②$$

$$r'^2=(x+k)^2+y^2 \qquad ③$$

③−②を作り，その両辺を①の両辺で割ることによって

$$r'-r=\frac{2k}{a}x \qquad ④$$

①,④を r', r について解いて

$$r=a-\frac{k}{a}x,\quad r'=a+\frac{k}{a}x \qquad ⑤$$

これを②または③に代入し，整理すれば

$$(a^2-k^2)x^2+a^2y^2=a^2(a^2-k^2)$$

ここで，式の形を整えるため $a^2-k^2=b^2$ とおき，両辺を a^2b^2 で割ると

[7]
$$\frac{x^2}{a^2}+\frac{y^2}{b^2}=1$$

これを楕円の方程式の**標準形**という．

×　　　　　　×

この楕円の形と大きさは，k と a によって定まるが，形だけならば k の a に対する相対的大きさ，すなわち $\dfrac{k}{a}$ によって定まる．そこで，これを e で表わし，楕円の**扁平率**または**離心率**という．

[8]
$$e=\frac{k}{a}=\frac{\sqrt{a^2-b^2}}{a}=\sqrt{1-\frac{b^2}{a^2}}$$

FとF′を**焦点**という．とくに2つの焦点が一致するときは円になるから，円は楕円の特殊なものとみられる．上の式から明らかなように

$$0\leqq e<1$$

で，$e=0$ のとき円である．e が大きくなるに伴って楕円は扁平になる．e を扁平率ともいうのはそのためである．焦点は e を用いて表わすと

$$F(ae,0) \qquad F'(-ae,0)$$

と簡単に表わされて都合がよい．a が一定のときは，e が大きいほど焦点は中心から離れる．離心率の名はここから生れた．

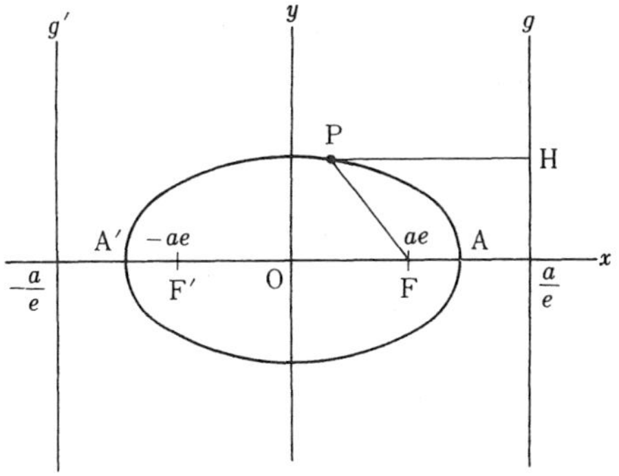

a を一定にしておいて，e を1に近づけると b は0に近づくから

$$y^2=\frac{b^2}{a^2}(a^2-x^2)\longrightarrow 0$$

となる．従って，楕円は2点 A$(a,0)$，A$'(-a,0)$ を結ぶ線分に近づく．

× ×

楕円は定義とは別の軌跡とみることもできる．

楕円上の任意の点を P(x,y) とすれば，⑤が成り立つから，これらの式に $k=ae$ を代することによって，

[9] $$\overline{\mathrm{PF}}=a-ex,\qquad \overline{\mathrm{PF'}}=a+ex$$

この式の中に，楕円の別の解釈がかくされているのだ．$\overline{\mathrm{PF}}$ を $e\left(\dfrac{a}{e}-x\right)$ とかきかえてみよ．$\dfrac{a}{e}-x$ は，直線 $g:x=\dfrac{a}{e}$ と点Pとの距離に等しい．Pから直線 $x=\dfrac{a}{e}$ にひいた垂線を PH とすると

[10] $$\overline{\mathrm{PF}}=e\overline{\mathrm{PH}}\qquad \frac{\overline{\mathrm{PF}}}{\overline{\mathrm{PH}}}=e\quad (e<1)$$

従って，楕円は点Fと1直線 g とからの距離の比が一定値 $e(<1)$ に等しい点Pの軌跡ともみられることを知った．

焦点F$'$と直線 $g':x=-\dfrac{a}{e}$ についても同様のことがいえる．

2直線 $x=\pm\dfrac{a}{e}$ を楕円 [7] の**準線**という．

× ×

楕円には，もう1つの幾何学定義がある．楕円の式 [7] を

$$y=\pm\frac{b}{a}\sqrt{a^2-x^2}$$

とかきかえてみよ．$\pm\sqrt{a^2-x^2}$ は円 $x^2+y^2=a^2$ の y 座標であるから，上の式は，円の y 座標を $\dfrac{b}{a}$ 倍に縮少したものが，楕円の y 座標であることを表わしている．

楕円の式は，また

$$x=\pm\frac{a}{b}\sqrt{b^2-y^2}$$

ともかきかえられるから，円 $x^2+y^2=b^2$ の x 座標を $\dfrac{a}{b}$ 倍に拡大したものが楕円の x 座標であることもわかる．

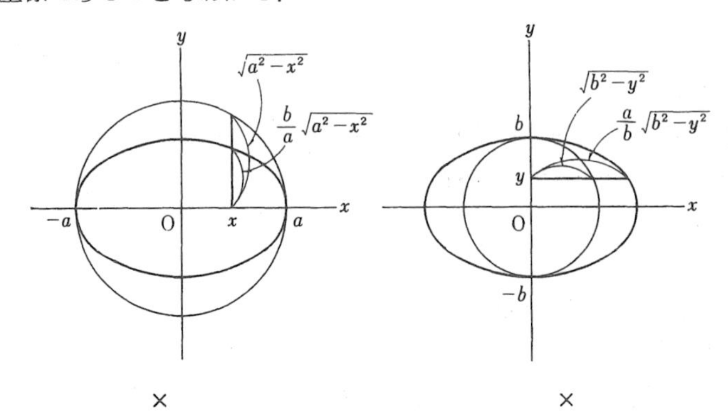

楕円の方程式のパラメーター表示としてよく知られているのは

[11]　　$x=a\cos\theta,\ \ y=b\sin\theta$

であろう．

これは幾何学的にみれば，楕円上の点 $\mathrm{P}(x,y)$ に，右の図に示す角 θ を対応させることである．

上の式で $\tan\dfrac{\theta}{2}=t$ とおけば，別のパラメーター表示が得られる．

[12]　　$x=a\dfrac{1-t^2}{1+t^2},\ \ y=b\dfrac{2t}{1+t^2}$　　$(t\in \boldsymbol{R}^*)$

ここで $\boldsymbol{R}^*$ は円の場合と同じ約束の記号で，実数全体に±∞を加えた集合を表わし，$|t|\longrightarrow\infty$ には点 $\mathrm{P}(-a,0)$ が対応する．

例3　長さ a の線分 AB が，1端Aを x 軸上に，他端Bを y 軸上において運動するとき，AB を $m:n(m,n>0)$ に内分する点Pの軌跡を求めよ．

A, B の座標をそれぞれ $(u,0)$，$(0,v)$ とおくと，$\overline{\mathrm{AB}}=a$ から

$$u^2+v^2=a^2 \qquad ①$$

次に $\mathrm{P}(x,y)$ は AB を $m:n$ に内分するから

$$x=\frac{nu}{m+n},\quad y=\frac{mv}{m+n} \qquad ②$$

①,②からu,vを消去して

$$\frac{x^2}{\left(\frac{na}{m+n}\right)^2}+\frac{y^2}{\left(\frac{mb}{m+n}\right)^2}=1$$

軌跡は楕円である.

例4　交わる2直線との距離の平方の和が一定な点の軌跡は何か.

計算を楽にするため，座標軸をうまくとる．2直線の角の二等分線を座標軸にとり，2直線の方程式を $y=\pm mx(m>0)$ とおいてみよう.

点 $P(x,y)$ から，これらの直線にひいた垂線をそれぞれ PH, PK とすると

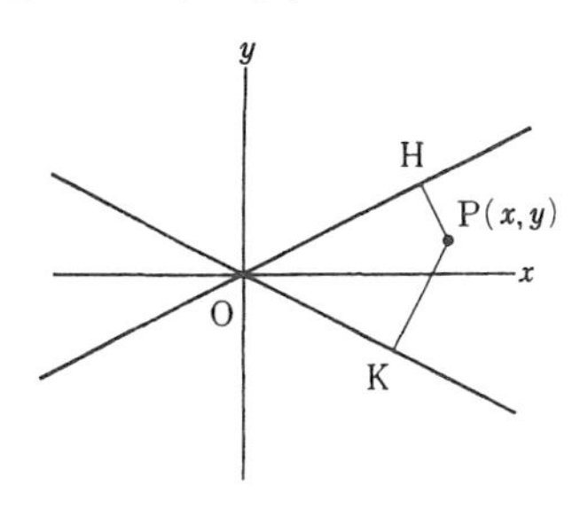

$$\overline{PH}=\frac{|y+mx|}{\sqrt{1+m^2}}$$

$$\overline{PK}=\frac{|y-mx|}{\sqrt{1+m^2}}$$

であるから，$PH^2+PK^2=k^2$（一定）とおくと

$$(y+mx)^2+(y-mx)^2=k^2(1+m^2)$$

$$2y^2+2m^2x^2=k^2(1+m^2)$$

Pの軌跡はあきらかに楕円である.

§3　双　曲　線

双曲線には楕円に似た点がかなりある．似た点は似た取扱いをするのが望ましい．以下楕円の場合とくらべながら読んで頂きたい.

双曲線は2定点からの距離の差が一定な点の軌跡である．その2定点を焦点と呼ぶことは楕円のときと同じである.

2つの定点 F, F′ からの距離の差の絶対値が $2a(a>0)$ に等しい点Pの軌跡を求めるものとする.

直線 FF′ を x 軸にとり，線分 FF′ の垂直二等分線を y 軸にとって，$F(k,0)$, $F'(-k,0)$ とおく.

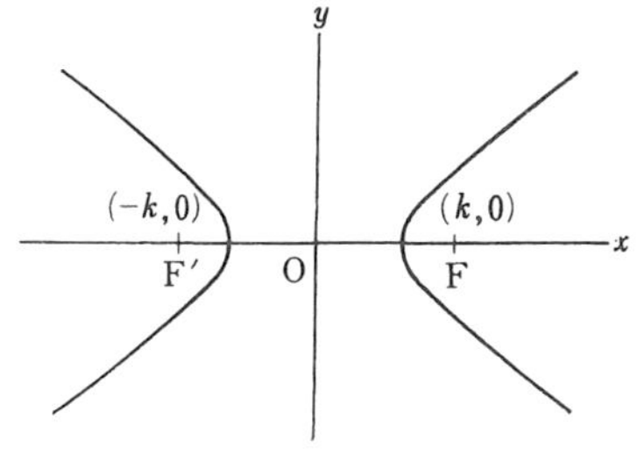

双曲線上の任意の点を $\mathrm{P}(x,y)$ とおき，$\overline{\mathrm{PF}}=r$，$\overline{\mathrm{PF'}}=r'$ とおくと

$$r'-r=\pm 2a \qquad ①$$

$$r^2=(x-k)^2+y^2 \qquad ②$$

$$r'^2=(x+k)^2+y^2 \qquad ③$$

③−② を作り，その両辺を ① の両辺で割ることによって

$$r'+r=\pm\frac{2k}{a}x \qquad ④$$

① と ④ を r,r' について解いて

$$r=\pm\left(\frac{k}{a}x-a\right),\quad r'=\pm\left(\frac{k}{a}x+a\right) \qquad ⑤$$

これらを ② または ③ に代入し，整理すれば

$$(k^2-a^2)x^2-a^2y^2=a^2(k^2-a^2)$$

ここで式の形を整えるため $k^2-a^2=b^2$ と おき，両辺を a^2b^2 で割れば

[13]
$$\frac{x^2}{a^2}-\frac{y^2}{b^2}=1$$

これが双曲線の方程式の**標準形**である．

この双曲線の形は $\dfrac{k}{a}$ によって定まるから，これを e で表わし，**扁平率**または**離心率**という．

[14]
$$e=\frac{k}{a}=\frac{\sqrt{a^2+b^2}}{a}=\sqrt{1+\frac{b^2}{a^2}}$$

この式からわかるように，e の範囲は $e>1$ である．

焦点の座標は e を用いて表わせば

$$\mathrm{F}(ae,0) \qquad \mathrm{F'}(-ae,0)$$

と表わされることも楕円のときと同じである．

×　　　　　　　　　×

楕円には漸近線がなかったが，双曲線には 2 本の漸近線がある．その求め方は種々考えられる．その 1 つは，y について

$$y=\pm\frac{b}{a}\sqrt{x^2+a^2}$$

この右辺を $\pm\dfrac{b}{a}x$ をくらべればよい．第 1 象限では，複号のうち＋をとり

$$y-\frac{b}{a}x=\frac{b}{a}(\sqrt{x^2+a^2}-x)=\frac{ab}{\sqrt{x^2+a^2}+x}$$

ここで x を限りなく大きくすると，右辺は0に限りなく近づき，双曲線は直線 $y-\dfrac{b}{a}x=0$ に限りなく近づく．従って $y=\dfrac{b}{a}x$ は漸近線である．他の象限についても目標であって，次の結論に達する．

[15] 漸近線 $y=\pm\dfrac{b}{a}x$,

この漸近線は双曲線の標準形 $\dfrac{x^2}{a^2}-\dfrac{y^2}{b^2}=1$ において，右辺を0に書きかえたものである．

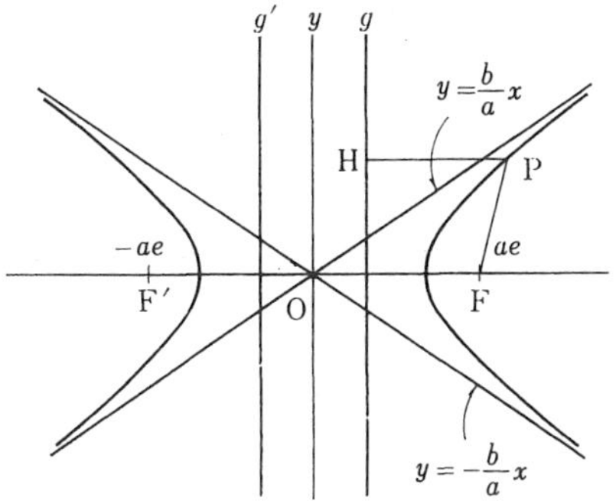

漸近線は，曲線とは無限遠点で接する直線とみることもできる．直線の方程式を

$$y=mx+n$$

とおき，双曲線との交点の x 座標を求めよう．これを双曲線の方程式に代入して

$$\frac{x^2}{a^2}-\frac{(mx+n)^2}{b^2}=1$$

$$\left(\frac{m^2}{b^2}-\frac{1}{a^2}\right)x^2+\frac{2mn}{b^2}x+\left(\frac{n^2}{b^2}+1\right)=0$$

この方程式が $|x|=\infty$ を重根に持つ条件を知るには，$x=\dfrac{1}{t}$ とおいて $t=0$ を重根にもつ条件を求めればよい．

$$\left(\frac{n^2}{b^2}+1\right)t^2+\frac{2mn}{b^2}t+\left(\frac{m^2}{b^2}-\frac{1}{a^2}\right)=0$$

$t=0$ を重根にもつための条件は

$$\frac{m^2}{b^2}-\frac{1}{a^2}=0, \qquad \frac{2mn}{b^2}=0$$

すなわち $m=\pm\dfrac{b}{a}$, $n=0$，この直線の方程式は [15] の結果と一致する．

双曲線のうち，2つの漸近線が直交するもの，すなわち方程式

$$x^2-y^2=1$$

で与えられるものを**直角双曲線**という．直角双曲線の離心率は $\sqrt{2}$ である．

× ×

双曲線も楕円のように，直線と点からの距離の比が一定な点の軌跡とみられるだろうか．双曲線上の任意の点を $\mathrm{P}(x, y)$ とすると⑤が成り立つから，$k=ae$ を代入して

[16]　　　　$\overline{\mathrm{PF}}=|ex-a|,\quad \overline{\mathrm{PF'}}=|ex+a|$

かきかえると $\overline{\mathrm{PF}}=e\left|x-\dfrac{a}{e}\right|$ となるから，直線 $g:x=\dfrac{a}{e}$ を考え，Pからこの直線にひいた垂線をPHとすると $\overline{\mathrm{PH}}=\left|x-\dfrac{a}{e}\right|$，従って

$$\overline{\mathrm{PF}}=e\overline{\mathrm{PH}}\qquad \therefore\quad \frac{\overline{\mathrm{PF}}}{\overline{\mathrm{PH}}}=e\qquad (e>1)$$

これで，双曲線は1点と1直線とからの距離の比が一定値 $e(e>1)$ に等しい点の軌跡であることがあきらかになった.

焦点F′と直線 $g':x=-\dfrac{a}{e}$ についても同様のことがいえる.

2直線 $x=\pm\dfrac{a}{e}$ を双曲線[13]の**準線**という.

×　　　　　　×

双曲線の方程式のパラメーター表示はどうなるか. 三角関数の公式

$$\sec^2\theta-\tan^2\theta=1$$

と双曲線の方程式をくらべれば，次の式に気付くだろう.

[17]　　　　$x=a\sec\theta,\quad y=a\tan\theta$

θ は区間 $[0,2\pi)$ の角ではあるが，$\theta=\dfrac{\pi}{2},\ \dfrac{3\pi}{2}$ は，除かなければならない.

さて，このパラメーター表示の幾何学的意味はどうなっているか. これは楕円のときほどやさしくはない.

Pから x 軸にひいた垂線をH, Hから円 $x^2+y^2=a^2$ にひいた接線の接点をTとしたとき，OTが x 軸となす角が θ である. ただしHから円にひく接線は，次の図のように選ばねばならない.

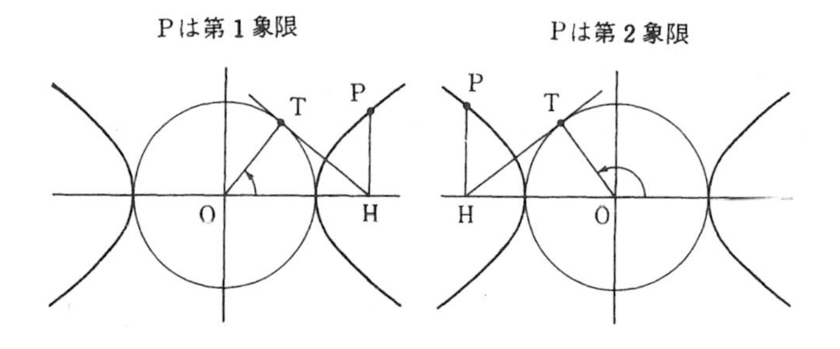

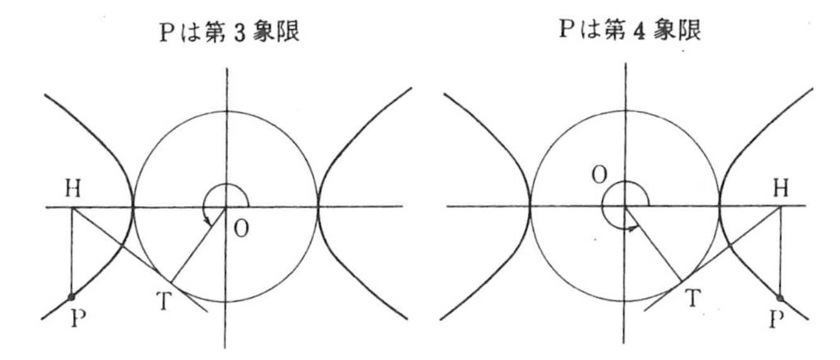

パラメーター表示[17]で，$\tan\frac{\theta}{2}=t$ とおくと，次のパラメーター表示が得られる．

[18] $$x=a\frac{1+t^2}{1-t^2}, \quad y=b\frac{2t}{1-t^2}$$

t の変域は $\boldsymbol{R}$ から ±1 を除いた集合である．例外を除くには，双曲線上に無限遠点と称する仮想の点を2つ追加し，$t=\pm1$ にはそれらの点がそれぞれ対応すると仮定し，さらに $\boldsymbol{R}$ にも $\pm\infty$ を追加し，$|t|=\infty$ には点 $(-a, 0)$ が対応すると定めればよい．そうすれば[18]における t の変域は $\boldsymbol{R}^*$ になる．

双曲線には，以上のほかに，積分でたまに利用されるパラメーター表示がある．

漸近線の1つに平行な直線，たとえば

$$\frac{x}{a}+\frac{y}{b}=t \qquad ①$$

を選べば，この直線は双曲線とは1点で交わるから，t に対して曲線上の点が1つ対応し，パラメーター表示になる．双曲線の式の両辺を上の式の両辺で割って

$$\frac{x}{a}-\frac{y}{b}=\frac{1}{t} \qquad ②$$

① と ② を x, y について解いて

[19] $$x=\frac{a}{2}\left(t+\frac{1}{t}\right), \quad y=\frac{b}{2}\left(t-\frac{1}{t}\right)$$

パラメーター t の変域は0と異なる実数である．

➡注1 直線①は，双曲線と無限遠点で交わるとみられる．したがって，これ以外の交点は1つになるのである．

➡注2 $x=\frac{1}{2}\left(t+\frac{1}{t}\right)$ を t について解くと，$t=x\pm\sqrt{x^2-1}$，複号は＋の方をとると $\sqrt{x^2-1}=$

$t-x$，同様にして $y=\frac{1}{2}\left(t-\frac{1}{t}\right)$ から $\sqrt{x^2+1}=t-x$ が導かれる．これらは積分で応用される置換の1つである．

例5 双曲線上の点と2つの漸近線との距離の積は一定であることを証明せよ．

漸近線の方程式は $bx-ay=0$,　$bx+ay=0$ であるから，双曲線上の点 $\mathrm{P}(x, y)$ から，これらの直線にひいた垂線をそれぞれ PH, PK とすると

$$\overline{\mathrm{PH}}=\frac{|bx-ay|}{\sqrt{a^2+b^2}}, \qquad \overline{\mathrm{PK}}=\frac{|bx+ay|}{\sqrt{a^2+b^2}}$$

$$\therefore \quad \overline{\mathrm{PH}}\cdot\overline{\mathrm{PK}}=\frac{|b^2x^2-a^2y^2|}{a^2+b^2}$$

$\mathrm{P}(x, y)$ は曲線上にあるから $b^2x^2-a^2y^2=a^2b^2$

$$\therefore \quad \overline{\mathrm{PH}}\cdot\overline{\mathrm{PK}}=\frac{a^2b^2}{a^2+b^2} \quad (\text{一定})$$

➡**注** 例4は，HP, KP を有向距離とみても成り立つ．

$$\mathrm{HP}\cdot\mathrm{KP}=\frac{bx-ay}{\sqrt{a^2+b^2}}\cdot\frac{bx+ay}{\sqrt{a^2\times b^2}}=\frac{b^2x^2-a^2y^2}{a^2+b^2}=\frac{a^2b^2}{a^2+b^2}$$

この式から HP, KP は同符号であることもわかる．

§4 放物線

楕円と双曲線は，ともに，1点と1直線とからの距離の比が一定値 e に等しい点の軌跡であった．しかも軌跡は

$0\leqq e<1$ のときは楕円

$1<e$ のときは双曲線

であった．では $e=1$ のときはどんな曲線か．実はこれが放物線なのである．

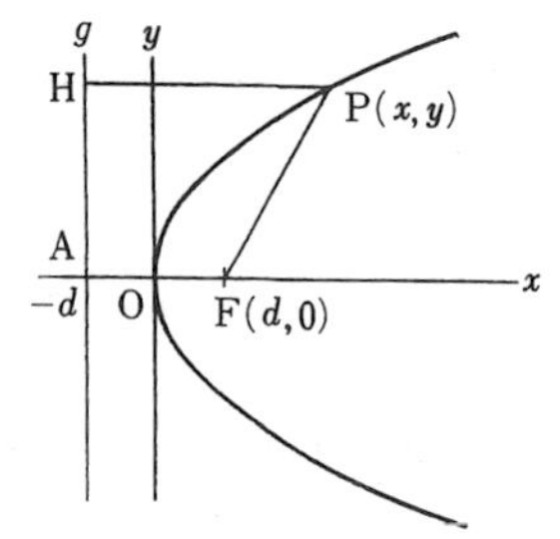

1点Fと1直線 g とから距離が等しい点Pの軌跡を求めてみよ．

Fを通り g に垂直な直線を x 軸にとる．x 軸と g との交点をAとするとき，線分 AF の垂直二等分線を y 軸にとり，Fの座標を $(d, 0)$，g の方程式を $x=-d$ とおく．

Pから g にひいた垂線を PH とすると

$$\overline{\mathrm{PH}}=\overline{\mathrm{PF}}$$

P の座標を (x, y) とすれば

$$|x+d|=\sqrt{(x-d)^2+y^2}$$

両辺を平方しても同値な方程式が得られる．その方程式は

[20] $$y^2=4dx$$

これが放物線の方程式の**標準形**である．定点 F は**焦点**，定直線 g は**準線**というのである．標準形では焦点は $\mathrm{F}(d, 0)$，準線は $x=-d$ である．

×　　　×

放物線をみていると，楕円，双曲線の極限ではないかという気がしてくる．実はこの予想は正しい．楕円，双曲線の1つの焦点と1つの準線を固定し，他の焦点を無限のかなたへ移すと放物線ができるのである．

この事実を手取早く知りたいのであったら．点と直線とからの距離の比が一定値 e に等しい点の軌跡にもどってみるのがよい．

先の図で，$\overline{\mathrm{PF}}=e\overline{\mathrm{PH}}$ とおくと

$$\text{P の軌跡は}\begin{cases} e<1 \text{ のとき　楕円} \\ e=1 \text{ のとき　放物線} \\ e>1 \text{ のとき　双曲線} \end{cases}$$

であったから，$e \longrightarrow 1-0$ のときを考えれば，楕円の極限として放物線が現われ，$e \longrightarrow 1+0$ のときを考えれば，双曲線の極限として放物線が現われるはずである．

準備として，P の軌跡の方程式を導く．$\overline{\mathrm{PF}}=e\overline{\mathrm{PH}}$ から

$$\sqrt{(x-d)^2+y^2}=e|x+d|$$

両辺を平方して変形すると

$$\begin{aligned} y^2&=e^2(x+d)^2-(x-d)^2 \\ &=\{e(x+d)+(x-d)\}\{e(x+d)-(x-d)\} \end{aligned} \qquad ①$$

$e^2 \neq 1$ とすると

$$y^2=(e^2-1)\left(x-d\frac{1-e}{1+e}\right)\left(x-d\frac{1+e}{1-e}\right)$$

x 軸との交点は $d\dfrac{1-e}{1+e}$，$d\dfrac{1+e}{1-e}$ であるから，これをもとにして，焦点の位置が求められる．$\mathrm{F}(d, 0)$ と異なる焦点を $\mathrm{F}'(d', 0)$ とおくと，F と F′ は中心に関して対称であるから

$$d+d'=d\frac{1-e}{1+e}+d\frac{1+e}{1-e}$$

$$\therefore\quad d'=d\frac{1+3e^2}{1-e^2}$$

従って

$$e\longrightarrow 1-0 \text{ のとき } d'\longrightarrow\infty$$

$$e\longrightarrow 1+0 \text{ のとき } d'\longrightarrow -\infty$$

いずれにしても焦点F′は無限遠点に移る．そのときの楕円，双曲線の極限は①から放物線 $y^2=4dx$ になる．

この極限へうつるようすを楕円の場合について図解してみる．

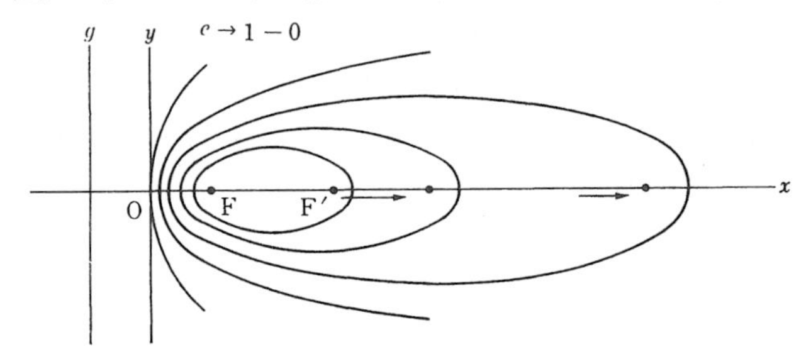

§5　2次曲線の共通性質

楕円，双曲線，放物線に共通な性質は，それぞれの方程式によってバラバラに調べるよりは，もし，可能なら１つの方程式で一括して調べるのが思考の経済になる．

３つの曲線の方程式の標準形を並べてみよ．

$$\frac{x^2}{a^2}+\frac{y^2}{b^2}=1,\qquad \frac{x^2}{a^2}-\frac{y^2}{b^2}=1,\qquad y^2=4dx$$

明らかに，これらは，１つの方程式

[21]　　$$Ax^2+By^2+2Gx+C=0$$

の形に統合される．この方程式で

$A=\frac{1}{a_2}$，$B=\frac{1}{b^2}$，$C=-1$．$G=0$ とおけば，楕円の方程式

$A=\frac{1}{a^2}$，$B=-\frac{1}{b^2}$，$C=-1$，$G=0$ とおけば，双曲線の方程式

$A=0$, $B=1$, $C=0$, $G=-2d$ とおけば，放物線の方程式
である．

× ×

はじめに，方程式 [21] を用いて，曲線上の点 $\mathrm{P}(x_1, y_1)$ における接線の方程式を求めよう．接線の一般的定義は，割線の極限によるものである．Pを通る直線 g' が2次曲線と再び交わる点を $\mathrm{Q}(x_2, y_2)$ とする．$\mathrm{Q} \longrightarrow \mathrm{P}$ のときの g' の極限の直線 g から存在するならば，g はPにおける接線である．

g' の方程式は

$$(y_2-y_1)(x-x_1)-(x_2-x_1)(y-y_1)=0 \qquad ①$$

一方 $\mathrm{P}(x_1, y_1)$, $\mathrm{Q}(x_2, y_2)$ は2次曲線上にあるから，これらの座標は [21] をみたす．

$$Ax_1{}^2+By_1{}^2+2Gx_1+C=0 \qquad ②$$
$$Ax_2{}^2+By_2{}^2+2Gx_2+C=0$$

これらの両辺の差をとって

$$A(x_2{}^2-x_1{}^2)+B(y_2{}^2-y_1{}^2)+2G(x_2-x_1)=0$$

$$\therefore \quad y_2-y_1=-\frac{A(x_2+x_1)+2G}{B(y_2+y_1)}(x_2-x_1)$$

これを ① に代入し，両辺を x_2-x_1 で割ると

$$-\frac{A(x_2+x_1)+2G}{B(y_2+y_1)}(x-x_1)-(y-y_1)=0$$

ここで $\mathrm{Q} \longrightarrow \mathrm{P}$ の極限を考えると $x_2 \longrightarrow x_1$, $y_2 \longrightarrow y_1$ となるから

$$-\frac{Ax_1+G}{By_1}(x-x_1)-(y-y_1)=0$$

簡単にすれば

$$Ax_1x+By_1y+Gx-(Ax_1{}^2+By_1{}^2+Gx_1)=0$$

② によると（ ）の中の式は $-Gx_1-C$ に等しいから，これで置きかえ

[22] $$Ax_1x+By_1y+G(x+x_1)+C=0$$

これが求める接線の方程式で，この特殊化によって，楕円，双曲線，放物線の接線の方程式は立ちどころに導かれる．

楕円の接線	双曲線の接線	放物線の接線
$\dfrac{x_1x}{a^2}+\dfrac{y_1y}{b^2}=1$	$\dfrac{x_1x}{a^2}-\dfrac{y_1y}{b^2}=1$	$y_1y=2d(x_1+x)$

➡**注**　2次曲線上の点 $P(x_1, y_1)$ における接線の方程式は極めて形が整っている．形式的に作る場合は，次の順序をふめばよい．

もとの方程式　　$Ax^2+By^2+2Gx+C=0$

かきかえる　　$Axx+Byy+G(x+x)+C=0$

$xx, yy, x+x$ の一方にサヒックス1をつける．

$$Ax_1x+By_1y+G(x_1+x)+C=0$$

この方式は，一般の2次曲線の方程式にもあてはまる．

例6　楕円の接線は，接点と焦点とを結ぶ線分と等角をなすことを証明せよ．

楕円上の1点Pにおける接線に，焦点F, F′ からひいた垂線をそれぞれFH, F′H′ として，△PFH と △PF′H′ とが相似になることを示せばよい．それには

$$\frac{\overline{\mathrm{FH}}}{\overline{\mathrm{PF}}}=\frac{\overline{\mathrm{F'H'}}}{\overline{\mathrm{PF'}}} \qquad ①$$

を示せばよい．

すでに導いた公式 [9] によって $\overline{\mathrm{PF}}=|a-ex_1|$，$\overline{\mathrm{PF'}}=|a+ex_1|$ である．

接線の方程式 $b^2x_1x+a^2y_1y-a^2b^2=0$ から

$$\overline{\mathrm{FH}}=\frac{|b^2x_1\cdot ae+a^2y_1\cdot 0-a^2b^2|}{\sqrt{b^4{x_1}^2+a^4{y_1}^2}}=\frac{ab^2|a-ex_1|}{\sqrt{b^4{x_1}^2+a^4{y_1}^2}}$$

$$\therefore\quad \frac{\overline{\mathrm{FH}}}{\overline{\mathrm{PF}}}=\frac{ab^2}{\sqrt{b^4{x_1}^2+a^4{y_1}^2}}$$

全く同様にして $\dfrac{\overline{\mathrm{F'H'}}}{\overline{\mathrm{PF'}}}$ も上の式の右辺と等しくなるから①が成り立ち，

$$\angle\mathrm{FPH}=\angle\mathrm{F'PH'}$$

×　　　　　　　　×

方程式 [22] は，$P(x_1, y_1)$ が曲線上にあるときはPにおける接線を表わした．それでは，Pが曲線上にないとき，この方程式はどんな直線を表わすだろうか．これを予想することはやさしくない．結論を先にいえば，Pを通る直線が2次曲線と交わる点を A, B とするとき，4点 A, B ; P, Q が調和列点をなすような点Qの軌跡になるのである．

➡**注**　1直線上に4点 A, B, P, Q があって，PがABを分ける比と，QがABを分ける比とが異符号のとき，すなわち

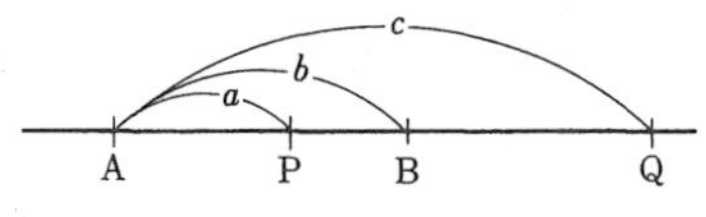

$$\frac{\mathrm{AP}}{\mathrm{PB}}=-\frac{\mathrm{AQ}}{\mathrm{QB}} \qquad ①$$

のとき，P,Q は A,B を調和に分ける，または A,B；P,Q は調和列点をなすという．A,B；P,Q が調和列点をなすことを AB｜PQ で表わしてみると，これには，次のような性質がある．

AB｜PQ=BA｜PQ,　AB｜PQ=PQ｜AB, ……

有向の長さ AP,AB,AQ をそれぞれ a,b,c で表わしてみると①から

$$\frac{a}{b-a}=-\frac{c}{b-c} \quad \therefore \ ab-ac=-bc+ac, \quad \frac{1}{a}+\frac{1}{c}=\frac{2}{b} \qquad ②$$

となって，a,b,c は調和数列をなすことがわかる．この逆も成り立つから調和列点をなす条件として②を用いてもよい．

これを証明してみよう．P を通る直線 g の方程式は，パラメーター表示

$$\begin{cases} x=x_1+cr & (c=\cos\theta) \\ y=y_1+sr & (s=\sin\theta) \end{cases} \qquad ①$$

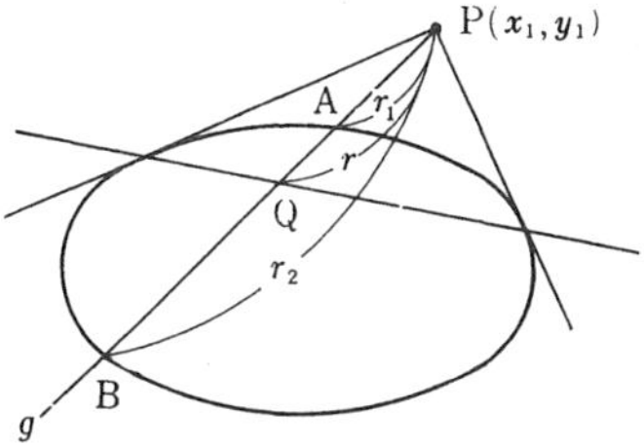

で与えておくと都合がよい．

これを，2次曲線の方程式

$$f(x,y)=Ax^2+By^2+2Gx+C=0$$

に代入すれば

$$A(x_1+cr)^2+B(y_1+sr)^2+2G(x_1+cr)+C=0$$

r について整理したものを

$$Lr^2+2Mr+N=0$$

とおこう．

この方程式の2実根が，A, B における r の値である．その2つの値を r_1, r_2 とし，さらに PQ=r とおこう．4点 A, B；P, Q は調和列点をなすことから

$$r=\frac{2r_1r_2}{r_1+r_2}=-\frac{N}{M}$$

これを①に代入すれば，Q の座標が求められる．

$$x=x_1-\frac{Nc}{M} \qquad ②$$

$$y=y_1-\frac{Nc}{M} \qquad ③$$

ところが $M=(Ax_1+G)c+By_1s$, $N=f(x_1, y_1)$ であるから

②×(Ax_1+G)+③×By_1 を作ると

$$(Ax_1+G)x+By_1y=Ax_1{}^2+By_1{}^2+Gx_1-\frac{N}{M}\cdot M$$

これに $N=f(x_1, y_1)$ を代入し整理すれば

$$Ax_1x+By_1y+G(x_1+x)+C=0$$

となって，Qの軌跡が得られる．これは接線の方程式 [22] と全く同じものである．

×　　　　　　　　　　×

Qの軌跡の直線 p を点Pの**極線**といい，逆にPを直線 p の**極**という．

割線 g が2次曲線に接すれば，A, Bは一致して接点になり，Qもまたその接点に重なるから，極線 p はその接点を通る．従って，Pから2次曲線に2つの接線をひくことができるときは，それらの接点を通る直線がPの極線である．

なお，先の極線を求める計算自身は，r_1, r_2 が虚数であっても，形式的には成り立つ．r_1, r_2 が虚数になることは，g が2次曲線と交わらないのであるが，このとき虚点で交わるとみてもよい．A, Bは虚点になっても，Qは実点になるので，Qの軌跡は完全な1つの直線とみなすことができる．

このように，極と極線の関係は，虚点を考えることによって，一般化されるのである．

×　　　　　　　　　　×

Pを無限遠点に移したとすると，Pを通る直線群は平行線群に変わり，このとき，Qは線分ABの中点になる．このことから，2次曲線の平行弦の中点の軌跡は1つの直線であることが予想されよう．この予想を確かめるのはいたってやさしい．

点Qの座標を (X, Y) とすれば，Qを通り，方向が一定な直線の方程式は

$$\begin{cases} x=X+cr & (c=\cos\theta) \\ y=Y+sr & (s=\sin\theta) \end{cases}$$

と表わされる．これを2次曲線の方程式に代入して

$$A(X+cr)^2+B(Y+sr)^2+2G(X+cr)+C=0$$

これを r について整理したものを

$$Lr^2+Mr+N=0$$

とおこう．Qが弦ABの中点ならば，この方程式の2根は絶対値等しく，かつ異符号だから，2根の和は0に等しい．従って

$$M=(AX+G)c+BYs=0$$

$$AcX+BsY+Gc=0$$

c,sは一定だから，この方程式は定直線を表わす.

§6 2次曲線の極方程式

2次曲線の極方程式は，2次曲線が，1点Fと1直線gからの距離の比が一定値eに等しいことに目をつけると，いたって簡単に求められる.

焦点のFを原点にとり，Fを通りgに垂直な直線を始線にとる．始線とgとの交点をKとし，FK$=k$とおこう.

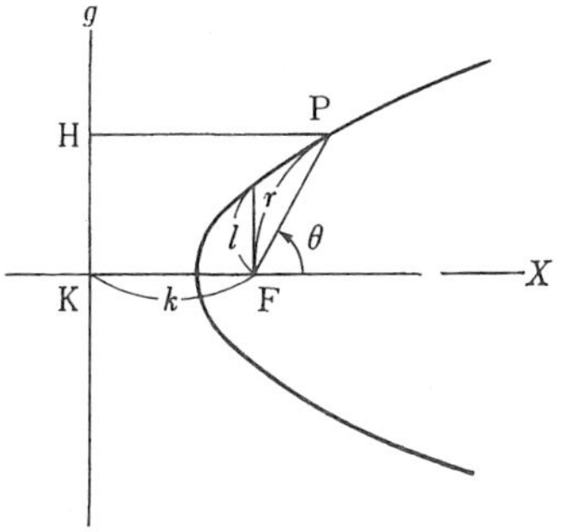

2次曲線上の任意のPの極座標を(r,θ)とすると

$$\overline{\mathrm{FP}}=r,\ \overline{\mathrm{HP}}=k+r\cos\theta$$

ところが，$\overline{\mathrm{FP}}=e\overline{\mathrm{HP}}$ であったから

$$r=e(k+r\cos\theta)$$

これをrについて解

[23] $$r=\frac{l}{1-e\cos\theta}\qquad(l=ek)$$

これが求める極方程式である．この式のlは $\theta=\frac{\pi}{2}$ のときのrに等しいことに注意しよう.

θは区間$[\theta,2\pi)$内の角で十分である．しかし$e<1$のときは分母が0になることがないから問題ないが，$e\geqq1$のときは，分母が0になることがあるから，それを除かなければならない.

例7 2次曲線の1つの焦点Fを通る互いに垂直な2つの弦の長さをr_1,r_2とすれば

$$\frac{1}{r_1}+\frac{1}{r_2}$$

は一定であることを証明せよ.

極方程式を利用すれば非常にやさしい.

1つの弦が始線となす角をθとすると，これに垂直なもう1つの弦が始線と

なす角は $\theta+\dfrac{\pi}{2}$ になるから

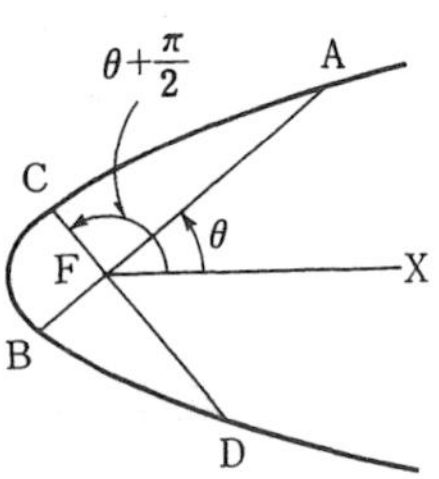

$$r_1=\overline{AB}=\overline{FA}+\overline{EB}$$
$$=\frac{l}{1-e\cos\theta}+\frac{l}{1-e\cos(\theta+\pi)}$$
$$=\frac{2l}{1-e^2\cos^2\theta}$$
$$r_2=\overline{CD}=\overline{FC}+\overline{FD}$$
$$=\frac{l}{1-e\cos\left(\theta+\dfrac{\pi}{2}\right)}+\frac{l}{1-e\cos\left(\theta+\dfrac{3\pi}{2}\right)}=\frac{2l}{1-e^2\sin^2\theta}$$
$$\therefore\quad \frac{1}{r_1}+\frac{1}{r_2}=\frac{1-e^2\cos^2\theta}{2l}+\frac{1-e^2\sin^2\theta}{2l}=\frac{2-e^2}{2l}\qquad（一定）$$

練　習　問　題　3

問題

1．次の円の方程式を求めよ．

(1) 中心 $(2,-3)$，半径5の円

(2) 中心が $(-1,4)$ で，1点 $(3,2)$ を通る円

(3) 両軸に接する半径3の円

2．3点 $(2,1),(0,-1),(-2,2)$ を通る円の方程式を求めよ．

3．2点 $A(1,2)$，$B(-2,-1)$ を通る半径 $\sqrt{5}$ の円の方程式を求めよ．

4．次の方程式はどんな図形を表わすか．

$x+y-\sqrt{2xy}=a$

ただし $a>0$ とする．

5．3点 $A(a,0)$，$B(-a,0)$，$C(0,a)$ からの距離の平方の和が $10a^2$ に等しい点Pの軌跡を求めよ．

ヒントと略解

1．(1) $x^2+y^2-4x+6y-12=0$

(2) $x^2+y^2+2x-8y-3=0$

(3) $x^2+y^2\pm6x\pm6y+9=0$

（複合の組合せは任意とする）

2．方程式を $x^2+y^2+ax+by+c=0$ とおいて，a,b,c を決定する．

$5x^2+5y^2+x-11y-16=0$

3．$(x-a)^2+(y-b)^2=5$ とおいて，a,b を定める．$a=0$，$b=0$ or $a=-1$，$b=1$；$x^2+y^2=5$，$x^2+y^2+2x-2y-3=0$

4．$x+y-a=\sqrt{2xy}$ から $x+y-a\geqq0$, $x\geqq0$, $y\geqq0$ の範囲にある．平方して有理化する．円 $(x-a)^2+(y-a)^2=a^2$ のうち，直線 $x+y-a=0$ の上方の弧（両端を含む）

5．$(x-a)^2+y^2+(x+a)^2+y^2+x^2+(y-a)^2=10a^2$

$$x^2+\left(y-\frac{a}{3}\right)^2=\frac{22}{9}a^2$$

6．どの2つも同心円でない3つの円がある．これらの円の2つから定まる3つの根軸は1点で交わるか，または平行であることを証明せよ．

7．円 $x^2+y^2=25$ と直線 $x+7y=25$ との2つの交点と原点を通る円の方程式を求めよ．

8．放物線 $y^2=4dx$ 上の1点Pにおける接線は，Pと定点Fを結ぶ線分，およびPから x 軸に平行にひいた直線と等角をなすことを証明せよ．

9．双曲線

$$\frac{x^2}{a^2}-\frac{y^2}{b^2}=1$$

上の点 $P(x_1,y_1)$ における接線が漸近線と交わる点を A,B とすれば，P は線分 AB の中点であることを証明せよ．

10．円 $x^2+y^2=1$ の外の点 $P(x_1,y_1)$ からこの円にひいた接線の接点を A,B とすれば，直線 AB の方程式は $x_1x+y_1y=1$ となることを証明せよ．

11．円 $x^2+y^2=1$ 内の1点 $P(x_1, y_1)$ を通る任意の直線 g が円と交わる点を Q,R とする．Q,R における接線の交点をTとするとき，T の軌跡は

$$x_1x+y_1y=1$$

となることを証明せよ．ただし，P は円の中心と異なる点とする．

6．3つの円の方程式を

$f_i=x^2+y^2+a_ix+b_iy+c_i=0$, $(i=1,2,3)$ とすると根軸は $f_1-f_2=0$, $f_2-f_3=0$, $f_3-f_1=0$

しかるに $(f_1-f_2)+(f_2-f_3)+(f_3-f_1)\equiv 0$

7．$(x^2+y^2-25)+k(x+7y-25)=0$ これに $x=y=0$ を代入して $k=-1$，求める円 $x^2+y^2-x-7y=0$

8．$P(x_1,y_1)$ とおく．P における接線 $y_1y=2d(x+x_1)$ と x 軸との交点は $Q(-x_1,0)$

$\therefore\ FQ=x_1+d$,

次に $\overline{PF}=\sqrt{(x_1-d)^2+y_1{}^2}=\sqrt{(x_1-d)^2+4dx_1}$

$=x_1+d \qquad \therefore\ \overline{FQ}=\overline{PF}$, $\angle FPQ=\angle FQP$

9．接線の方程式を $x=x_1+cr$, $y=y_1+sr$, $(c=\cos\theta,\ s=\sin\theta)$ とする．これを漸近線 $\dfrac{x^2}{a^2}-\dfrac{y^2}{b^2}=0$ に代入したものを $Lr^2+2Mr+N=0$ とおき，2根を r_1,r_2 とする．$M=\dfrac{cx_1}{a^2}-\dfrac{sy_1}{b^2}$，接線の方程式 $\dfrac{x_1x}{a^2}-\dfrac{y_1y}{b^2}=1$ から $\dfrac{s}{c}=\dfrac{b^2x_1}{a^2y_1}$， $\therefore M=0 \quad \therefore r_1+r_2=0$，P は AB の中点である．

10．$A(\alpha,\beta)$ とおくと，A における接線は $\alpha x+\beta y=1$，この上に P があるから $\alpha x_1+\beta y_1=1$，すなわち $x_1\alpha+y_1\beta=1$，この式は $A(\alpha,\beta)$ が直線 $x_1x+y_1y=1$ の上にあることを示す．B についても同様だから AB の方程式は $x_1x+y_1y=1$ である．

11．T の座標を (X,Y) とすると，前問によって QR の方程式は $Xx+Yy=1$ である．$P(x_1,y_1)$ はこの上にあるから $Xx_1+Yy_1=1$，すなわち $x_1X+y_1Y=1$，よって $T(X,Y)$ は直線 $x_1x+y_1y=1$ 上にある．

12．$P(\alpha,\beta)$ とすると $P'(\alpha-\beta)$ とおける．

12．楕円 $\frac{x^2}{a^2}+\frac{y^2}{b^2}=1\ (a>b>0)$ の長軸の両端を　$A(a,0)$，$A'(-a,0)$ とし，短軸に平行な弦を PP' とする．AP' と $A'P$ との交点Qは，Pが動けば，どんな線上を動くか．ただしPは A,A' には一致しないものとする．

AP' の方程式　$y=\frac{-\beta}{\alpha-a}(x-a)$　①

$A'P$ の方程式　$y=\frac{\beta}{\alpha+a}(x+a)$　②

なお　$\frac{\alpha^2}{a^2}+\frac{\beta^2}{b^2}=1$　③

以上の3式から α,β を消去する．①，②を α,β について解いて③に代入せよ．Qの軌跡は

$$\frac{x^2}{a^2}-\frac{y^2}{b^2}=1$$

第4章　2次図形と変換·分類

はじめに

2次元空間における2次図形というのは，x, y についての2次方程式

$$ax^2+2hxy+by^2+2gx+2fy+c=0$$

の表わす図形のことであった．

この図形の分類を，この方程式のままで試みることはむずかしい．形と大きさとをかえない変換，すなわち合同変換を，図形に対してか，または座標軸に試みることによって，簡単な方程式を導くならば，その方程式の形によって，どんな図形を表わすかがわかるであろう．その予備知識をかね，前の章で，楕円，双曲線，放物線の標準形を学んだわけである．

×　　　　　×

上の一般の2次方程式は6つの項からなっている．これに変換を試みれば一層複雑な方程式になる．その計算を，高校なみの初歩的方法で処理することが楽でないことは，容易に予想できよう．ここらが，初歩的代数の限界のような気がする．

この限界を乗り越える有力な手段が行列，行列式である．従って，これを十二分に活用すべきであるが，そのためには，予備知識が必要である．それをすべての読者に期待するのはむりのような気がする．それに，行列や行列式の有難味を知るには，初歩的方法である程度苦労し，新しい処理方法の必要性を身をもって知ることも無駄ではなかろう．まあ，そんな考えもあって，はじめに初歩的方法を示し，あとで，行列，行列式でスカット解決するという順序を選んでみた．

×　　　　　×

2次方程式の変換の基礎には，2次式，すなわち2次形式の変換に関する法則がある．2次形式の変換は n 次元空間へ拡張できるもので，理論的にも応用的にも重要である．その概要を知るためにもせめて3次元空間の場合に触れたかったが，今回は割愛せざるを得なかった．

§1　合同変換の式

図形を変換すべきか，座標系を変換すべきか，高校では教育的観点から問題になったことがあった．高校には，長い間，図形の変換のみがあって，座標系の変換がなかった．いや，なかったというよりは，高校生には無理であるとの妙な教育的鉄則があって，座標系の変換は敬遠されて来た．高校に座標系の変換が採用されたのは十数年前のことに過ぎない．この事実は，アリストテレスの天動説と地動説の争いに似た興味がある．天が動くなら安心だが，大地が動いたのでは不安でたまらないということか．天動説を固守する心情の背景を色どる宇宙観は人間中心であって，真の客観性が確立されていないように思われる．

図形を変換することと，座標系を変換することとは，変換の式でみると，互いに逆変換になるに過ぎず，数学的にはそれほど問題にならない．そこに沼があり，魚がいるから，網を張って魚をとらえようではないか．これが図形を固定し，座標系を変換する立場である．そこに網がある，魚を追い立てて，網にひっかけようではないか．これが座標系を固定し，図形を変換する立場である．ここでは，主として座標系の変換を取扱うことにする．

×　　　　　　　　　×

2次元空間でみると，合同変換は裏返しをするかどうかによって，2つに分けられる．平行移動と回転移動は裏返しにならないが，直線についての対称移動は裏返しになる．裏返しにならない方を**正の合同変換**，裏返しの起きる方を**負の合同変換**ということがある．この呼び方の由来は，あとで明らかにされる．

正の合同変換は，平行移動と原点のまわりの回転の合成になるから，基本的なものとして，この2つを調べれば十分である．

×　　　　　　　　　×

はじめに座標系の平行移動をみよう．

原点がOで，座標軸がx, yの座標系を$(O\,;x, y)$で表わすことにする．

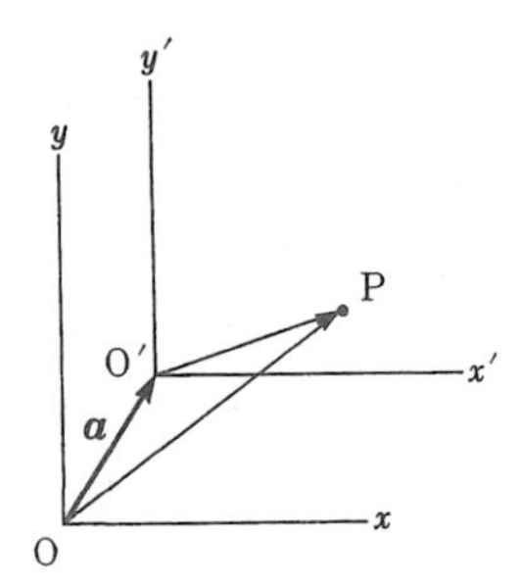

座標系$(O\,;x, y)$を平行移動したものを

$(\mathrm{O}'\,;\,x', y')$ とする．O' の旧座標系に対する座標を $\boldsymbol{a}$，任意の点Pの旧座標系および新座標系に対する座標をそれぞれ $\boldsymbol{x}, \boldsymbol{x}'$ とすると

$$\overrightarrow{\mathrm{OP}}=\overrightarrow{\mathrm{OO'}}+\overrightarrow{\mathrm{O'P}}=\overrightarrow{\mathrm{O'P}}+\overrightarrow{\mathrm{OO'}}$$

$$\boldsymbol{x}=\boldsymbol{x}'+\boldsymbol{a}$$

これを $\boldsymbol{x}=(x, y)$，$\boldsymbol{x}'=(x', y')$，$\boldsymbol{a}=(a, b)$ とおいて成分で表わせば，よく見かける平行移動の式になる．

$$[1] \qquad \begin{cases} x=x'+a \\ y=y'+b \end{cases}$$

例1　放物線の方程式 $y=Ax^2+Bx+C$ が $y'=Ax'^2$ の形になるようにするには，座標系をどのように平行移動すればよいか．

$y=Ax^2+Bx+C$ に [1] を試みると

$$y'+b=A(x'+a)^2+B(x'+a)+C$$

$$y'=Ax'^2+(2Aa+B)x'+Aa^2+Ba+C-b$$

従って

$$2Aa+B=0, \qquad Aa^2+Ba+C-b=0$$

をみたすように a, b を定めればよい．第1式から

$$a=-\frac{B}{2A}$$

これを第2式に代入して

$$b=A\left(-\frac{B}{2A}\right)^2+B\left(-\frac{B}{2A}\right)+C=-\frac{B^2-4AC}{4A}$$

求める平行移動は

$$x=x'-\frac{B}{2A}, \qquad y=y'-\frac{B^2-4AC}{4A}$$

×　　　　　　　　×

次に原点のまわりに座標系を回転してみる．

座標系 $(\mathrm{O}\,;\,x, y)$ を O のまわりに角 θ だけ回転したものを $(\mathrm{O}\,;\,x', y')$ とする．任意の点Pの新旧座標系に対する座標をそれぞれ $\boldsymbol{x}=(x', y')$，$\boldsymbol{x}=(x, y)$ とする．ベクトルの性質をうまく用いて，これらの座標間の関係を導く．

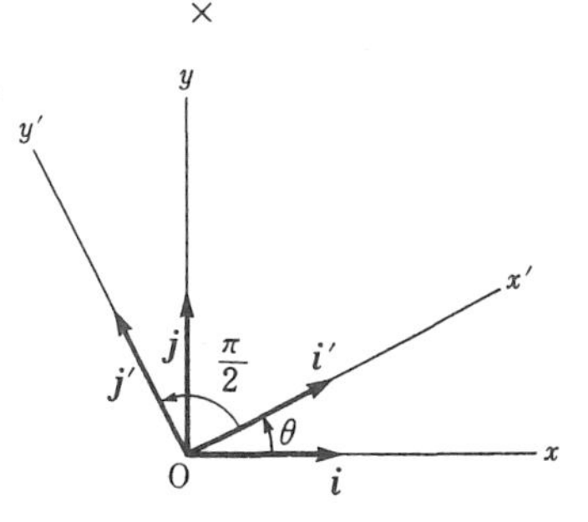

x, y 軸方向の単位ベクトルを $\boldsymbol{i}, \boldsymbol{j}$ とし，x', y' 軸方向の単位ベクトル $\boldsymbol{i}', \boldsymbol{j}'$ とすると

$$\boldsymbol{x}' = x'\boldsymbol{i}' + y'\boldsymbol{j}' \qquad ①$$

$$\boldsymbol{x} = x\boldsymbol{i} + y\boldsymbol{j} \qquad ②$$

$$\boldsymbol{i}' = \boldsymbol{i}\cos\theta + \boldsymbol{j}\sin\theta$$

$$\boldsymbol{j}' = \boldsymbol{i}\cos\left(\theta + \frac{\pi}{2}\right) + \boldsymbol{j}\sin\left(\theta + \frac{\pi}{2}\right) = -\boldsymbol{i}\sin\theta + \boldsymbol{j}\cos\theta$$

これらを ① に代入して

$$\boldsymbol{x} = (x'\cos\theta - y'\sin\theta)\boldsymbol{i} + (x'\sin\theta + y'\cos\theta)\boldsymbol{j} \qquad ③$$

② と ③ をくらべて

$$[2] \qquad \begin{cases} x = x'\cos\theta - y'\sin\theta \\ y = x'\sin\theta + y'\cos\theta \end{cases}$$

これが原点の まわりに 座標軸を θ だけ 回転したときの 変換を表わす式である.

例2　座標系をその原点のまわりに $\dfrac{\pi}{4}$ だけ回転すれば，双曲線 $xy = k^2$ の方程式はどのように変わるか.

上の変換の式で $\theta = \dfrac{\pi}{4}$ とおいて

$$x = \frac{x' - y'}{\sqrt{2}}, \qquad y = \frac{x' + y'}{\sqrt{2}}$$

これを $xy = k^2$ に代入すれば

$$\frac{x'^2 - y'^2}{2} = k^2 \qquad x'^2 - y'^2 = 2k^2$$

×　　　　×

座標系の正の合同変換は，原点のまわりの 回転に 平行移動を 合成して 得られ るから，その変換式を求めるには，[2] に [1] を合成すればよい.

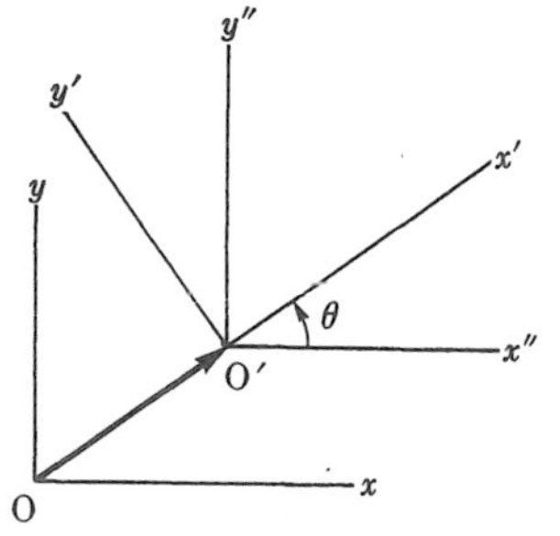

座標系 (O ; x, y) の原点を点 (a, b) へ移したものを (O′ ; x'', y'') とすると

$$\begin{cases} x = x'' + a \\ y = y'' + b \end{cases} \qquad ①$$

次に座標系 (O′ ; x'', y'') を O′ のまわりに θ だけ回転したものを (O′ ; x', y') とすれば

$$\begin{cases} x''=x'\cos\theta-y'\sin\theta \\ y''=x'\sin\theta+y'\cos\theta \end{cases} \qquad ②$$

②を①に代入して

$$[3] \qquad \begin{cases} x=x'\cos\theta-y'\sin\theta+a \\ y=x'\sin\theta+y'\cos\theta+b \end{cases}$$

これが一般の正の合同変換を表わす式である．

例3　座標系 $(\mathrm{O}\,;x,y)$ の原点を $(3,-2)$ に移し，さらに座標軸の向きを $\dfrac{2\pi}{3}$ だけ回転したものを $(\mathrm{O}'\,;x',y')$ とする．このときの変換の式を求めよ．この変換によって円の方程式 $(x-3)^2+(y+7)^2=25$ はどんな方程式にかわるか．

変換の式は [3] に $a=3$，$b=-2$，$\theta=\dfrac{2\pi}{3}$ を代入したものであるから

$$\begin{cases} x=\dfrac{-x'-\sqrt{3}\,y'}{2}+3 \\ y=\dfrac{\sqrt{3}\,x'-y'}{2}-2 \end{cases}$$

これを円の方程式に代入して

$$\left(\frac{-x'-\sqrt{3}\,y'}{2}\right)^2+\left(\frac{\sqrt{3}\,x'-y'}{2}+5\right)^2=25$$

$$x'^2+y'^2+5(\sqrt{3}\,x'-y')+25=25$$

$$x'^2+y'^2+5\sqrt{3}\,x'-5y'=0$$

×　　　　　×

負の合同変換で基本的なのは，座標軸を x 軸について対称に移すもの，y 軸について対称に移すもの，直線 $y=x$ について対称に移すものなどである．

座標系 $(\mathrm{O}\,;x,y)$ を x 軸について対称に移せば，x 軸はそのままで，y 軸はその向きだけをかえる．従って，その変換の式は

$$[4] \qquad \begin{cases} x=x' \\ y=-y' \end{cases}$$

によって表わされる．

一般の原点を動かさない負の合同変換は，原点のまわりの回転と，x 軸についての対称移動とを合成して得られる．その変換の式の導き方は，[3] の導き方と同様であって，次の式で与えられる．

$$[5]\quad \begin{cases} x = x'\cos\theta + y'\sin\theta \\ y = x'\sin\theta - y'\cos\theta \end{cases}$$

一般の負の合同変換は，これに，さらに平行移動を合成したもので，その式は

$$[6]\quad \begin{cases} x = x'\cos\theta + y'\sin\theta + a \\ y = x'\sin\theta - y'\cos\theta + b \end{cases}$$

で与えられる．

×　　　　　　　　　×

ここで，座標系の移動と図形の移動との関係を明らかにしておくのが親切であろう．

座標系を固定し，平面上の任意の点 $\mathrm{P}(x, y)$ に平行移動 $\boldsymbol{a} = (a, b)$ を行った点を (x', y') とすると，$\overrightarrow{\mathrm{OP'}} = \overrightarrow{\mathrm{OP}} + \overrightarrow{\mathrm{PP'}}$ から　$\boldsymbol{x}' = \boldsymbol{x} + \boldsymbol{a}$，すなわち

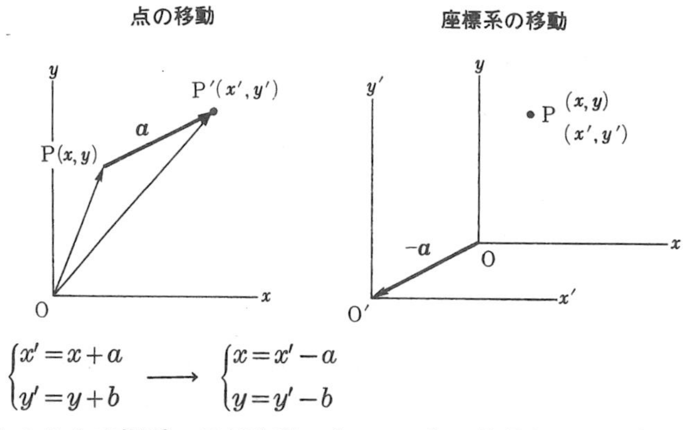

$$\begin{cases} x' = x + a \\ y' = y + b \end{cases} \longrightarrow \begin{cases} x = x' - a \\ y = y' - b \end{cases}$$

これをみると座標系の平行移動の式で，a, b の符号をかえたものである．つまり，点に平行移動 $\boldsymbol{a}$ を行う式は，座標系に平行移動 $-\boldsymbol{a}$ を行う式と同じである．

同様のことは回転についても成り立ち，点を原点のまわりに角 θ 回転する式は，座標系でみると原点のまわりに角 $-\theta$ だけ回転する式と同じである．従ってその式は，[2] の θ を $-\theta$ で置き換えた．

$$\begin{cases} x = x'\cos(-\theta) - y'\sin(-\theta) = x'\cos\theta + y'\sin\theta \\ y = x'\sin(-\theta) + y'\cos(-\theta) = -x'\sin\theta + y'\cos\theta \end{cases}$$

である．

点の移動と座標系の移動を一緒にやると混同するから，座標系の移動を先に定着させ，そのあとで点の移動を学ぶのがよいだろう．

§2　2次形式の不変式

2次方程式

$$ax^2+2hxy+by^2+2gx+2fy+c=0 \qquad ①$$

の表わす図形の形や大きさが，係数 a,b,c,f,g,h によって定まることはいうまでもない．ところで，形や大きさは，座標系の選び方には関係がないから，座標系の合同変換によっても変わらない．この事実からみて，係数についての式のうちには，2次図形の形や大きさを決定するものがあって，その式は，座標系の合同変換に対して不変であることが予想される．そのような不変式を調べるには，①の左辺の2次式

$$f(x,y)=ax^2+2hxy+by^2+2gx+2fy+c$$

において，係数の式のうち不変なものを調べればよい．

この2次式を**2次形式**ともいう．

結論を先にいえば，この2次形式で，次の3つの式は座標系の合同変換によって不変なので，**不変式**という．

$$a+b$$

$$\delta=ab-h^2$$

$$\varDelta=abc+2fgh-af^2-bg^2-ch^2$$

座標系の合同変換は，平行移動，原点のまわりの回転，x 軸についての対称移動の合成であった．従って，上の3式が合同変換について不変であることを示すには，これら3つの移動によって，それぞれ不変であることを示せば十分である．

×　　　　　　　　×

最初に座標軸の平行移動によって不変であることを示そう．

平行移動の式は

$$\begin{cases} x=x'+x_0 \\ y=y'+y_0 \end{cases}$$

であった．これを $f(x,y)$ に代入した式は x',y' についての2次形式になるか

ら，それを

$$Ax'^2+2Hx'y'+By'^2+2Gx'+2Fy'+C$$

とおいて $A+B=a+b$，$AB-H^2=ab-h^2$ などとなることを示せばよい．その計算はかなりやつかいのようであるが，とにかく，初歩的計算力を頼りに確かめることにしよう．

$$\begin{aligned} &f(x'+x_0, y'+y_0) \\ &\quad =a(x'+x_0)^2+2h(x'+x_0)(y'+y_0)+b(y'+y_0)^2 \\ &\quad\quad +2g(x'+x_0)+2f(y'+y_0)+c \end{aligned}$$

明らかに $x'^2, x'y', y'^2$ の係数はもとのままだから

$$A=a, \quad H=h, \quad B=b \tag{②}$$

残りの係数は

$$\begin{cases} G=ax_0+hy_0+g \\ F=hx_0+by_0+f \\ C=f(x_0, y_0) \end{cases} \tag{③}$$

この場合 $A+B=a+b$，$AB-H^2=ab-h^2$ は当然であるから，Δ が不変であることを示したのでよい．

$\Delta'=ABC+2FGH-AF^2-BG^2-CH^2$ とおき，これに②,③を代入して簡単にする．この式は x_0, y_0 についての2次形式になるから，その係数を別々に計算してみればよい．

たとえば $x_0{}^2$ の係数を ABC，$2FGH$，$-AF^2$，$-BG^2$，$-CH^2$ から順に拾い出してみると

$$a^2b, 2ah^2, -ah^2, -ba^2, -ah^2$$

であるから，$x_0{}^2$ の係数は0である．全く同様にして，$x_0y_0, y_0{}^2, x_0, y_0$ の係数もすべて0になる．最後に定数項は

$$abc+2fgh-af^2-bg^2-ch^2$$

であるから

$$\Delta'=\Delta$$

となって，Δ も不変式であることが示された．

×　　　　　　　　×

次に座標系の原点のまわりの回転の場合を確かめる．

この回転の式は

$$\begin{cases} x = px' - qy' \\ y = qx' + py' \end{cases} \qquad (p = \cos\theta,\ q = \sin\theta)$$

であった．これを $f(x, y)$ に代入した式は x', y' についての２次形式であるから

$$Ax'^2 + 2Hx'y' + By'^2 + 2Gx' + 2Fy' + C$$

とおいてみる．

$$\begin{aligned} &f(px' - qy', qx' + py') \\ &= a(px' - qy')^2 + 2h(px' - qy')(qx' + py') + b(qx' + py')^2 \\ &\quad + 2g(px' - qy') + 2f(qx' + py') + c \end{aligned}$$

この式から A, H, B, G, F, C を求めると

$$A = ap^2 + bq^2 + 2hpq \qquad ①$$
$$B = aq^2 + bp^2 - 2hpq \qquad ②$$
$$H = h(p^2 - q^2) - (a - b)pq \qquad ③$$
$$G = gp + fq$$
$$F = fp - gq$$
$$C = c$$

$p^2 + q^2 = \cos^2\theta + \sin^2\theta = 1$ を考慮すれば ①+② から，ただちに

$$A + B = a + b \qquad ④$$

が出る．

次に $AB - H^2 = ab - h^2$ を示すのであるが，これを直接計算するのは煩わしいから，④の利用を考える．それには証明する式の両辺を４倍してからかきかえた．

$$(A + B)^2 - (A - B)^2 - 4H^2 = (a + b)^2 - (a - b)^2 - 4h^2 \qquad ⑤$$

を利用しよう．

①−②　　$A - B = 4hpq + (a - b)(p^2 - q^2)$　　⑥

③×2　　$2H = 2h(p^2 - q^2) - 2(a - b)pq$　　⑦

$2pq = 2\cos\theta\sin\theta = \sin 2\theta$，$p^2 - q^2 = \cos^2\theta - \sin^2\theta = \cos 2\theta$ であるから $(2pq)^2 + (p^2 - q^2)^2 = 1$ となることに注意し，⑥^2+⑦^2 を作ると

$$(A - B)^2 + 4H^2 = (a - b)^2 + 4h^2 \qquad ⑧$$

④^2−⑧ から ⑤ が導かれ，従って

$$AB - H^2 = ab - h^2$$

となって目的が達せられた．

最後に残ったのは $\varDelta$ が不変であることの証明である．

$$\varDelta'=ABC+2FGH-AF^2-BG^2-CH^2$$

この式のうち $ABC-CH^2=C(AB-H^2)=c(ab-h^2)$ となって，不変であるから，残りの $2FGH-AF^2-BG^2$ が不変であることを示せばよい．

$$2FGH=2\{-(a-b)pq+h(p^2-q^2)\}\{f^2pq+fg(p^2-q^2)-g^2pq\}$$

$$-AF^2=-(ap^2+bq^2+2hpq)(f^2p^2-2fgpq+g^2q^2\}$$

$$-BG^2=-(bp^2+aq^2-2hpq)(f^2q^2+2fgpq+g^2p^2\}$$

これらの式を加えて fg, f^2, g^2 の係数を求めてみると

$$fg \text{ の係数}=2h,\quad f^2 \text{ の係数}=-a,\quad g^2 \text{ の係数}=-b$$

となるから

$$2FGH-AF^2-BG^2=2fgh-af^2-bg^2$$

従って $\varDelta'=\varDelta$ となって，$\varDelta$ の不変なことが示される．

しかし，この計算は楽でない．力づくで計算すれば，とにかく証明できるということで，高校における式の処理の限界がひしひしと身にしみよう．この証明の成功は努力賞ものである．

×　　　　　　　　　×

x 軸についての対称移動は簡単であろう．この移動の式は

$$\begin{cases} x=x' \\ y=-y' \end{cases}$$

従って，これを $f(x,y)$ に代入したものを

$$f(x',-y')=Ax'^2+2Hx'y'+By'^2+2Gx'+2Fy'+C$$

とおくと

$$A=a,\quad H=-h,\quad B=b,\quad G=g,\quad F=-f,\quad C=c$$

このときは

$$A+B=a+b$$

$$AB-H^2=ab-(-h)^2=ab-h^2$$

$$\begin{aligned} &ABC+2FGH-AF^2-BG^2-CH^2 \\ =&abc+2(-f)g(-h)-a(-f)^2-bg^2-c(-h)^2 \\ =&abc+2fgh-af^2-bg^2-ch^2 \end{aligned}$$

となって，あっさり証明された．

§3 2次図形と座標系の変換

ここは，与えられた2次図形の正体を知るのに，前節で知った不変式を用いるのが目標である．

しかし，その前に，高校の数学との関連を考慮し，古典的方法を紹介するのは無駄でなかろう．それを2つの実例で示し，そのあとで，この方法の限界を思わせる実例を1つ挙げ，その解決策として新しい方法を探ぐることにしよう．

例4 次の2次方程式は，どんな曲線を表わすか．

$$3x^2-2xy+3y^2-20x+12y+32=0 \qquad ①$$

座標系の変換によって，この方程式を簡単な形にかえることを試みる．平行移動と回転移動のどちらを先に試みるか．数学的には，どちらが先でもよいが，計算の難易からみて，平行移動を先にするのがよい．なぜかというに回転を行うと係数に無理数がはいったりして，次に行う平行移動がやっかいになるからである．

とにかく，平行移動 $x=x'+x_0$，$y=y'+y_0$ を行ってみよう．これによって x^2, xy, y^2 の係数は変わらないから

$$f(x'+x_0, y'+y_0)=3x'^2-2x'y'+3y'^2+2Gx'+2Fy'+C=0$$

とおくことができる．

この式の x', y' の係数 G, F を同時に0にすることができるだろうか．

$$\begin{cases} G=3x_0-y_0-10=0 \\ F=-x_0+3y_0+6=0 \end{cases}$$

これを解いて

$$x_0=3, \qquad y_0=-1$$

この値を x_0, y_0 の値にとれば G, F は0になり，このとき

$$C=f(x_0, y_0)=-4$$

①は次の式に変った．

$$3x'^2-2x'y'+3y'^2-4=0 \qquad ②$$

次に，座標系を原点のまわりに回転させ，$x'y'$ の項のない方程式に変えられるかどうかをみる．回転の角を θ とすると

$$\begin{cases} x'=pX-qY \\ y'=qX+pY \end{cases} \qquad (p=\cos\theta,\ q=\sin\theta)$$

これを ② に代入した方程式を

$$AX^2+2HXY+BY^2-4=0 \qquad ③$$

とおくと

$$H=-(p^2-q^2)=-\cos 2\theta$$

そこで，H が 0 となるようにするには $2\theta=\dfrac{\pi}{2}$ すなわち $\theta=\dfrac{\pi}{4}$ にとればよい．

このときの変換の式は

$$x'=\frac{X-Y}{\sqrt{2}},\quad y'=\frac{X+Y}{\sqrt{2}}$$

であって，このとき ③ は

$$X^2+2Y^2-2=0$$

$$\frac{X^2}{2}+\frac{Y^2}{1}=1$$

この2次図形は楕円である．

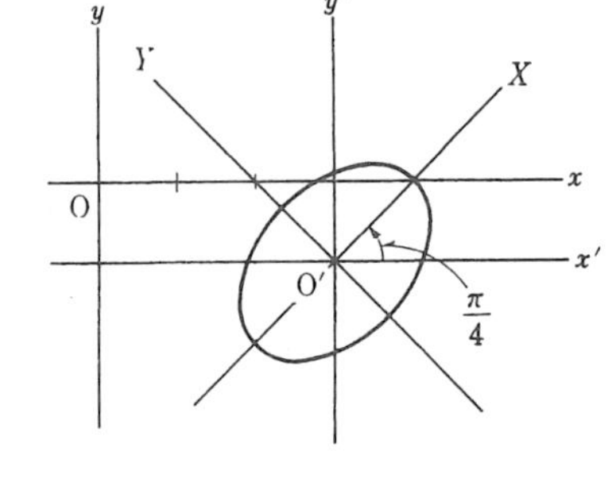

× 　　　　　　×

例5　次の2次方程式はどんな曲線を表わすか．

$$f(x,y)=4x^2+4xy+y^2-2x-6y+15=0 \qquad ①$$

前の例にならい，座標軸の平行移動によって，x, y の1次の項の消滅をねらう．　$x=x'+x_0$，$y=y'+y_0$ を代入した方程式を

$$f(x'+x_0, y'+y_0)=4x'^2+4x'y'+y'^2+2Gx'+2Fy'+C=0$$

とおき，$G=0$，$F=0$ を同時にみたす x_0, y_0 を求めよう．

$$\begin{cases} G=4x_0+2y_0-1=0 \\ F=2x_0+y_0-3=0 \end{cases}$$

残念ながら，これをみたす x_0, y_0 がない．例4の方法は失敗した．平行移動をあきらめ，回転へすすむ．

$$x=px'-qy',\qquad y=qx'+py' \qquad (p=\cos\theta, q=\sin\theta) \qquad ②$$

これを ① に代入すれば $x'y'$ の係数の半分は

$$H=2(p^2-q^2)-3pq=2\cos 2\theta-\frac{3}{2}\sin 2\theta$$

$H=0$ となるようにするには，

$$2\cos 2\theta-\frac{3}{2}\sin 2\theta=0 \qquad \therefore\quad \tan 2\theta=\frac{4}{3} \qquad ③$$

となるように θ を選べばよい．

このときの変換の式 ② を1つ求めよう．$0<2\theta<\dfrac{\pi}{2}$ とすると ③ から

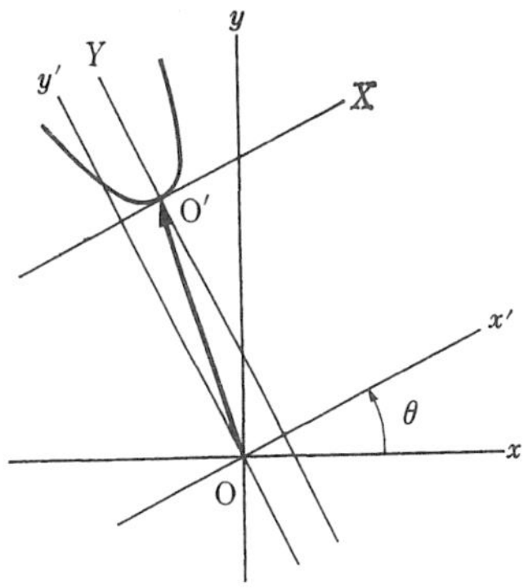

$$\cos 2\theta = \frac{3}{5}$$

$$\therefore \quad p = \cos\theta = \sqrt{\frac{1+\cos 2\theta}{2}} = \frac{2}{\sqrt{5}}$$

$$q = \sin\theta = \sqrt{\frac{1-\cos 2\theta}{2}} = \frac{1}{\sqrt{5}}$$

よって，回転の式は

$$x = \frac{2x'-y'}{\sqrt{5}}, \qquad y = \frac{x'+2y'}{\sqrt{5}}$$

これを①に代入し，簡単にすれば

$$5x'^2 - 2\sqrt{5}\,x' - 2\sqrt{5}\,y' + 15 = 0$$

$$\left(x' - \frac{1}{\sqrt{5}}\right)^2 - \frac{2}{\sqrt{5}}\left(y' - \frac{7}{\sqrt{5}}\right) = 0$$

ここで座標軸の平行移動　$x' = X + \frac{1}{\sqrt{5}}$，$y' = Y + \frac{7}{\sqrt{5}}$ を試みると

$$X^2 = \frac{2}{\sqrt{5}}Y$$

となって，この2次図形は放物線であることがわかった．

×　　　　　×

例4では平行移動を先に行い，例5では後に行ったが，この相異は本質的なものでない．例4は平行移動を後に行っても結果は一致する．

例4で回転を先に行うと

$$2x'^2 + 4y'^2 - 4\sqrt{2}\,x' + 16\sqrt{2}\,y' + 32 = 0$$

となる．これはかきかえると

$$(x' - \sqrt{2})^2 + 2(y' + 2\sqrt{2})^2 = 2$$

ここで座標系の平行移動 $x' = X + \sqrt{2}$，$y' = Y - 2\sqrt{2}$ を行えば

$$X^2 + 2Y^2 = 2$$

となって，先の結果と一致する．

×　　　　　×

例4と例5は，回転後の処理は同じである．それをまとめると次のようになる．

まず2次方程式

$$ax^2 + 2hxy + by^2 + \cdots\cdots\cdots = 0 \qquad ①$$

に座標系の原点のまわりの回転

$$\begin{cases} x=px'-qy' \\ y=qx'+py' \end{cases} \qquad (p=\cos\theta,\ q=\sin\theta)$$

を行ったものを

$$Ax^2+2Hxy+By^2+\cdots\cdots\cdots=0 \qquad ②$$

とする．次に

$$H=h(p^2-q^2)-(a-b)pq=h\cos 2\theta-\frac{a-b}{2}\sin 2\theta$$

を用い，$H=0$ となるように $\tan 2\theta$ の値を定める．このとき，例4のように，2θ の値が簡単な角として求められることは，まれにしか起きないから，例5のように $\tan 2\theta$ のままで，$\cos 2\theta$ を求め，次に p,q を決定して，回転の式や係数 A,B を定めるのが一般的である．

$$H=0 \longrightarrow \tan 2\theta \text{ の値} \longrightarrow \cos 2\theta \text{ の値} \longrightarrow p,q \text{ の値} \longrightarrow \begin{cases} A,B \text{ の値} \\ \text{変換の式} \end{cases}$$

実用上は，どんな2次図形で，その大きさや形はどうなっているかを知ることが重要であり，上の求め方は回り道になる．これとは逆に A,B を先に知って，必要があれば変換の式を導き，さらに2次図形の位置も明らかにする道はないだろうか．すなわち

$$A,B \text{ の値} \longrightarrow p,q \text{ の値} \longrightarrow \text{変換式}$$

の順序である．

実は，それが可能なのだ．そして，そのとき，前の節で明らかにした不変式

$$a+b,\ \ \delta=ab-h^2,\ \ \Delta=abc+2fgh-af^2-bg^2-ch^2$$

が役に立つのである．

×　　　　　　　　×

①が②になったとすると，不変式から

$$A+B=a+b, \qquad AB-H^2=ab-h^2$$

ここでもし，$H=0$ となるように A,B を選んだとすると

$$A+B=a+b, \qquad AB=ab-h^2$$

この2式から，A,B は2次方程式

$$\lambda^2-(a+b)\lambda+ab-h^2=0$$

すなわち

[7]　　$$(\lambda-a)(\lambda-b)-h^2=0$$

の2根である．a,b,h は既知だから，これを解くことによって A,B の値がわ

かる.

この方程式を 2次形式 $ax^2+2hxy+by^2$ の**固有方程式**といい，この根を**固有値**という.

たとえば例4では $a=3$, $b=3$, $h=-1$ であるから，固有方程式は

$$\lambda^2-6\lambda+8=0$$

固有値は $\lambda=2,4$ であるから，回転によって

$$2x'^2+4y'^2+\cdots\cdots=0 \quad \text{または} \quad 4x'^2+2y'^2+\cdots\cdots=0$$

の形にかえられる.

また例5では $a=4$, $b=1$, $h=2$ であるから，固有方程式は

$$\lambda^2-5\lambda=0$$

固有値は $\lambda=0,5$ であるから，回転によって

$$0x'^2+5y'^2+\cdots\cdots=0 \quad \text{または} \quad 5x'^2+0y'^2+\cdots\cdots=0$$

の形にかえられる.

これらの結果は，いずれも先に求めた結果と一致している.

× ×

さてそれでは，固有値を先に知ったとして，それらを用いて，p,q を求め，変換の式を明らかにするにはどうすればよいか.

固有値を λ_1,λ_2 とすると，どちらを A の値とし他を B の値としてもよい. いまかりに

$$A=\lambda_1, \quad B=\lambda_2$$

と表わしておこう. そうすれば

$$\lambda_1=A=ap^2+bq^2+2hpq$$

であった. これに $p^2+q^2=1$ を用いてかきかえると

$$ap^2+bq^2+2hpq=\lambda_1(p^2+q^2)$$

$$(a-\lambda_1)p^2+2hpq+(b-\lambda_1)q^2=0 \qquad ①$$

ところが，λ_1 は固有方程式 [7] の根であったから

$$(a-\lambda_1)(b-\lambda_1)=h^2 \qquad ②$$

そこで ① の両辺に $a-\lambda_1$ をかけ，② を用いれば

$$(a-\lambda_1)^2p^2+2h(a-\lambda_1)pq+h^2q^2=0$$

$$\{(a-\lambda_1)p+hq\}^2=0$$

この式から

[8]　$$p : q = -h : a - \lambda_1$$

これと $p^2+q^2=1$ を組合せることによって，p, q の値のが定まる．たとえば

$$p = \frac{-h}{\sqrt{h^2+(a-\lambda_1)^2}}, \qquad q = \frac{a-\lambda_1}{\sqrt{h^2+(a-\lambda_1)^2}}$$

は，p, q の値である．

この値によって，回転の式 $x = px' - qy'$，$y = qx' + py'$ が定まり，2次図形の位置も明らかにされる．

例6　次の2次方程式の表わす図形を明らかにし，その標準形を求めよ．

$$f(x, y) = x^2 - 4xy - 2y^2 + 8x + 20y - 32 = 0$$

平行移動　$x = x' + x_0$，$y = y' + y_0$ を行ったものを

$$x'^2 - 4x'y' - 2y'^2 + 2Gx' + 2Fy' + C = 0$$

とおく．

$$\begin{cases} G = x_0 - 2y_0 + 4 = 0 \\ F = -2x_0 - 2y_0 + 10 = 0 \end{cases}$$

を解いて　　$x_0 = 2$，$y_0 = 3$

このとき　$C = f(x_0, y_0) = f(2, 3) = 6$

よって平行移動後の方程式は

$$x'^2 - 4x'y' - 2y'^2 + 6 = 0$$

この固有方程式は

$$\lambda^2 + \lambda - 6 = 0$$

$$\therefore \quad \lambda = -3, 2$$

であるから，求める標準形は

$$-3X^2 + 2Y^2 + 6 = 0$$

$$\frac{X^2}{2} - \frac{Y^2}{3} = 1$$

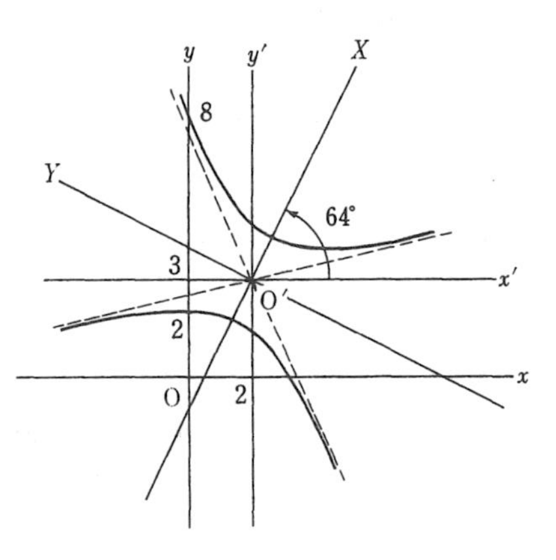

$\lambda_1 = -3$ とおくと，公式 [8] から

$$p : q = -h : a - \lambda_1 = 2 : 4 = 1 : 2$$ 

よって回転角は

$$\tan\theta = \frac{\sin\theta}{\cos\theta} = \frac{q}{p} = 2 \quad \text{から} \quad \theta \fallingdotseq 64°$$

① と $p^2+q^2=1$ とから　$p = \frac{1}{\sqrt{5}}$，$q = \frac{2}{\sqrt{5}}$，よって回転の式は

$$x'=\frac{X-2Y}{\sqrt{5}},\qquad y'=\frac{2X+Y}{\sqrt{5}}$$

§4　2次図形の分類

前の節で試みた座標変換を一般の2次方程式

$$f(x,y)=ax^2+2hxy+by^2+2gx+2fy+c=0 \qquad ①$$

に試みれば，2次図形の分類ができよう．

はじめに，例4にならって座標系の平行移動

$$x=x'+x_0,\qquad y=y'+y_0$$

を行うと x',y' についての2次方程式が得られるが，2次の項の係数は①と変わらないことを考慮し

$$f(x'+x_0,y'+y_0)=ax'^2+2hx'y'+by'+2Gx'+2Fy'+C=0 \qquad ②$$

とおこう．ここで

$$G=ax_0+hy_0+g$$
$$F=hx_0+by_0+f$$
$$C=f(x_0,y_0)$$

$G=0$, $F=0$ を同時にみたす x_0,y_0 が，ただ1組あるための条件は $\delta=ab-h^2\neq0$ であるから，ここで場合分けを試みよう．

×　　　　　　　　×

I．$\delta=ab-h^2\neq0$ のとき

$G=0$, $F=0$ に1組の解

$$x_0=\frac{hf-bg}{\delta},\qquad y_0=\frac{hg-af}{\delta}$$

がある．これを x_0,y_0 の値にとると，x',y' の項は消える．

このときの C の値は $f(x_0,y_0)$ に①を代入して求められるが，それを直接行ったのでは計算が大変である．不変式を利用すれば，あっけなく求められる．

①では

$$\Delta=abc+2fgh-af^2-bg^2-ch^2$$

②では，$G=F=0$ であるから

$$\Delta'=abC-Ch^2=(ab-h^2)C=\delta C$$

ところが $\Delta=\Delta'$ だから

$$\delta C = \varDelta$$

[9] $$C = \frac{\varDelta}{\delta}$$

よって平行移動後の方程式は

$$ax'^2 + 2hx'y' + by'^2 + C = 0 \qquad \left(C = \frac{\varDelta}{\delta}\right) \qquad ③$$

この方程式は，式の形からわかるように，原点に関する対称移動

$$(x', y') \longrightarrow (-x', -y')$$

によって変わらないから，これの表わす2次図形は原点について点対称である．この図形を**有心2次図形**（有心2次曲線）という．有心でない2次図形は**無心2次図形**という．

$$2次図形 \begin{cases} 有心2次図形 & (\delta \neq 0) \\ 無心2次図形 & (\delta = 0) \end{cases}$$

有心2次図形の方程式は，中心を原点にとると③の形になることを知った．

ここで，さらに座標系の回転

$$\begin{cases} x' = pX - qY \\ y' = qX + pY \end{cases} \qquad (p = \cos\theta,\ q = \sin\theta)$$

を試みると X, Y についての2次方程式が得られるが，X, Y の項は現われないで，定数項は変わらないから

$$AX^2 + 2HXY + BY^2 + C = 0$$

とおくことができる．

ここで，とくに $H = 0$ となるように回転角 θ を選んだとすると

$$AX^2 + BY^2 + C = 0 \qquad ④$$

となって，簡単な方程式が得られ，このときの A, B は固有方程式

$$\lambda^2 - (a+b)\lambda + ab - h^2 = 0$$

の根であった．この方程式は a, b, h が実数ならば必ず2つの実根をもつから，上の変形はつねに可能である．

④に[9]を代入してみると

$$AX^2 + BY^2 + \frac{\varDelta}{\delta} = 0 \qquad ⑤$$

これがどんな図形を表わすかは，$\varDelta, \delta, A, B$ の符号によって定まる．

（i）$\delta > 0$ のとき

$\delta = AB > 0$ だから A, B は同符号である．一方 $A + B = a + b$ だから A, B は

$a+b$ と同符号である．そこで，$\varDelta\neq 0$ のときは，上の方程式 ⑤ を

$$\frac{A\delta}{\varDelta}X^2+\frac{B\delta}{\varDelta}Y^2=-1 \qquad (\delta>0) \qquad ⑥$$

とかきかえてみよ．

A,B と $\varDelta$ が異符号，すなわち $a+b$ と $\varDelta$ が異符号のときは楕円である．

A,B と $\varDelta$ が同符号，すなわち $a+b$ と $\varDelta$ が同符号のときは表わす図形がない．しかし，このとき**虚楕円**を表わすともいう．

$\varDelta=0$ のとき ⑤ は

$$AX^2+BY^2=0$$

A,B は同符号であったから，これをみたす (X,Y) の値は $(0,0)$ のみであるから，2次図形は1点に過ぎないが，このとき**点楕円**を表わすともいう．

$$\varDelta\neq 0 \begin{cases}(a+b)\varDelta<0\cdots\cdots\text{楕円}\\(a+b)\varDelta>0\cdots\cdots\text{虚楕円}\end{cases}$$

$$\varDelta=0\cdots\cdots\cdots\cdots\cdots\cdots\cdots\text{点楕円}$$

(ii)　$\delta<0$ のとき

$\delta=AB<0$ から A,B は異符号．

$\varDelta\neq 0$ ならば ⑥ で，$\dfrac{A\delta}{\varDelta}$ と $\dfrac{B\delta}{\varDelta}$ も異符号になるから，双曲線である．

$\varDelta=0$ ならば ⑤ は

$$AX^2+BY^2=0$$

A,B は異符号だから，この方程式の左辺は1次の同次式の積に因数分解される．従って，交わる2直線である．

×　　　　　　　　×

II．$\delta=ab-h^2=0$ のとき

このときは，最初から座標系の回転を試み，xy の項を消失させる．その方程式は定数項はもとのままだから

$$Ax'^2+By'^2+2Gx'+2Fy'+c=0$$

とおこう．

このとき $\delta=0$ だから固有方程式は

$$\lambda^2-(a+b)\lambda=0$$

となって，1根は0で，他の1根は $a+b$ に等しい．従って，$A=0$，$B=a+b$ に選んだとすると，上の方程式

$$By'^2+2Gx'+2Fy'+c=0 \qquad ⑦$$

の形になる．

不変式 $\varDelta$ をみると ⑦ では $-BG^2$ に等しいから

$$\varDelta=-BG^2$$

（i）　$\varDelta \neq 0$ のとき

$B\neq 0$ は当然で，$\varDelta\neq 0$ から $G\neq 0$，このとき ⑦ は

$$\left(y'+\frac{F}{B}\right)^2+\frac{2G}{B}\left(x'+\frac{Bc-F^2}{2BG}\right)=0$$

とかきかえられる．これは，平行移動

$$x'=X-\frac{Bc-F^2}{2BG},\quad y'=Y-\frac{F}{B}$$

を行うことによって

$$Y^2=-\frac{2G}{B}X$$

の形にかえられるから，放物線を表わす．

（ii）　$\varDelta=0$ のとき

$G=0$ であるから，⑦ は

$$By'^2+2Fy'+c=0$$

これは，異なる平行2直線，または重なった2直線，または虚なる平行2直線を表わす．

以上によって，2次図形は完全に分類された．

➡**注**　円錐を切ったときは，平行2直線がなかった．しかし，これは円柱を頂点が無限遠点にうつった特殊な円錐とみることによって理解されよう．円柱の切口は，楕円か，平行2直線か，重なる2直線である．

2次図形のうち，楕円，双曲線，放物線を固有2次図形（固有2次曲線）という．その他の2次図形は固有2次図形の退化したものと見なすことができる．

- 2次図形
  - 固有2次図形――楕円，双曲線，放物線
  - 固有2次図形の退化
    - 実―交わる2直線，平行2直線，重なった2直線，点楕円
    - 虚―虚なる平行2直線，虚楕円

固有2次図形であることがわかっているときは，それが楕円か双曲線か，それとも放物線かは δ の符号のみで見分けられる．

$$\text{固有2次図形}\begin{cases}\left.\begin{array}{l}\text{楕　円}\cdots\cdots\delta>0\\ \text{双曲線}\cdots\cdots\delta<0\end{array}\right\}\text{有心2次図形}\cdots\cdots\delta\neq 0\\ \text{放物線}\cdots\cdots\delta=0\cdots\cdots\text{無心2次図形}\end{cases}$$

例7　次の2次図形を標準形に直し，種類を判別せよ．

(1)　$2x^2+4xy+5y^2=6$

(2)　$x^2-4xy-2y^2=24$

(1)　$a=2,\ b=5,\ h=2$

固有方程式　$\lambda^2-7\lambda+6=0$ を解いて $\lambda=6, 1$

$$\therefore\quad 6X^2+Y^2=6$$

標準形　$$\frac{X^2}{1}+\frac{Y^2}{6}=1$$

楕円である．

(2)　$a=1,\ b=-2,\ h=-2$

固有方程式　$\lambda^2+\lambda-6=0$ を解いて $\lambda=2, -3$

$$\therefore\quad 2X^2-3Y^2=42$$

標準形　$$\frac{X^2}{12}-\frac{Y^2}{8}=1$$

双曲線である．

例8　次の2次図形を標準形に直し，種類を判別せよ．

(1)　$2x^2+5xy+2y^2-6x-3y-8=0$

(2)　$x^2+2xy+y^2-16x=0$

(3)　$3x^2-4xy+12y^2-4x-8y+12=0$

(4)　$3x^2-8xy-3y^2+2x+4y-1=0$

δ が0がどうかをみてから，座標系の変換にうつれ．

(1)　$\delta=2\cdot 2-\left(\frac{5}{2}\right)^2=-\frac{9}{4}<0$

$$\varDelta=2\cdot 2\cdot(-8)+2\left(-\frac{3}{2}\right)(-3)\frac{5}{2}-2\cdot\left(-\frac{3}{2}\right)^2-2\cdot(-3)^2-(-8)\left(\frac{5}{2}\right)^2=18$$

$$\frac{\varDelta}{\delta}=18\times\left(-\frac{4}{9}\right)=-8$$

固有方程式　$\lambda^2-4\lambda-\frac{9}{4}=0$ を解いて　$\lambda=\frac{9}{2}, -\frac{1}{2}$

標準形は　$\frac{9}{2}X^2-\frac{1}{2}Y^2-8=0,\qquad \frac{X^2}{16/9}-\frac{Y^2}{16}=1$

よって図形は双曲線である.

(2)　$\delta=1\cdot1-1^2=0$

固有方程式　$\lambda^2-2\lambda=0$ を解いて $\lambda=0,2$

$\lambda_1=0$ とおくと　　$p:q=-h:a-\lambda_1=1:1=1:-1$

$$\therefore\quad p=\frac{1}{\sqrt{2}},\qquad q=-\frac{1}{\sqrt{2}}$$

座標系の回転の式は

$$x=\frac{x'+y'}{\sqrt{2}},\qquad y=\frac{x'-y'}{\sqrt{2}}$$

これをもとの方程式に代入して

$$x'^2-4\sqrt{2}x'-4\sqrt{2}y'=0$$

かきかえて

$$(x'-2\sqrt{2})^2-4\sqrt{2}(y'+\sqrt{2})=0$$

座標系の平行移動　$x'=X+2\sqrt{2}$，$y'=Y-\sqrt{2}$ を行って，標準形は

$$Y=\frac{\sqrt{2}}{8}X^2$$

よって図形は放物線である.

(3)　$\delta=3\cdot12-(-2)^2=32>0$

$$\Delta=3\cdot12\cdot12+2(-4)(-2)(-2)-3(-4)^2-12(-2)^2-12(-2)^2=256$$

$$\frac{\Delta}{\delta}=\frac{256}{32}=8$$

固有方程式　$\lambda^2-15\lambda+32=0$ を解いて　$\lambda=\dfrac{15\pm\sqrt{97}}{2}$

標準形は　　$\dfrac{15+\sqrt{97}}{2}X^2+\dfrac{15-\sqrt{97}}{2}y^2+8=0$

よって図形は虚楕円である.

(4)　$\delta=3\times(-3)-(-4)^2=-25<0$

$$\Delta=3(-3)(-1)+2\cdot2\cdot1\cdot(-4)-3\cdot2^2-(-3)\cdot1^2-(-1)(-4)^2=0$$

固有方程式　$\lambda^2-25=0$ を解いて $\lambda=5,\ -5$

標準形は　　$5X^2-5Y^2=0$

$$X-Y=0\quad\text{または}\quad X+Y=0$$

よって図形は直交する2直線である.

§5 座標変換と行列

座標変換を多少一般的に取扱い，それを行列で表わすことによって，以後の式の取扱いの簡素化を計ることにしよう．

平面上の平行座標は原点Oと2つの1次独立なベクトル$\boldsymbol{i},\boldsymbol{j}$によって定まるから，これを$(\mathrm{O}\,;\boldsymbol{i},\boldsymbol{j})$で表わし，**平行座標系**と呼ぶことにする．

点Pの平行座標$(\mathrm{O}\,;\boldsymbol{i},\boldsymbol{j})$に関する座標を$(x,y)$とし，点Pのもう1つの平行座標系$(\mathrm{O}'\,;\boldsymbol{i}',\boldsymbol{j}')$に関する座標を$(x',y')$とする．このとき，これら2つの座標間の関係を求めよう．

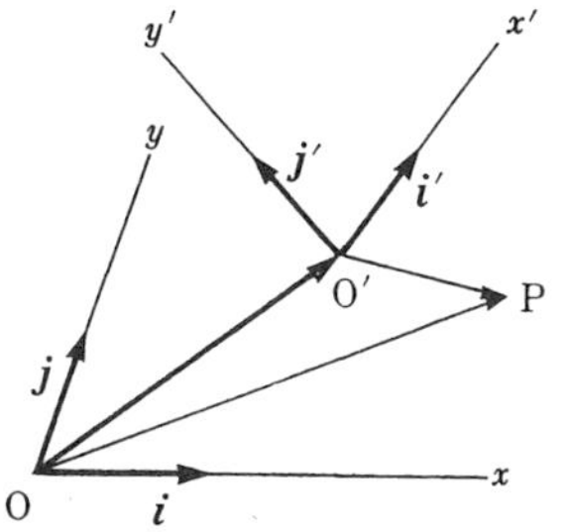

図から

$$\overrightarrow{\mathrm{OP}}=\overrightarrow{\mathrm{OO'}}+\overrightarrow{\mathrm{O'P}}$$

$$\therefore\quad \overrightarrow{\mathrm{OP}}=\overrightarrow{\mathrm{O'P}}+\overrightarrow{\mathrm{OO'}} \qquad ①$$

ところが

$$\overrightarrow{\mathrm{OP}}=x\boldsymbol{i}+y\boldsymbol{j}$$

$$\overrightarrow{\mathrm{O'P}}=x'\boldsymbol{i}'+y'\boldsymbol{j}'$$

次にO′の座標系$(\mathrm{O}\,;\boldsymbol{i},\boldsymbol{j})$に関する座標を$(x_0,y_0)$とすると

$$\overrightarrow{\mathrm{OO'}}=x_0\boldsymbol{i}+y_0\boldsymbol{j}$$

これらを①に代入して

$$x\boldsymbol{i}+y\boldsymbol{j}=x'\boldsymbol{i}'+y'\boldsymbol{j}'+(x_0\boldsymbol{i}+y_0\boldsymbol{j}) \qquad ②$$

さらに$\boldsymbol{i}',\boldsymbol{j}'$の座標系$(\mathrm{O}\,;\boldsymbol{i},\boldsymbol{j})$に関する成分を$(a,c)$，$(b,d)$とおくと

$$\begin{cases}\boldsymbol{i}'=a\boldsymbol{i}+c\boldsymbol{j}\\ \boldsymbol{j}'=b\boldsymbol{i}+d\boldsymbol{j}\end{cases} \qquad ③$$

これを②に代入すれば

$$x\boldsymbol{i}+y\boldsymbol{j}=x'(a\boldsymbol{i}+c\boldsymbol{j})+y'(b\boldsymbol{i}+d\boldsymbol{j})+(x_0\boldsymbol{i}+y_0\boldsymbol{j})$$

両辺の$\boldsymbol{i},\boldsymbol{j}$の成分を比べて

$$[10]\quad \begin{cases}x=ax'+by'+x_0\\ y=cx'+dy'+y_0\end{cases} \qquad (ad-bc\neq 0)$$

これが求める式で，ふつう**座標変換の式**という．ただし書きの$ad-bc\neq 0$は，$\boldsymbol{i}',\boldsymbol{j}'$が1次独立であることから導かれた条件である．

このうち，とくに $a=d=1$，$b=c=0$ のものは

$$\begin{cases}x=x'+x_0\\ y=y'+y_0\end{cases}$$

となり，座標系の平行移動になる．

また $x_0=y_0=0$ のもの，すなわち

[11] $$\begin{cases}x=ax'+by'\\ y=cx'+dy'\end{cases}\qquad (ad-bc\neq 0)$$

は原点を動かさない座標変換である．

× ×

さて，これらを行列で表わせばどうなるだろうか．[11] は

$$\begin{pmatrix}x\\ y\end{pmatrix}=\boldsymbol{x}\qquad \begin{pmatrix}x'\\ y'\end{pmatrix}=\boldsymbol{x}'\qquad \begin{pmatrix}a & b\\ c & d\end{pmatrix}=T$$

とおくと，ただし書きは行列 T に対応する行列式 $|T|$ が0に等しくないことを表わす．従って

[11′] $$\boldsymbol{x}=T\boldsymbol{x}'\qquad |T|\neq 0$$

と簡単に表わされてしまう．

この座標変換は行列 T によって定まるので，この行列を座標変換の行列ということがある．

さて [10] は行列によってどう表わされるだろうか．ここでちょっとしたくふうが必要である．そのくふうというのは，座標 (x, y) に第3の成分として1を追加し，$(x, y, 1)$ を考えることである．[10] を次のようにかきかえてみよ．

$$\begin{cases}x=ax'+by'+x_0\cdot 1\\ y=cx'+dy'+y_0\cdot 1\\ 1=0x'+0y'+1\cdot 1\end{cases}$$

これを行列で表わすと

$$\begin{pmatrix}x\\ y\\ 1\end{pmatrix}=\begin{pmatrix}a & b & x_0\\ c & d & y_0\\ 0 & 0 & 1\end{pmatrix}\begin{pmatrix}x'\\ y'\\ 1\end{pmatrix}$$

となる．

この変換を表わす行列は，行列 T にふちをつけたものであるから T との関係を考慮し $\overline{T}$ で表わすことにしよう．$\boldsymbol{x}$ と $\overline{\boldsymbol{x}}$ についても同様の使い方をする．

すなわち

$$\boldsymbol{x}=\begin{pmatrix}x\\y\end{pmatrix}\qquad T=\begin{pmatrix}a&b\\c&d\end{pmatrix}\qquad \overline{\boldsymbol{x}}=\begin{pmatrix}x\\y\\1\end{pmatrix}\qquad \overline{T}=\begin{pmatrix}a&b&x_0\\c&d&y_0\\0&0&1\end{pmatrix}$$

とおく．そうすれば，先の座標変換も

[10′]　　$\overline{\boldsymbol{x}}=\overline{T}\overline{\boldsymbol{x}}'$　　$|\overline{T}|\neq 0$

となって，[11′] と似た形の式で表わされる．

$|\overline{T}|$ は $|T|$ に等しいから，$|T|\neq 0$ から $|\overline{T}|\neq 0$ が出る．

例 9　座標変換 $\overline{\boldsymbol{x}}=\overline{T}\boldsymbol{x}'$ によって，3点の A, B, C の座標 (x_1, y_1), (x_2, y_2), (x_3, y_3) がそれぞれ (x_1', y_1'), (x_2', y_2'), (x_3', y_3') に変ったとする．このとき

$$D=\begin{pmatrix}x_1&x_2&x_3\\y_1&y_2&y_3\\1&1&1\end{pmatrix}\qquad D'=\begin{pmatrix}x_1'&x_2'&x_3'\\y_1'&y_2'&y_3'\\1&1&1\end{pmatrix}$$

とおけば，行列式 $|D|, |D'|$ の間にどんな関係があるか．

上で約束した記号を用いると

$$\overline{\boldsymbol{x}}_1=\overline{T}\overline{\boldsymbol{x}}_1',\qquad \overline{\boldsymbol{x}}_2=\overline{T}\overline{\boldsymbol{x}}_2',\qquad \overline{\boldsymbol{x}}_3=\overline{T}\overline{\boldsymbol{x}}_3'$$

従って

$$(\overline{\boldsymbol{x}}_1\quad \overline{\boldsymbol{x}}_2\quad \overline{\boldsymbol{x}}_3)=\overline{T}(\overline{\boldsymbol{x}}_1'\quad \overline{\boldsymbol{x}}_2'\quad \overline{\boldsymbol{x}}_3')$$

すなわち

$$D=\overline{T}D'$$

この両辺の行列式を求めると

$$|D|=|\overline{T}D'|=|\overline{T}||D'|$$

ところが $|\overline{T}|=|T|=ad-bc$ であるから

$$|D|=(ad-bc)|D'|$$

これが求める関係である．

➡**注**　$\overline{T}$ は $\widetilde{T}$ で表わした本が多いが，活字の都合で $\overline{T}$ を選んだ．

×　　　　　　×

以上は，平行座標に一般に当てはまる理論である．われわれに，これから必要なのは，直交座標である．直交座標のとき，変換の式はどうなるだろうか．

(O ; $\boldsymbol{i}, \boldsymbol{j}$) が直交座標系ならば，$\boldsymbol{i}, \boldsymbol{j}$ は単位ベクトルで，しかも直交するか

ら $\boldsymbol{i}^2=\boldsymbol{j}^2=1$，$\boldsymbol{ij}=0$ をみたす．$(\mathrm{O}', \boldsymbol{i}', \boldsymbol{j}')$ も直交座標系だから同様の条件をみたす．そこで前に導いた等式③

$$\begin{cases}\boldsymbol{i}'=a\boldsymbol{i}+c\boldsymbol{j}\\ \boldsymbol{j}'=b\boldsymbol{i}+d\boldsymbol{j}\end{cases} \qquad ③$$

にもどってみる．そうすれば a,b,c,d のみたす条件がわかり，行列 T の性質が明らかになろう．

$$\boldsymbol{i}'^2=(a\boldsymbol{i}+c\boldsymbol{j})^2=a^2\boldsymbol{i}^2+2ac\boldsymbol{ij}+c^2\boldsymbol{j}^2=a^2+c^2=1$$

同様にして　　$\boldsymbol{j}'^2=1$ から $b^2+d^2=1$

次に

$$\boldsymbol{i}'\boldsymbol{j}'=(a\boldsymbol{i}+c\boldsymbol{j})(b\boldsymbol{i}+d\boldsymbol{j})=ab\boldsymbol{i}^2+(ad+bc)\boldsymbol{ij}+cd\boldsymbol{j}^2$$
$$=ab+cd=0$$

まとめると

[12]　　$a^2+c^2=1,\quad b^2+d^2=1,\quad ab+cd=0$

行列

$$T=\begin{pmatrix}a & b\\ c & d\end{pmatrix}$$

が [12] の条件をみたすときは**直交行列**という．

×　　　　×

T が直交行列ならば $|T|=\pm1$ であることを明らかにしよう．

これはラグランジュの恒等式

$$(a^2+c^2)(b^2+d^2)=(ab+cd)^2+(ad-bc)^2$$

によっても証明されるが，ここでは，行列にふさわしい方法を選んでみる．

T の転置行列，すなわち行と列をいれかえた行列を ${}^T T$ で表わすと

$${}^T TT=\begin{pmatrix}a & c\\ b & d\end{pmatrix}\begin{pmatrix}a & b\\ c & d\end{pmatrix}=\begin{pmatrix}a^2+c^2 & ab+cd\\ ab+cd & b^2+d^2\end{pmatrix}=\begin{pmatrix}1 & 0\\ 0 & 1\end{pmatrix}$$

単位行列を E で表わせば

$${}^T TT=E$$

この等式の両辺の行列式を求めると

$$|{}^T T|\cdot|T|=|E|$$

ところが $|E|=1$，$|{}^T T|=|T|$ であるから

$$|T|^2=1 \qquad \therefore\quad |T|=\pm1$$

これで，直交行列から作った行列式の値は 1 か -1 であることがわかった．

×　　　　　　　　　　×

以上の直交行列は三角関数を用いて表わすことができる．

$a^2+c^2=1$ だから $a=\cos\theta$, $c=\sin\theta$ をみたす θ が存在する．これを $ab+cd=0$ に代入すると

$$b\cos\theta+d\sin\theta=0$$

$b^2+d^2=1$ だから $(b,d)\neq(0,0)$，また $(\cos\theta,\sin\theta)\neq(0,0)$，従って上の式から $b:d=-\sin\theta:\cos\theta$，従って

$$b=-k\sin\theta,\ d=k\cos\theta \qquad (k\neq0)$$

をみたす k が存在する．これを $b^2+d^2=1$ に代入して $k^2=1$, $k=\pm1$ となるから

$$b=\mp\sin\theta,\ d=\pm\cos\theta \qquad (\text{複号同順})$$

よって，直交行列 T は，次のいずれかに表わされることが明らかにされた．

$$T_1=\begin{pmatrix}\cos\theta & -\sin\theta\\ \sin\theta & \cos\theta\end{pmatrix} \qquad T_2=\begin{pmatrix}\cos\theta & \sin\theta\\ \sin\theta & -\cos\theta\end{pmatrix}$$

ここで

$$|T_1|=\cos^2\theta+\sin^2\theta=1 \qquad |T_2|=-\cos^2\theta-\sin^2\theta=-1$$

となることに注意しよう．

T_1 を正の直交行列，T_2 を負の直交行列ということがある．

×　　　　　　　　　　×

さて，T_1, T_2 に対応する座標変換は，具体的にはなんであろうか．

T_1 に対応する座標変換 $\boldsymbol{x}=T_1\boldsymbol{x}'$ すなわち

$$\begin{cases}x=x'\cos\theta-y'\sin\theta\\ y=x'\sin\theta+y'\cos\theta\end{cases} \qquad ④$$

は，すでに知ったように，原点のまわりの角 θ の回転である．

T_2 に対応する座標変換 $\boldsymbol{x}=T_2\boldsymbol{x}'$ すなわち

$$\begin{cases}x=x'\cos\theta+y'\sin\theta\\ y=x'\sin\theta-y'\cos\theta\end{cases} \qquad ⑤$$

は，原点を動かさない，裏返しの変換であった．

この変換を前に，原点のまわりの回転と x 軸についての対称移動との合成とみたが，実際はもっと簡単に，原点を通る直線についての対称移動とみること

もできるのである.

$\boldsymbol{i}'$ が $\boldsymbol{i}$ となす角を θ とすると，$\boldsymbol{j}'$ が $\boldsymbol{i}$ となす角は $\theta-\dfrac{\pi}{2}$ と表わされるから

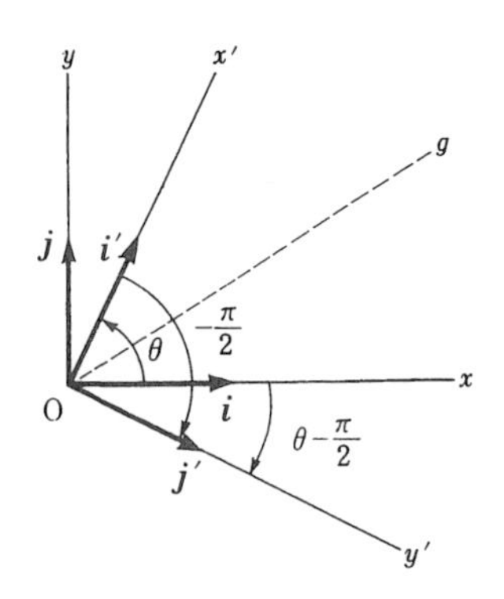

$$\boldsymbol{i}'=\boldsymbol{i}\cos\theta+\boldsymbol{j}\sin\theta$$
$$\boldsymbol{j}'=\boldsymbol{i}\cos\left(\theta-\frac{\pi}{2}\right)+\boldsymbol{j}\sin\left(\theta-\frac{\pi}{2}\right)$$
$$=\boldsymbol{i}\sin\theta-\boldsymbol{j}\cos\theta$$
$$\overrightarrow{\mathrm{OP}}=x\boldsymbol{i}+y\boldsymbol{j}=x'\boldsymbol{i}'+y\boldsymbol{j}'$$
$$=x'(\boldsymbol{i}\cos\theta+y\sin\theta)$$
$$+y(\boldsymbol{i}\sin\theta-\boldsymbol{j}\cos\theta)$$

$\boldsymbol{i},\boldsymbol{j}$ の成分を比べると

$$\begin{cases} x=x'\cos\theta+y'\sin\theta \\ y=x'\sin\theta-y'\cos\theta \end{cases}$$

となって⑤に一致する.

この座標変換は，図からわかるように $\boldsymbol{i},\boldsymbol{i}'$ の作る角の2等分線 g に関して対称移動（折返しともいう）である.

×　　　　　　　×

以上で試みた座標変換の取扱いとバランスをとるためには，合同変換も理論的に取扱わなければならないのだが，その余裕がなくなった.

平面 π を移動させて平面 π' に重ねる運動は，π 上の任意の図形を π' のそれと合同な図形に移すので**合同変換**というのである.

合同変換によって π 上のベクトル $\boldsymbol{x}$ には，π' 上のベクトル $\boldsymbol{x}'$ が対応するから，この対応を

$$\boldsymbol{x}'=f(\boldsymbol{x})$$

で表わすことができる.

この変換が，次の2条件をみたすことはたやすく証明できる.

$$f(\boldsymbol{x}+\boldsymbol{y})=f(\boldsymbol{x})+f(\boldsymbol{y})$$
$$f(k\boldsymbol{x})=kf(\boldsymbol{x}) \qquad (k\text{は実数})$$

この2条件をみたす変換を1次変換または1次写像ということについては，本誌のNo.2で解説した．上の性質を用いて，合同変換の式を導くことは読者の研究として残しておこう.

§6　2次形式と行列

2次形式に座標変換を行ったときの不変式の証明は，初等的代数によると，おそろしく複雑であった．これは，行列を用いると意外とやさしい．しかし，そのためには，多少の準備が必要である．

x, y についての同次の2次形式

$$ax^2+2hxy+by^2 \qquad ①$$

は，かきかえると

$$(ax+hy)x+(hx+by)y$$

これは行列の積でかけば

$$(ax+hy, hx+by)\begin{pmatrix} x \\ y \end{pmatrix}$$

さらに，第1の行列は，行列の積に分解できるから

$$(x,\ y)\begin{pmatrix} a & h \\ h & b \end{pmatrix}\begin{pmatrix} x \\ y \end{pmatrix}$$

そこで

$$\begin{pmatrix} a & h \\ h & b \end{pmatrix}=A \qquad \begin{pmatrix} x \\ y \end{pmatrix}=\boldsymbol{x}$$

とおくと，(x, y) は $\boldsymbol{x}$ の転置行列であるから ${}^T\boldsymbol{x}$ によって表わされる．従って，与えられた2次形式①は

[13]　　$${}^T\boldsymbol{x}A\boldsymbol{x}$$

と簡単に表わされる．

×　　　　　　　　×

同様のことを，一般の2次形式

$$ax^2+2hxy+by^2+2gx+2fy+c$$

にも試みる．

$$(ax+hy+g)x+(hx+by+f)y+(gx+fy+c)$$
$$=(ax+hy+g, hx+by+f, gx+fy+c)\begin{pmatrix} x \\ y \\ 1 \end{pmatrix}$$

$$=(x\quad y\quad 1)\begin{pmatrix}a & h & g\\ h & b & f\\ g & f & c\end{pmatrix}\begin{pmatrix}x\\ y\\ 1\end{pmatrix}$$

ここで

$$\begin{pmatrix}a & h & g\\ h & b & f\\ g & f & c\end{pmatrix}=\overline{A}\qquad \begin{pmatrix}x\\ y\\ 1\end{pmatrix}=\overline{\boldsymbol{x}}$$

とおけば，$(x\quad y\quad 1)$ は ${}^T\overline{\boldsymbol{x}}$ に等しい．従って与えられた2次形式は，行列によって

[13′]　　　$${}^T\overline{\boldsymbol{x}}\overline{A}\,\overline{\boldsymbol{x}}$$

と完全に表わされる．

例10　次の2次形式を行列で表わせ．

(1)　$3x^2+4xy-y^2$

(2)　$x^2-2xy+y^2-6x+4y-5$

一般の場合の a,b,h などを数で置きかえればよい．

(1)　${}^T\begin{pmatrix}x\\ y\end{pmatrix}\begin{pmatrix}3 & 2\\ 2 & -1\end{pmatrix}\begin{pmatrix}x\\ y\end{pmatrix}$　　(2)　${}^T\begin{pmatrix}x\\ y\\ 1\end{pmatrix}\begin{pmatrix}1 & -1 & -3\\ -1 & 1 & 2\\ -3 & 2 & -5\end{pmatrix}\begin{pmatrix}x\\ y\\ 1\end{pmatrix}$

×　　　　×

以上のように x,y についての2次形式を行列式で表現しておくと，これに座標変換

$$\boldsymbol{x}=T\boldsymbol{x}'\quad \text{または}\quad \overline{\boldsymbol{x}}=\overline{T}\overline{\boldsymbol{x}}'$$

を行って得られる x',y' についての2次形式は，きわめて簡単に求められる．なぜかというに，これらの式を [12],[13] に代入するだけでよいからである．

[13] に $\boldsymbol{x}=T\boldsymbol{x}'$ を代入してみよ．${}^T\boldsymbol{x}={}^T(T\boldsymbol{x}')={}^T\boldsymbol{x}'{}^TT$ であることを考慮すれば

[14]　　　$${}^T\boldsymbol{x}'({}^TTAT)\boldsymbol{x}'$$

となることがわかる．

同様にして，[13′] に $\overline{\boldsymbol{x}}=\overline{T}\overline{\boldsymbol{x}}'$ を代入したものは

[15]　　　$${}^T\overline{\boldsymbol{x}}'({}^T\overline{T}\overline{A}\,\overline{T})\overline{\boldsymbol{x}}'$$

である．

例11 $3x^2+4xy-y^2$ に変換 $x=x'-2y'$, $y=-7x'+4y'$ を行ったものを，行列を用いて求めよ．

与えられた式は例10の(1)と同じ．それに

$$\begin{pmatrix} x \\ y \end{pmatrix}=\begin{pmatrix} 1 & -2 \\ -7 & 4 \end{pmatrix}\begin{pmatrix} x' \\ y' \end{pmatrix}$$

を代入すればよいから，変換したものは

$$\begin{aligned}
&{}^T\begin{pmatrix} x' \\ y' \end{pmatrix}{}^T\begin{pmatrix} 1 & -2 \\ -7 & 4 \end{pmatrix}\begin{pmatrix} 3 & 2 \\ 2 & -1 \end{pmatrix}\begin{pmatrix} 1 & -2 \\ -7 & 4 \end{pmatrix}\begin{pmatrix} x' \\ y' \end{pmatrix} \\
&={}^T\begin{pmatrix} x' \\ y' \end{pmatrix}\begin{pmatrix} 1 & -7 \\ -2 & 4 \end{pmatrix}\begin{pmatrix} -11 & 2 \\ 9 & -8 \end{pmatrix}\begin{pmatrix} x' \\ y' \end{pmatrix} \\
&={}^T\begin{pmatrix} x' \\ y' \end{pmatrix}\begin{pmatrix} -74 & 58 \\ 58 & -36 \end{pmatrix}\begin{pmatrix} x' \\ y' \end{pmatrix} \\
&=-74x'^2+116x'y'-36y'^2
\end{aligned}$$

× ×

さて，いよいよ，目的の不変式の証明に移ろう．

最初に2次形式 ${}^T\overline{\boldsymbol{x}}\,\overline{A}\,\overline{\boldsymbol{x}}$ における行列式 $|\overline{A}|$ は，変換 $\overline{\boldsymbol{x}}=\overline{T}\,\overline{\boldsymbol{x}}'$ を行っても値が不変であることを明らかにしよう．変換を行った式は[15]であった．従って，変換によって行列 $\overline{A}$ は ${}^T\overline{T}\,\overline{A}\,\overline{T}$ に変わるから，この行列を $\overline{A}'$ で表わすならば，証明することは $|\overline{A}'|=|\overline{A}|$ である．さて

$$|\overline{A}'|=|{}^T\overline{T}\,\overline{A}\,\overline{T}|=|{}^T\overline{T}|\cdot|\overline{A}|\cdot|\overline{T}|$$

ところが $|\overline{T}|=|{}^T\overline{T}|=\pm1$ であったから

$$|\overline{A}'|=|\overline{A}|$$

これで証明された．

次に $a+b, |A|=ab-h^2$ が不変であることを示そう．それには，固有方程式に現われる式

$$\lambda^2-(a+b)\lambda+ab-h^2$$

を行列式で表わしたものを用いればよい．この式を $f(\lambda)$ とおくと

$$\begin{aligned}
f(\lambda)&=(a-\lambda)(b-\lambda)-h^2 \\
&=\begin{vmatrix} a-\lambda & h \\ h & b-\lambda \end{vmatrix}
\end{aligned}$$

ところが行列を用いると

$$\begin{pmatrix} a-\lambda & h \\ h & b-\lambda \end{pmatrix}=\begin{pmatrix} a & h \\ h & b \end{pmatrix}-\begin{pmatrix} \lambda & 0 \\ 0 & \lambda \end{pmatrix}=A-\lambda E$$

となるから，$f(\lambda)$ は

$$f(\lambda)=|A-\lambda E| \qquad ①$$

と表わすことができる．

さて，座標変換 $\boldsymbol{x}=T\boldsymbol{x}'$ によって，2次形式の行列 A は ${}^T TAT$ に変わったから，この行列を A' とおいて，A' についても $f(\lambda)$ と同様の式を考えてみると

$$\begin{aligned}|A'-\lambda E|&=|{}^T TAT-\lambda E|=|{}^T TAT-\lambda {}^T TET|\\&=|{}^T T(A-\lambda E)T|=|{}^T T|\cdot|A-\lambda E|\cdot|T|\\&=|T|^2\cdot|A-\lambda E|=|A-\lambda E|\end{aligned}$$

すなわち

$$|A'-\lambda E|=|A-\lambda E|$$

$$\lambda^2-(a'+b')\lambda+a'b'-h'^2=\lambda^2-(a+b)\lambda+ab-h^2$$

λ は任意の複素数でよいから，この等式は λ についての恒等式である．従って

$$a'+b'=a+b, \qquad a'b'-h'^2=ab-h^2$$

これで $a+b, |A|$ も不変式であることが明らかにされた．

× ×

行列を用いて，2次形式を標準形にかえること，2次図形を分類することなどが残っているが，すでに解説したことの反復になるので省略する．これらは，要するに行列でかきかえることに過ぎない．読者の演習として残すことにする．

練習問題 4

問題

1．3次方程式

$$y=ax^3+bx^2+cx+d$$

は座標系の平行移動によって，

$$Y=aX^3+eX$$

の形にかえられることを証明せよ．

ヒントと略解

1．$x=X+x_0$，$y=Y+y_0$ を代入して，X^2 と定数項が0になるように x_0，y_0 を選べばよい．

$$x_0=-\frac{b}{3a},\ y_0=\frac{2b^3}{27a^2}-\frac{bc}{3a}+d$$

2．$x\geqq 0$，$y\geqq 0$ 平方して $2\sqrt{xy}=1-x-y$ から $1\geqq x+y$，さらに平方して

2. 方程式 $\sqrt{x}+\sqrt{y}=1$ の表わす図形はどんな図形か．それがもし2次図形ならば，その標準形を求めよ．

3. 双曲線 $xy=k^2$ $(k>0)$ に座標変換を応用し，その焦点の位置と準線の方程式を求めよ．

4. $(\mathrm{O}\,;x,y)$ 座標平面上の2点を (x_1,y_1)，(x_2,y_2) とするとき，$|x_1y_2-x_2y_1|$ の値は，座標の合同変換

$$\begin{matrix} x=px'-qy'+x_0 \\ y=qx'+py'+y_0 \end{matrix}\begin{pmatrix} p=\cos\theta \\ q=\sin\theta \end{pmatrix}$$

によって，変わらないことを示せ．

5. 次の方程式は，どんな2次図形を表わすか．またその標準形を求めよ．

(1) $5x^2-4xy+2y^2=1$

(2) $2x^2+4xy-y^2=5$

(3) $5x^2-8xy+5y^2+18x-18y+9=0$

$x^2-2xy+y^2-2x-2y+1=0$

軸を45°回転して　$2y'^2-2\sqrt{2}x'+1=0$

平行移動して

$Y^2=\sqrt{2}X$

放物線の一部分である．

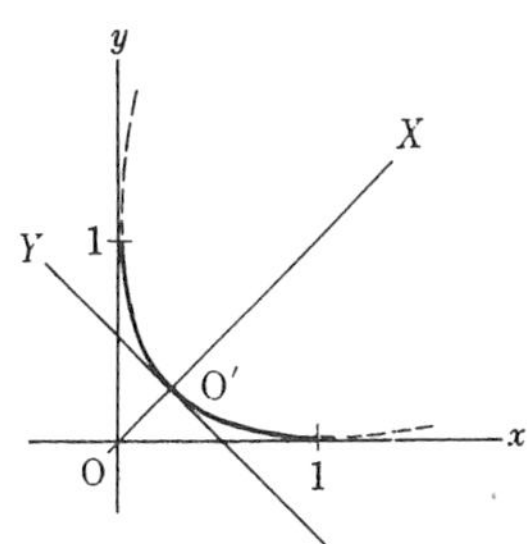

3. 軸を45°回転すると $X^2-Y^2=2k^2$ になる．この焦点は $(\pm 2k,\ 0)$，準線は $X=\pm k$，これをもとの座標系にもどして焦点は

$$\left(\pm\frac{k}{\sqrt{2}},\ \pm\frac{k}{\sqrt{2}}\right),\qquad x+y=\pm\sqrt{2}k$$

4. 変換の式を代入すれば

$|x_1y_2-x_2y_1|=(p^2+q^2)|x_1'y_2'-x_2'y_1'|$

$=|x_1'y_2'-x_2'y_1'|$

5. (1) 固有方程式　$\lambda^2-7\lambda+6=0$ を解いて

$\lambda=1,6$　　$\therefore$　$X^2+6Y^2=1$　楕円

(2) 固有方程式　$\lambda^2-\lambda-6=0$ を解いて

$\lambda=3,\ -2$　　$\therefore$　$3X^2-2Y^2=5$　双曲線

(3) $5x_0-4y_0+9=0$，$-4x_0+5y_0-9=0$　を解いて $x_0=-1$，$y_0=1$，

$\Delta=-81$，$\delta=9$，$\Delta/\delta=-9$，

原点を $(-1,1)$ に移すと

$$5x'^2-8x'y'+5y'^2-9=0,$$

固有方程式　$\lambda^2-10\lambda+9=0$ を解いて $\lambda=9,1$

標準形は $9X^2+Y^2=9$　楕円

Ⅱ部

複素数とガウス平面

複素数の構成とその初歩的応用の範囲を、できるだけ体系的に、懇切に解説したつもりである。これで、学校の複素数に関する教材およびその発展は尽されていよう。関数論の玄関を覗き、正則関数の写像としての性格、ガウスの代数学の基本的の証明なども試みる予定であったが、前半でページ数をくい、目的を果せなかったのは残念である。たとえ入口の部分であっても関数論的内容にふれるには、複素数列の収束、複素関数の極限、連続、とくに整関数の構成要素である$f(z)=z^n$の写像としての性格、複素関数の微分などを系統的に解説する必要があろう。次の機会を待つことにする。

第1章　複素数の構成と計算

はじめに　高校における複素数の導入の源は方程式である．2次方程式のなかには，実数の範囲では解をもたないものがある．このようなものもつねに2根をもつようにしようとすると，新しい数が必要なわけで，実数 $\boldsymbol{R}$ をその一部分として含むように数領域を拡張する必要が起きる．この拡張された数領域が複素数

$$a+bi \quad (a,b\in\boldsymbol{R})$$

である．

ところが，不思議なことに，数を複素数まで拡大すると，整方程式

$$a_0x^n+a_1x^{n-1}+\cdots+a_n=0$$

は，係数が実数であっても，さらに複素数であっても，必ず根をもつことになる．これがガウスの大定理と称するもので，方程式論の基礎を支える重要な定理になっている．大定理と呼ぶのはそのためであろう．

発生的導入　以上の複素数の導入は，史的発生の順に即するもので，教育的にみても捨てがたいよさがある．学校教育の中に不死鳥のごとく引きつがれてきた理由がそこにあり，この状況は今後当分は続くであろう．

この方法を，ここで簡単に振り返り，新しい構成の足がかりとしよう．

方程式 $x^2+1=0$ には実数の解がない．そこで，これにも解があるとし，その1つを i で表わす．この仮定から当然

$$i^2=-1$$

である．

i は実数でないから，実数との演算は定義しない限り，できない．そこで「i と実数については，実数のときと同じように四則計算ができる」という約束をおく．この約束は論理的に分析すると，矛盾を含み，何を約束したのか明確ではないのだが，それを問わないとすると，実数と i との乗法から $\pm2i$, $\pm3i$, $\pm\dfrac{2}{3}i$, $\pm\sqrt{2}i$ のような数が生まれる．さらに，これらの数と実数に加法を行なうと

$$1\pm2i, \quad 4\pm3i, \quad \cdots$$

のような数も生まれる．しかも，ここ

で拡張が止まる．つまり

$$a+bi \qquad (a, b\in \boldsymbol{R})$$

の形の数全体の集合を$\boldsymbol{C}$で表わしてみると，$\boldsymbol{C}$ の任意の2数に四則計算を行なうと，その結果もまた$\boldsymbol{C}$に含まれる．このようなとき，$\boldsymbol{C}$は四則計算について閉じているという．

$\boldsymbol{C}$ の2数を $\alpha=a+bi, \beta=c+di$ としてみると

$$\alpha+\beta=(a+c)+(b+d)i$$
$$\alpha-\beta=(a-c)+(b-d)i$$
$$\alpha\beta=(ac-bd)+(bc+ad)i$$

さらに，c, d が同時に0にならない限り

$$\frac{\alpha}{\beta}=\frac{ac+bd}{c^2+d^2}+\frac{bc-ad}{c^2+d^2}i$$

となるから，$\alpha+\beta$, $\alpha-\beta$, $\alpha\beta$, $\frac{\alpha}{\beta}$ はすべて$\boldsymbol{C}$に属する．

なお，話が逆になったが，$\boldsymbol{C}$ の2数の相等については

$$\alpha=\beta \quad \Leftrightarrow \quad a=c,\ b=d$$

が成り立つ．どうしてかというに

$$a+bi=c+di$$

とすると

$$a-c=(d-b)i$$

ここでもし，$d-b\neq 0$ とすると

$$\frac{a-c}{d-b}=i$$

左辺は実数であるが右辺は実数でないのだから，矛盾する．したがって$d-b=0$, $a-c=0$ すなわち

$$a=c, \quad b=d$$

となり，逆は明らかだからである．

$0+0i=0$ だから，上の特殊な場合として

$$c+di=0 \quad \Leftrightarrow \quad c=d=0$$

そこで，除法 $\frac{\alpha}{\beta}$ は $\beta\neq 0$ のときに限って可能であるとなって，実数と全く同じ事情が保存される．

1 歩 前 進 以上の構成法の後味の悪さは「i と実数について実数と同じに四則計算ができる」という点にある．2項演算は2数に第3の数を対応させる写像である．したがって2とiの乗法を定義するには，2, i に対応する数がはじめから存在しなければならないわけである．

そこで，最初から

$$a+bi \quad (a, b\in \boldsymbol{R})$$

なる数全体の集合$\boldsymbol{C}$を作り，その2数にα, βについて，四則演算を

$$\alpha+\beta=(a+c)+(b+d)i$$
$$\alpha\times\beta=(ac-bd)+(bc+ad)i$$

のように約束する方法が考え出された．しかし，この方法にも盲点があろう．

最初の約束 $a+bi$ の中に，すでにbとiの乗法，aとbiの加法が含まれておるからである．「乗法，加法の定義以前に定義があるとはこれいかに」というわけである．さらに「その乗法と加

法は $\alpha\times\beta$, $\alpha+\beta$ における乗法,加法とどうちがうのか」と問いつめられると，返答に困る．

本音をはけば，最初の $a+bi$ における $+,\times$ は形式的なもので，何んの意味も持っていない．a,b,i の区切りをつけるために導入した記号に過ぎないのだから，何を用いてもよいものである．$+,\times$ の代りに (,) を用い

$$a,\quad b,\quad i$$

とかいても同じこと．このままでは，しまりがないから，カッコをつけ

$$(a,b,i)$$

と表わしても同じこと．

こうみると，2つの複素数

$$\alpha=(a,b,i),\quad \beta=(c,d,i)$$

の加法は

$$\alpha+\beta=(a+c,\ b+d,\ i)$$

と定義し，乗法は

$$\alpha\times\beta=(ac-bd,\ bc+ad,\ i)$$

と定義するのと同じことがわかる．

それなのに，なぜ (a,b,i) とかかないで

$$a+bi\quad(a+b\times i)$$

とかくか．その理由はあとで解明されるように，適当な約束を置くと，$a+b\times i$ における $+,\times$ は，$\alpha+\beta$, $\alpha\times\beta$ における $+,\times$ と同じものになるからである．

数学者は，そういうカラクリを知っているから最初から平気で $a+b\times i$ を用いるからよいが，学生はそれを知らないから迷惑するのである．

なお (a,b,i) における a,b はいろいろの実数値をとるが，i は不変だから，省略してもよいことも気付くはず．

ここまで，くれば，複素数を論理的に構成するには，どうすればよいか見当がつくはず．以上の予備知識のもとで，次のページ以下を読んで頂けば，無理なく理解されよう．

2次元のベクルト (a,b) は，単位ベクトル $\boldsymbol{i},\boldsymbol{j}$ を用いて

$$a\boldsymbol{i}+b\boldsymbol{j}$$

とも表われされた．この数は，$\boldsymbol{i}$ と $\boldsymbol{j}$ とをもとにして構成される数で，$\boldsymbol{i},\boldsymbol{j}$ は関係

$$\boldsymbol{i}^2=\boldsymbol{j}^2=1,\quad \boldsymbol{ij}=\boldsymbol{ji}=0$$

によって特徴づけられる．

複素数 $a+bi$ を，$a\cdot1+b\cdot i$ とかきかえてみよ．この数は1と i をもとに構成されるもので，$1,i$ は

$$1^2=1,\ i^2=-1,\ 1\cdot i=i\cdot 1=i$$

によって特徴づけられる．

このように，2つのモノをもとにして構成される数を **2元数**といい，$\boldsymbol{i},\boldsymbol{j}$ や $1,i$ をその**基**という．

基の選び方によって，いろいろの2元数を作ることができる．

§1 複素数の構成

実数は既知のものとみなし，それをもとにして，複素数を構成する．1つの複素数 α は，2つの実数 a,b からできているものと仮定し，それを (a,b) で表わすことにする．

このままでは，複素数の実体はつかめない．この新しい数を複素数らしく特徴づけるのが，相等および四則計算の定義である．

2つの複素数 $\alpha=(a,b)$，$\beta=(c,d)$ の相等は，実数の相等によって，$a=c$，$b=d$ の場合と定める．すなわち

相等の定義　$\alpha=\beta \Leftrightarrow a=c,\ b=d$

（$\alpha=\beta$ ↑定義，$a=c$ ↑既知，$b=d$ ↑既知）

「四則は二則なり」ともいう．減法は加法の逆算として，除法は乗法の逆算として定義できるので，加減乗除を定義するには加乗を定義すればよいからである．ここでも，この方式を選ぶことにしよう．

加法の定義　$\alpha+\beta=(a+c,\ b+d)$

（$\alpha+\beta$ ↑定義，$a+c$ ↑既知，$b+d$ ↑既知）

このように定めた複素数の加法について，可換律と結合律が成り立つことは，実数の加法が可換律と結合律をみたすことから導かれる．

[1]　$\alpha+\beta=\beta+\alpha$　　可換律

[2]　$(\alpha+\beta)+\gamma=\alpha+(\beta+\gamma)$　　結合律

たとえば，可換律は

$$\begin{aligned}\alpha+\beta&=(a,b)+(c,d)=(a+c,\ b+d)\\&=(c+a,\ d+b)=(c,d)+(a,b)=\beta+\alpha\end{aligned}$$

結合律は自分で証明してみよ．

減法を加法の逆として定義するというのは，2つの複素数 $\alpha=(a,b)$，$\beta=(c,d)$ に対して，方程式

$$\beta+z=\alpha \quad \text{および} \quad z+\beta=\alpha \qquad ①$$

をみたす，z を $\alpha-\beta$ で表わすことである．

この定義が可能であるためには，α,β に対して z がただ1つ定まらなければならない．幸いに，この条件はみたされる．

$z=(x,y)$ が $\beta+z=\alpha$ をみたしたとすると

$$(c,d)+(x,y)=(a,b)$$
$$(c+x,\ d+y)=(a,b)$$
$$c+x=a,\quad d+y=b$$

これは実数に関する1次方程式だから，解けるのは当り前で

$$x=c-a,\quad y=b-d$$
$$\therefore\quad z=(x,y)=(c-a,\ b-d)$$

逆に，この z は $\beta+z=\alpha$ をみたす．

$z+\beta=\alpha$ についても同様であるから，①をみたす z がただ1つあり，減法が定義された．

減法の定義　　$\beta+z=z+\beta=\alpha \iff z=\alpha-\beta$

とくに，$(0,0)$を零といい，実数の0と区別するために大文字 O を用いることにしよう．

また，複素数 $\beta=(c,d)$ に対して，$O-(c,d)$ すなわち $(-c,-d)$ は1つ定まる．これを α の**反数**と呼び $-\beta$ で表わす．

この反数を用いると，減法は加法にかえられる．

[3]　　$\alpha-\beta=\alpha+(-\beta)$

以上で加減に関することは済んだから，次に乗除へ移る．

×　　　　　　　×

乗法から除法への道は，加法から減法への道に似ているが，一部分に修正が起きることを予告しておこう．

乗法の定義　　$\alpha\times\beta=(ac-bd,\quad ad+bc)$

（$\times$ ↑ 定義　　$ac-bd$, $ad+bc$ の各演算 ↑ ここの計算は既知）

このように定めた複素数の乗法も可換律と結合律をみたす．それは実数の性質によって証明される．

[4]　　$\alpha\beta=\beta\alpha$　　　　　　可換律

[5]　　$(\alpha\beta)\gamma=\alpha(\beta\gamma)$　　　　　　結合律

さらに分配律も導かれる．

[6]　　$\alpha(\beta+\gamma)=\alpha\beta+\alpha\gamma$　　　　　　分配律

除法は乗法の逆として定義する．すなわち2つの複素数 α,β に対して

$$\beta z=\alpha \quad および \quad z\beta=\alpha \qquad ②$$

をみたす z を α を β で割った商といい，$\alpha\div\beta$ または $\dfrac{\alpha}{\beta}$ で表わす．

しかし，この定義が可能であるためには，②をみたす z が α,β に対応してただ1つ定まらなければならない．果してそうなるか．

$z=(x,y)$ が $\beta z=\alpha$ をみたしたとすると

$$(c,d)(x,y)=(a,b)$$

$$(cx-dy,\ dx+cy)=(a,b)$$

$$\therefore\quad \begin{cases} cx-dy=a \\ dx+cy=b \end{cases}$$

これをみたす x,y がただ1組存在するための条件は，連立1次方程式の理論によると $c^2+d^2\neq 0$ である．この条件の許で

$$x=\frac{ac+bd}{c^2+d^2},\qquad y=\frac{bc-ad}{c^2+d^2}$$

したがって

$$z=\left(\frac{ac+bd}{c^2+d^2},\ \frac{bc-ad}{c^2+d^2}\right)$$

$c^2+d^2=0$ は $c=0$, $d=0$ と同値であるから

$$c^2+d^2=0 \iff (c,d)=(0,0) \qquad c^2+d^2\neq 0 \iff (c,d)\neq(0,0)$$

そこで，次の結論に達した．

除法の定義　　$\beta\neq(0,0)$ のとき

$$\beta z=z\beta=\alpha \iff z=\frac{\alpha}{\beta}$$

とくに，(1,0) を**単位元**と呼び，I で表わすことにする

また，複素数 $\beta=(c,d)$ に対し，$\dfrac{I}{(c,d)}$ すなわち

$$\frac{(1,0)}{(c,d)}=\left(\frac{c}{c^2+d^2},\ \frac{-d}{c^2+d^2}\right)$$

を β の**逆数**という．β の逆数は β^{-1} で表わすこともある．

この逆数を用いると，除法は乗法にかえられる．

[7]　$\dfrac{\alpha}{\beta}=\alpha\cdot\dfrac{I}{\beta}$

×　　　　　　×

以上で，複素数が完成したわけであるが，このままでは，複素数は実数とは全く別のもので，その一部分として実数を含まない．実数を複素数に含めるためには，あらたな約束を置かなければならない．複素数のなかに，とくに，実

数に似たものがあるならば，それを実数と同一視すればよいだろう．ここで楽屋裏をのぞく．(a,b) は $a+bi$ に代るものであった．$a+bi$ は $b=0$ のとき実数になることから考えて，実数 a と似ているのは，複素数 $(a,0)$ だろうと予想できる．似ているとは何が似ていることか．それは，相等と四則演算である．それを順に確認しよう．

	実数全体の集合 $\boldsymbol{R}$	$(a,0)$ 型の複素数全体の集合 $\boldsymbol{C}^*$
相等	$a=b$	$(a,0)=(b,0)$
加法	$a+b=c$	$(a,0)+(b,0)=(a+b,\ 0+0)$ $=(c,0)$
減法	$a-b=c$	$(a,0)-(b,0)=(a-b,\ 0-0)$ $=(c,0)$
乗法	$ab=c$	$(a,0)(b,0)=(ab-0\cdot0,\ a\cdot0+0\cdot b)$ $=(ab,0)=(c,0)$
除法	$b\neq0$ のとき $\dfrac{a}{b}=c$	$(b,0)\neq0$ のとき $\dfrac{(a,0)}{(b,0)}=\left(\dfrac{ab-0\cdot0}{b^2+0^2},\quad\dfrac{0\cdot b-a\cdot0}{b^2+0^2}\right)$ $=\left(\dfrac{a}{b},0\right)=(c,0)$

この両者の類似は，$\boldsymbol{R}$ の元 a に $\boldsymbol{C}^*$ の元 $(a,0)$ を対応させることによって，数学的に説明される．この対応 f は1対1である．f を用いて上の事実を表わしてみよ．

$$
\begin{aligned}
& & & f(a)=(a,0)\\
a=b & &\Rightarrow\ & f(a)=f(b)\\
a+b=c & &\Rightarrow\ & f(a)+f(b)=f(c)\\
a-b=c & &\Rightarrow\ & f(a)-f(b)=f(c)\\
ab=c & &\Rightarrow\ & f(a)f(b)=f(c)\\
\frac{a}{b}=c & &\Rightarrow\ & \frac{f(a)}{f(b)}=f(c)
\end{aligned}
$$

実数に関する関係と，それに対応する像の関係とはピッタリと一致する．このとき，$\boldsymbol{R}$ と $\boldsymbol{C}^*$ とは同型であるといい，$\boldsymbol{R}$ と $\boldsymbol{C}^*$ とを同一視するのが数学の慣例である．

そこでいま，複素数 $(a,0)$ を実数 a と同一視し，

$$(a,0)=a$$

と表わそう．そうすれば当然 $\boldsymbol{R}=\boldsymbol{C}^*$ だから，$\boldsymbol{R}$ は $\boldsymbol{C}$ の一部分になる．これで，実数は複素数に包含された．しかも $O=(0,0)=0$，$I=(1,0)=1$ だから，複素数の零と単位元は，それぞれ実数の零と単位元に一致する．

×　　　　　　　　×

複素数 $\boldsymbol{C}$ から $\boldsymbol{R}$ を除いたもの $\boldsymbol{C}-\boldsymbol{R}$ を虚数という．虚数は (a,b) のうち $b\neq0$ のものである．

さて (a,b) を $a+bi$ と表わす道はどうか．それには，虚数のなかから，虚数単位 i に当たるものを見つけなければならない．i は平方すると -1 になるのだから，虚数のうち平方すると -1，すなわち $(-1,0)$ となるものを見つければよい．いま

$$(a,b)^2=(-1,0) \qquad (b\neq0)$$

であったとすると

$$(a^2-b^2,\ 2ab)=(-1,0)$$

$$\therefore\quad a^2-b^2=-1,\quad 2ab=0$$

$b\neq0$ だから　　$a=0$　　$\therefore\quad b=\pm1$

すなわち平方すると $(-1,0)=-1$ に等しくなるのは $(0,1)$ と $(0,-1)$ の2つである．このどちらを i で表わしてもよいのだから，たとえば

$$(0,1)=i$$

とおいてみると

$$i^2=(-1,0)=-1$$

さらに任意の複素数 (a,b) は

$$\begin{aligned}(a,b)&=(a,0)+(0,b)\\&=(a,0)+(b,0)(0,1)\\&=a+bi\end{aligned}$$

となって，われわれに親しみのある表現に到達した．

しかも $a+bi$ における，乗法 bi は，最初に定義した乗法 $\alpha\beta$ の特殊な場合であり，加法 $a+bi$ は，最初に定義した加法 $\alpha+\beta$ の特殊な場合であり，未定義のものは含まれない．そして，上の表わし方を用いると

$(a,b)+(c,d)=(a+c,\ b+d)$ は $(a+bi)+(c+di)=(a+c)+(b+d)i$

$(a,b)(c,d)=(ac-bd,ad+bc)$ は $(a+bi)(c+di)=(ac-bd)+(ad+bc)i$ などとなって，従来の演算と一致する．

複素数を分類すれば

$$a+bi\begin{cases} b=0 \text{ のとき実数} \\ b\neq 0 \text{ のとき虚数（とくに } a=0 \text{ のとき純虚数）} \end{cases}$$

§2　共役複素数と絶対値

複素数の取扱いでは，共役の概念と，それによって定義される絶対値が重要である．

複素数 $\alpha=a+bi$ に対して，$a-bi$ を**共役複素数**といい，ふつう $\bar{\alpha}$ で表わす．$\bar{\alpha}=a-bi$ の共役複素数は $\alpha=a+bi$ であるから，$a+bi$ と $a-bi$ とは互いに共役であるともいう．この事実を式でかけば

[1]　　$\bar{\bar{\alpha}}=\alpha$

共役と四則計算との関係のもとになるのは，次の2つである．

[2]　　$\overline{\alpha+\beta}==\bar{\alpha}+\bar{\beta},\qquad \overline{\alpha\beta}=\bar{\alpha}\bar{\beta}$

$\alpha=a+bi,\ \beta=c+di$ とおくと $\alpha+\beta=(a+c)+(b+d)i$ であるから

$$\overline{\alpha+\beta}=(a+c)-(bi+di)=(a-bi)+(c-di)=\bar{\alpha}+\bar{\beta}$$

また $\alpha\beta=(ac-bd)+(ad+bc)i$ であるから

$$\overline{\alpha\beta}=(ac-bd)-(ad+bc)i=(a-bi)(c-di)=\bar{\alpha}\bar{\beta}$$

共役と減法,除法との関係は，上と同様の計算で導くこともできるが，逆算を用いるならば，[2] から簡単に導かれる．

[3]　　$\overline{\alpha-\beta}=\bar{\alpha}-\bar{\beta},\qquad \overline{\left(\dfrac{\alpha}{\beta}\right)}=\dfrac{\bar{\alpha}}{\bar{\beta}}\quad(\beta\neq 0)$

念のため [2] によって証明してみる．

$$\overline{\alpha-\beta}+\bar{\beta}=\overline{(\alpha-\beta)+\beta}=\bar{\alpha}$$

$$\therefore\quad \overline{\alpha-\beta}=\bar{\alpha}-\bar{\beta}$$

$$\overline{\left(\frac{\alpha}{\beta}\right)}\cdot\bar{\beta}=\overline{\left(\frac{\alpha}{\beta}\cdot\beta\right)}=\bar{\alpha}\qquad\qquad \therefore\quad \overline{\left(\frac{\alpha}{\beta}\right)}=\frac{\bar{\alpha}}{\bar{\beta}}$$

このような逆算利用の証明に親しみたいものである．

なお $\overline{\alpha\beta}=\bar{\alpha}\bar{\beta}$ を反復することによって

$$\overline{\alpha_1\alpha_2\cdots\alpha_n}=\overline{\alpha_1}\,\overline{\alpha_2}\cdots\overline{\alpha_n}$$

ここで $\alpha_1=\alpha_2=\cdots=\alpha_n=\alpha$ とおくと $(\bar{\alpha})^n=\overline{\alpha^n}$

[4]　n が自然数のとき　$(\bar{\alpha})^n=\overline{\alpha^n}$

×　　　　×

複素数 $\alpha=a+bi$ で，a を**実部**，b を**虚部**という．α の実部と虚部は α と $\bar{\alpha}$ を用いて表わすことができる．$\alpha=a+bi$，$\bar{\alpha}=a-bi$ を a,b について解くことによって

$$a=\frac{\alpha+\bar{\alpha}}{2},\qquad b=\frac{\alpha-\bar{\alpha}}{2i}$$

これを用いると，複素数 α が実数になるための条件，純虚数になるための条件が直ちに導かれる．

[5]　α は実数 $\Leftrightarrow$ $\alpha=\bar{\alpha}$

α は純虚数 $\Leftrightarrow$ $\alpha+\bar{\alpha}=0$，$\alpha\neq\bar{\alpha}$

応用上は，α が純虚数または0であるための条件，すなわち bi の形の数になるための条件が重要で，これは $\alpha+\bar{\alpha}=0$ だけでよい．

α は純虚数または 0 $\Leftrightarrow$ $\alpha+\bar{\alpha}=0$

×　　　　×

2,3 の応用例を挙げてみる．

例1　a,b,c,d が実数で，z が複素数のとき

$$f(z)=az^3+bz^2+cz+d$$

とおけば，$\overline{f(z)}=f(\bar{z})$ が成り立つことを証明せよ．

$$\begin{aligned}
\overline{f(z)}&=\overline{az^3+bz^2+cz+d}\\
&=\overline{az^3}+\overline{bz^2}+\overline{cz}+\bar{d} && \text{[2] の第1式}\\
&=\bar{a}\overline{z^3}+\bar{b}\overline{z^2}+\bar{c}\bar{z}+\bar{d} && \text{[2] の第2式}\\
&=\bar{a}(\bar{z})^3+\bar{b}(\bar{z})^2+\bar{c}(\bar{z})+\bar{d} && \text{[4]}\\
&=a(\bar{z})^3+b(\bar{z})^2+c(\bar{z})+d && \text{[5] の第1命題}\\
&=f(\bar{z})
\end{aligned}$$

例2　α,β が任意の複素数のとき，$\alpha\bar{\beta}+\bar{\alpha}\beta$ は実数であること，および $\alpha\bar{\beta}-\bar{\alpha}\beta$ は純虚数または0であることを証明せよ．

$\alpha=a+bi$，$\beta=c+di$ と置いて，2式を実際に計算してもよいが，それよりは [5] の応用のほうが簡単である．

$u=\alpha\bar{\beta}+\bar{\alpha}\beta$　とおくと

$$\overline{u}=\overline{\alpha\bar{\beta}+\bar{\alpha}\beta}=\overline{\alpha\bar{\beta}}+\overline{\bar{\alpha}\beta}=\bar{\alpha}\bar{\bar{\beta}}+\bar{\beta}\bar{\bar{\alpha}}=\bar{\alpha}\beta+\alpha\bar{\beta}=u$$

よって u は実数である．

$v=\alpha\bar{\beta}-\bar{\alpha}\beta$　とおくと，上と同様にして

$$\overline{v}=\bar{\alpha}\beta-\alpha\bar{\beta}=-\overline{v}$$

よって v は純虚数または0である．

×　　　　　　　　×

複素数 $\alpha=a+bi$ の絶対値は，ふつう実部と虚部を用いて

$$|\alpha|=\sqrt{a^2+b^2}$$

と定義するが，$a^2+b^2=(a+bi)(a-bi)=z\bar{z}$　であるから

$$|\alpha|=\sqrt{\alpha\bar{\alpha}}$$

によって定義することもできる．この定義から明らかに $|\alpha|\geqq 0$ で，$|\alpha|=0$ となるのは $\alpha=0$ のときに限る．また $\bar{\bar{\alpha}}=\alpha$ であったから $|\bar{\alpha}|=\sqrt{\bar{\alpha}\bar{\bar{\alpha}}}=\sqrt{\alpha\bar{\alpha}}=|\alpha|$

この定義から積と絶対値の関係として

[6]　　$|\alpha\beta|=|\alpha|\cdot|\beta|$

が導かれる．

$$|\alpha\beta|=\sqrt{\alpha\beta\cdot\overline{\alpha\beta}}=\sqrt{\alpha\beta\bar{\alpha}\bar{\beta}}=\sqrt{\alpha\bar{\alpha}\cdot\beta\bar{\beta}}=\sqrt{\alpha\bar{\alpha}}\sqrt{\beta\bar{\beta}}=|\alpha||\beta|$$

さらに [6] から

[7]　　$\beta\fallingdotseq 0$ のとき　$\left|\dfrac{\alpha}{\beta}\right|=\dfrac{|\alpha|}{|\beta|}$

証明には逆算を用いる．[6] によって

$$\left|\frac{\alpha}{\beta}\right|\cdot|\beta|=\left|\frac{\alpha}{\beta}\cdot\beta\right|=|\alpha|\qquad\therefore\quad\left|\frac{\alpha}{\beta}\right|=\frac{|\alpha|}{|\beta|}$$

また [6] を反復利用することによって

$$|\alpha_1\alpha_2\cdots\alpha_n|=|\alpha_1|\cdot|\alpha_2|\cdot\cdots\cdot|\alpha_n|$$

ここで $\alpha_1=\alpha_2=\cdots=\alpha_n=\alpha$　とおくと　$|\alpha^n|=|\alpha|^n$

[8]　　n が自然数のとき　　　$|\alpha^n|=|\alpha|^n$

和と絶対値の関係は，一般には次の不等式で示される．

[9]　　$|\alpha+\beta|\leqq|\alpha|+|\beta|$

両辺が正または0だから，平方して証明すればよい．

$$(|\alpha|+|\beta|)^2-|\alpha+\beta|^2=|\alpha|^2+|\beta|^2+2|\alpha|\cdot|\beta|-|\alpha+\beta|^2$$
$$=\alpha\bar{\alpha}+\beta\bar{\beta}+2|\alpha|\cdot|\beta|-(\alpha+\beta)(\overline{\alpha+\beta})$$

$$=\alpha\bar{\alpha}+\beta\bar{\beta}+2|\alpha|\cdot|\beta|-(\alpha+\beta)(\bar{\alpha}+\bar{\beta})$$
$$=2|\alpha|\cdot|\beta|-(\alpha\bar{\beta}+\bar{\alpha}\beta) \quad ①$$

再び，平方したものをくらべる．

$$(2|\alpha|\cdot|\beta|)^2-(\alpha\bar{\beta}+\bar{\alpha}\beta)^2=4\alpha\bar{\alpha}\beta\bar{\beta}-(\alpha\bar{\beta}+\bar{\alpha}\beta)^2$$
$$=-(\alpha\bar{\beta}-\bar{\alpha}\beta)^2$$

例2によると $\alpha\bar{\beta}-\bar{\alpha}\beta$ は純虚数または0だから，その平方は負か0である．したがって $-(\alpha\bar{\beta}-\bar{\alpha}\beta)^2$ は正か0である．

$$\therefore \quad (2|\alpha|\cdot|\beta|)^2\geqq(\alpha\bar{\beta}+\bar{\alpha}\beta)^2$$
$$2|\alpha|\cdot|\beta|\geqq|\alpha\bar{\beta}+\bar{\alpha}\beta|$$

例2によると $\alpha\bar{\beta}+\bar{\alpha}\beta$ は実数だから $|\alpha\bar{\beta}+\bar{\alpha}\beta|\geqq\alpha\bar{\beta}+\bar{\alpha}\beta$，よって①から

$$(|\alpha|+|\beta|)^2\geqq|\alpha+\beta|^2$$
$$\therefore \quad |\alpha|+|\beta|\geqq|\alpha+\beta|$$

この不等式から，たちどころに，次の不等式が導かれる．

[10] $\quad |\alpha+\beta|\geqq||\alpha|-|\beta||$

これを証明するには $|\alpha+\beta|\geqq|\alpha|-|\beta|$ および $|\alpha+\beta|\geqq|\beta|-|\alpha|$ を証明すればよい．

$$|\alpha+\beta|+|\beta|=|\alpha+\beta|+|-\beta|\geqq|\alpha+\beta-\beta|=|\alpha|$$
$$\therefore \quad |\alpha+\beta|\geqq|\alpha|-|\beta|$$

第2の不等式も同様にして証明される．

× ×

例3 次の等式を証明せよ．

$$|\alpha+\beta|^2+|\alpha-\beta|^2=2|\alpha|^2+2|\beta|^2$$

$|\alpha+\beta|^2$ は $(\alpha+\beta)^2$ に等しくないから $|\alpha+\beta|^2=(\alpha+\beta)^2=\alpha^2+2\alpha\beta+\beta^2$ のような計算をやってはいけない．絶対値の定義にもどり，共役複素数を用いる．

$$\text{左辺}=(\alpha+\beta)(\overline{\alpha+\beta})+(\alpha-\beta)(\overline{\alpha-\beta})$$
$$=(\alpha+\beta)(\bar{\alpha}+\bar{\beta})+(\alpha-\beta)(\bar{\alpha}-\bar{\beta})$$
$$=2\alpha\bar{\alpha}+2\beta\bar{\beta}=2(|\alpha|^2+|\beta|^2)=\text{右辺}$$

例4 $|z|=1$ のとき $w=\dfrac{\alpha z+\beta}{\bar{\beta}z+\bar{\alpha}}$ の絶対値を求めよ．

$$|w|=\left|\frac{\alpha z+\beta}{\bar{\beta}z+\bar{\alpha}}\right|=\frac{|\alpha z+\beta|}{|\bar{\beta}z+\bar{\alpha}|}$$

仮定によって $|z|^2=1$ だから $z\bar{z}=1$　　$\therefore\quad \bar{z}=\dfrac{1}{z}$

$$\text{分母}=|\bar{\beta}z+\bar{\alpha}|=|\overline{\bar{\beta}z+\bar{\alpha}}|=|\overline{\bar{\beta}z}+\bar{\bar{\alpha}}|=|\bar{\bar{\beta}}\bar{z}+\bar{\bar{\alpha}}|$$

$$=|\beta\frac{1}{z}+\alpha|=\frac{|\alpha z+\beta|}{|z|}=|\alpha z+\beta|$$

$$\therefore\quad |w|=1.$$

例5　次の不等式を証明せよ．

$$(|\alpha|^2+|\beta|^2)(|\gamma|^2+|\delta|^2)\geqq|\alpha\gamma+\beta\delta|^2$$

これは実数のときのコーシーの不等式 $(a^2+b^2)(c^2+d^2)\geqq(ac+bd)^2$ を複素数の場合へ拡張したものとみられる．左辺を L，右辺を R とおくと

$$L-R=(\alpha\bar{\alpha}+\beta\bar{\beta})(\gamma\bar{\gamma}+\delta\bar{\delta})-(\alpha\gamma+\beta\delta)(\overline{\alpha\gamma+\beta\delta})$$

$$=(\alpha\bar{\alpha}+\beta\bar{\beta})(\gamma\bar{\gamma}+\delta\bar{\delta})-(\alpha\gamma+\beta\delta)(\bar{\alpha}\bar{\gamma}+\bar{\beta}\bar{\delta})$$

$$=\alpha\bar{\alpha}\delta\bar{\delta}+\beta\bar{\beta}\gamma\bar{\gamma}-\alpha\gamma\bar{\beta}\bar{\delta}-\beta\delta\bar{\alpha}\bar{\gamma}$$

$$=\bar{\alpha}\delta(\alpha\bar{\delta}-\beta\bar{\gamma})-\bar{\beta}\gamma(\alpha\bar{\delta}-\beta\bar{\gamma})$$

$$=(\bar{\alpha}\delta-\bar{\beta}\gamma)(\alpha\bar{\delta}-\beta\bar{\gamma})$$

$$=(\bar{\alpha}\delta-\bar{\beta}\gamma)(\overline{\bar{\alpha}\delta-\bar{\beta}\gamma})=|\bar{\alpha}\delta-\bar{\beta}\gamma|^2\geqq0$$

コーシー

例6　2次方程式 $x^2+px+q=0$ の2根の絶対値がともに1であるための条件を求めよ．ただし p,q は実数とする．

実根のときと虚根のときに分けて考える．

実根のときは，2根は $1,1$；$1,-1$，または $-1,-1$ であるから，根と係数との関係によって

$$p=-2,\ q=1\quad\text{or}\quad p=0,\ q=-1\quad\text{or}\quad p=2,\ q=1$$

虚根のときは，$p^2-4q<0$，共役な2根をもつから，1根を α とすると他の根は $\bar{\alpha}$ である．$|\alpha|=|\bar{\alpha}|=1$ ならば $\alpha\bar{\alpha}=1$　　$\therefore\quad q=1,\ -2<p<2$

これらの4つの場合をまとめて，答は

$$q=1,\ -2\leqq p\leqq2\quad\text{または}\quad p=0,\ q=-1$$

§3　ガウス平面と極形式

複素数 $z=x+yi$ に直交座標平面上の点 $\mathrm{P}(x,y)$ を対応させると，この対応は1対1である．したがって，点 $\mathrm{P}(x,y)$ によって複素数 z を表わすことができるし，また，z を点Pの座標とみることもできる．z をPの座標とみたと

き，この平面を**ガウス平面**といい，Pの座標がzであることをP(z)と表わす．

ガウス平面では，x軸上の点には実数が，y軸上の点には純虚数または 0 が対応するので，それぞれ 実軸，虚軸 ともいう．原点には0が対応する．

Pの座標が $z=x+yi$ のとき，$\bar{z}=x-yi$ を座標とする点をP′としてみると，デカルト座標では

$$\mathrm{P}(x,y) \qquad \mathrm{P}'(x,-y)$$

となるから，P と P′ は x 軸，すなわち実軸に関して対称の位置にある．

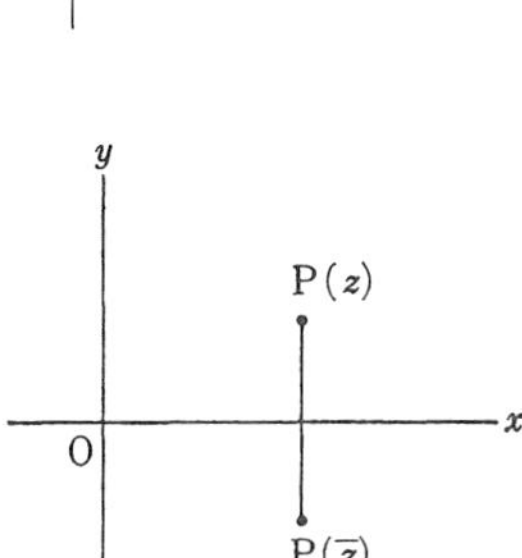

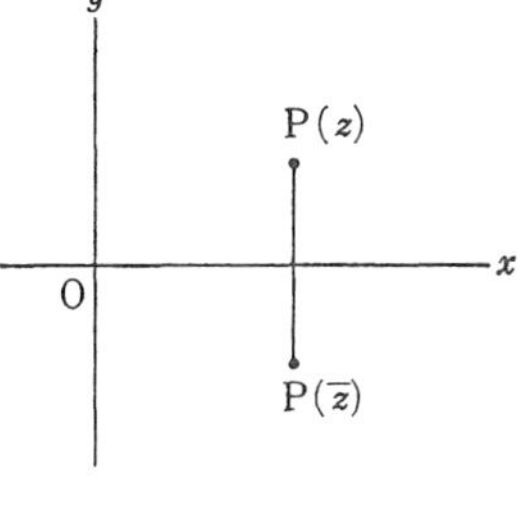

zに$\bar{z}$を対応させると，これは$\boldsymbol{C}$から$\boldsymbol{C}$への1対1対応になる．ガウス平面上でみると，この対応は，平面全体を実軸を折りめとして折り返すことである．

× ×

複素数 $z=x+yi$ を座標にもつ点をPとし，動径OPの長さを r, $r\neq 0$ のときOPが実軸となす角をθとすると

$$x=r\cos\theta,\quad y=r\sin\theta$$
$$r=\sqrt{x^2+y^2}=|z|>0$$

の関係がある．そしてzはr,θによって，次の形の式で表わされる．

$$z=r(\cos\theta+i\sin\theta)$$

r,θはzの極座標であって，上の式をzの**極形式**という．

$r=0$ のときはθは定まらないから任意の角でよいとすると，この場合にも極形式は考えられる．

rはzの絶対値であるから，zに対応して1つ定まり，その値は正または0

である．

θ は z の偏角といい，$\arg z$ または $\mathrm{amp}\, z$ で表わす．arg は argument の略で，amp は amplitude の略である．z に対応する θ は無数にあり，そのうちの１つを α とすると，すべての θ は

$$\theta=\alpha+2n\pi \qquad (n\in \boldsymbol{Z})$$

で表わされる．しかし，これらの角を１つの角で代表させることもある．その代表としては，区間 $[0,2\pi)$ 内のもの，または区間 $(-\pi,\pi]$ のものを選ぶことが多い．

たとえば，$z=1-\sqrt{3}i$ ならば，$\arg z$ は，区間 $[0,2\pi)$ から選ぶならば，$\dfrac{5\pi}{3}$ であるから

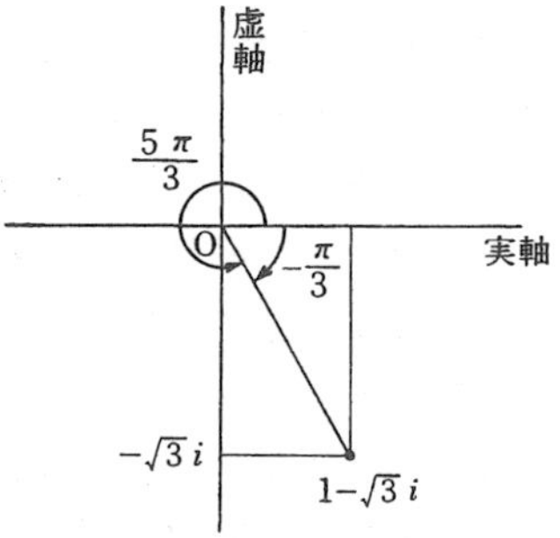

$$\arg z=\frac{5\pi}{3}$$

または

$$\arg z=\frac{5\pi}{3}+2n\pi \quad (n\in \boldsymbol{Z})$$

とかく．また区間 $(-\pi,\pi]$ から選ぶならば，$-\dfrac{\pi}{3}$ であるから

$$\arg z=-\frac{\pi}{3} \qquad または \qquad \arg z=-\frac{\pi}{3}+2n\pi \quad (n\in \boldsymbol{Z})$$

とかく．

⇒注 $\boldsymbol{Z}$ は整数全体の集合を表わす慣用の文字である．$n\in\boldsymbol{Z}$ とかく代りに $n=0,\pm1,\pm2,\cdots\cdots$ とかいた本も多い．これらは誤解のおそれがないときは省くこともある．

$z=1-\sqrt{3}i$ の絶対値は $r=\sqrt{1^2+(-\sqrt{3})^2}=2$ であるから，z の極形式は

$$2\left(\cos\frac{5\pi}{3}+i\sin\frac{5\pi}{3}\right)$$

で，これは $2\left(\cos\left(-\dfrac{\pi}{3}\right)+i\sin\left(-\dfrac{\pi}{3}\right)\right)$ などともかける．

× ×

z が 0 でない実数ならば，点 $\mathrm{P}(z)$ は実軸上にあり，

$z>0$ ならば $\arg z=0+2n\pi$

$z<0$ ならば $\arg z=\pi+2n\pi$

z が純虚数 bi ならば，点 $\mathrm{P}(z)$ は虚軸上にあり，

$b>0$　ならば　$\arg z=\dfrac{\pi}{2}+2n\pi$

$b<0$　ならば　$\arg z=-\dfrac{\pi}{2}+2n\pi$

×　　　　　　　　　×

複素数の乗除は，極形式によると，きわめて簡単である．2つの複素数を

$$z_1=r_1(\cos\theta_1+i\sin\theta_1)$$
$$z_2=r_2(\cos\theta_2+i\sin\theta_2)$$

とすると

$$\begin{aligned}z_1z_2&=r_1r_2(\cos\theta_1+i\sin\theta_1)(\cos\theta_2+i\sin\theta_2)\\&=r_1r_2\{(\cos\theta_1\cos\theta_2-\sin\theta_1\sin\theta_2)+i(\cos\theta_1\sin\theta_2+\sin\theta_1\cos\theta_2)\}\\&=r_1r_2\{\cos(\theta_1+\theta_2)+i\sin(\theta_1+\theta_2)\}\qquad ①\end{aligned}$$

この結果を偏角のみについてみれば，次の公式が得られる．

[1]　$\arg z_1z_2=\arg z_1+\arg z_2$

これに，除法は乗法の逆算であることを用いると，複素数の除法の場合の公式が導かれる．

$$\arg\frac{z_1}{z_2}+\arg z_2=\arg\frac{z_1}{z_2}\cdot z_2=\arg z_1$$

移項して

[2]　$\arg\dfrac{z_1}{z_2}=\arg z_1-\arg z_2$

×　　　　　　　　　×

とくに絶対値が1の複素数は

$$\cos\theta+i\sin\theta$$

で表わされる．

このとき①は，次の式に変わる．

[3]　$(\cos\theta_1+i\sin\theta_1)(\cos\theta_2+i\sin\theta_2)=\cos(\theta_1+\theta_2)+i\sin(\theta_1+\theta_2)$

これから，除法の場合の公式を導くには，逆算を用いればよい．

$$\begin{aligned}&\{\cos(\theta_1-\theta_2)+i\sin(\theta_1-\theta_2)\}(\cos\theta_2+i\sin\theta_2)\\&\qquad=\cos(\theta_1-\theta_2+\theta_2)+i\sin(\theta_1-\theta_2+\theta_2)=\cos\theta_1+i\sin\theta_1\end{aligned}$$

[4]　$\dfrac{\cos\theta_1+i\sin\theta_1}{\cos\theta_2+i\sin\theta_2}=\cos(\theta_1-\theta_2)+i\sin(\theta_1-\theta_2)$

×　　　　　　　　　×

次に [3] をくり返し用いることによって

$$(\cos\theta_1+i\sin\theta_1)(\cos\theta_2+i\sin\theta_2)\cdots\cdots(\cos\theta_n+i\sin\theta_n)$$
$$=\cos(\theta_1+\theta_2+\cdots+\theta_n)+i\sin(\theta_1+\theta_2+\cdots+\theta_n)$$

ここで，とくに $\theta_1=\theta_2=\cdots=\theta_n=\theta$ とおくことによって，次の公式が導かれる．

n が自然数のとき

$$(\cos\theta+i\sin\theta)^n=\cos n\theta+i\sin n\theta \qquad ①$$

この定理は**ド・モアブルの定理**といい，[3],[4] とともに応用の道が広い．

この公式は，n が負の整数の場合へ，たやすく拡張される．

$n<0$ のとき $n=-m$ とおくと $m>0$ であるから

$$(\cos\theta+i\sin\theta)^n=\frac{1}{(\cos\theta+i\sin\theta)^m}=\frac{\cos 0+i\sin 0}{\cos m\theta+i\sin m\theta}$$
$$=\cos(0-m\theta)+i\sin(0-m\theta)$$
$$=\cos n\theta+i\sin n\theta\,.$$

なお，① で $n=0$ とおくと，右辺は 1 になるから，$(\cos\theta+i\sin\theta)^0=1$ と約束すれば，n が任意の整数のときに ① は成り立つことになる．

[5]　n が整数のとき

$$(\cos\theta+i\sin\theta)^n=\cos n\theta+i\sin n\theta$$

この拡張した定理もド・モアブルの定理と呼ぶことがある．

例1　ド・モアブルの定理を用いて，$\cos 3\theta$, $\sin 3\theta$ を $\cos\theta=a$, $\sin\theta=b$ で表わせ．また $\cos 3\theta$ は a のみで，$\sin 3\theta$ は b のみで表わせ．

$$(\cos\theta+i\sin\theta)^3=\cos 3\theta+i\sin 3\theta \qquad ①$$

① の左辺は

$$(a+ib)^3=a^3+3a^2bi-3ab^2-ib^3$$
$$=(a^3-3ab^2)+(3a^2b-b^3)i$$

これが ① の右辺に等しいから

$$\cos 3\theta=a^3-3ab^2, \qquad \sin 3\theta=3a^2b-b^3$$

ここで $a^2+b^2=1$ を用いると

$$\cos 3\theta=a^3-3a(1-a^2)=4a^3-3a$$
$$\sin 3\theta=3(1-b^2)b-b^3=3b-4b^3$$

正弦および余弦の 3 倍角の公式が導かれた．

$$\sin 3\theta = 3\sin\theta - 4\sin^3\theta \qquad \cos 3\theta = 4\cos^3\theta - 3\cos\theta$$

例2 次の２式の極形式を求めよ．

(1) $z_1 = \sin\theta + i\cos\theta$ (2) $z_2 = 1 + \cos\theta + i\sin\theta$ $(0 \leqq \theta < 2\pi)$

(1) は $\cos\theta + i\sin\theta$ と間違えるな．

$$\begin{aligned} z_1 &= \sin\theta + i\cos\theta = -i^2\sin\theta + i\cos\theta = i(\cos\theta - i\sin\theta) \\ &= \left(\cos\frac{\pi}{2} + i\sin\frac{\pi}{2}\right)\{\cos(-\theta) + i\sin(-\theta)\} \\ &= \cos\left(\frac{\pi}{2} - \theta\right) + i\sin\left(\frac{\pi}{2} - \theta\right) \end{aligned}$$

(2) $$z_2 = 2\cos^2\frac{\theta}{2} + 2i\sin\frac{\theta}{2}\cos\frac{\theta}{2} = 2\cos\frac{\theta}{2}\left(\cos\frac{\theta}{2} + i\sin\frac{\theta}{2}\right)$$

このままで答にしてはいけない．絶対値は正であるのに，$\cos\frac{\theta}{2}$ は負になることがあるからである．$0 \leqq \frac{\theta}{2} < \pi$ であるから

$$0 \leqq \frac{\theta}{2} \leqq \frac{\pi}{2} \text{ のとき } \cos\frac{\theta}{2} \geqq 0, \quad \frac{\pi}{2} < \theta < \pi \text{ のとき } \cos\frac{\theta}{2} < 0$$

$0 \leqq \theta \leqq \pi$ のとき $$z_2 = 2\cos\frac{\theta}{2}\left(\cos\frac{\theta}{2} + i\sin\frac{\theta}{2}\right)$$

$\pi < \theta < 2\pi$ のとき
$$\begin{aligned} z_2 &= -2\cos\frac{\theta}{2}(-1)\left(\cos\frac{\theta}{2} + i\sin\frac{\theta}{2}\right) \\ &= -2\cos\frac{\theta}{2}(\cos\pi + i\sin\pi)\left(\cos\frac{\theta}{2} + i\sin\frac{\theta}{2}\right) \\ &= -2\cos\frac{\theta}{2}\left\{\cos\left(\pi + \frac{\theta}{2}\right) + i\sin\left(\pi + \frac{\theta}{2}\right)\right\} \end{aligned}$$

例3 次の数列の和を求めよ．

(1) $C = \cos\theta + \cos 2\theta + \cdots + \cos n\theta$ ①

(2) $S = \sin\theta + \sin 2\theta + \cdots + \sin n\theta$ ②

三角関数の公式のみで導こうとすると，特殊なくふうをしなければならないが，複素数の極形式とド・モアブルの公式を用いれば，すなおに求められる．しかも (1) と (2) が同時に求められるので能率的でもある．

$$\begin{aligned} &C + iS \\ &= (\cos\theta + i\sin\theta) + (\cos 2\theta + i\sin 2\theta) + \cdots + (\cos n\theta + i\sin n\theta) \\ &= (\cos\theta + i\sin\theta) + (\cos\theta + i\sin\theta)^2 + \cdots + (\cos\theta + i\sin\theta)^n \\ &= \frac{(\cos\theta + i\sin\theta)\{1 - (\cos\theta + i\sin\theta)^n\}}{1 - (\cos\theta + i\sin\theta)} \end{aligned}$$

$$=\frac{(\cos\theta+i\sin\theta)(1-\cos n\theta-i\sin n\theta)}{1-\cos\theta-i\sin\theta}$$

$$=\frac{(\cos\theta+i\sin\theta)\left(2\sin^2\frac{2n\theta}{2}-2i\sin\frac{n\theta}{2}\cos\frac{n\theta}{2}\right)}{2\sin^2\frac{\theta}{2}-2i\sin\frac{\theta}{2}\cos\frac{\theta}{2}}$$

$$=\frac{\sin\frac{n\theta}{2}(\cos\theta+i\sin\theta)\left(\sin\frac{n\theta}{2}-i\cos\frac{n\theta}{2}\right)}{\sin\frac{\theta}{2}\left(\sin\frac{\theta}{2}-i\cos\frac{\theta}{2}\right)}$$

分子,分母に i をかけると

$$C+Si=\frac{\sin\frac{n\theta}{2}(\cos\theta+i\sin\theta)\left(\cos\frac{n\theta}{2}+i\sin\frac{n\theta}{2}\right)}{\sin\frac{\theta}{2}\left(\cos\frac{\theta}{2}+i\sin\frac{\theta}{2}\right)}$$

$$=\frac{\sin\frac{n\theta}{2}}{\sin\frac{\theta}{2}}\left\{\cos\left(\theta+\frac{n\theta}{2}-\frac{\theta}{2}\right)+i\sin\left(\theta+\frac{n\theta}{2}-\frac{\theta}{2}\right)\right\}$$

ここで実部と虚部を分離すれば

$$C=\frac{\sin\frac{n\theta}{2}\cos\frac{(n+1)\theta}{2}}{\sin\frac{\theta}{2}},\qquad S=\frac{\sin\frac{n\theta}{2}\sin\frac{(n+1)\theta}{2}}{\sin\frac{\theta}{2}}$$

§4　オイラーの公式

複素数を簡単に表わす式というよりは，無縁なように見える三角関数と指数関数を結びつける魔性の公式ともいうべきものがオイラーの公式である．魔性は正体が見えないほど魔性的にみえるのだから，公式を最初に挙げるのを避け，魔性の住み家へ足をふみ入れることにしよう．

オイラー

絶対値が1の複素数は極形式で表わせば $\cos x+i\sin x$ であった．これは角 x のみの関数であるから

$$f(x)=\cos x+i\sin x$$

と置いてみる．すでに知ったように，f は等式

$$f(x_1)f(x_2)=f(x_1+x_2),\qquad f(0)=1 \qquad ①$$

をみたす．

この関数方程式をみれば，読者は指数関数 $f(x)=a^x$ を連想するだろう．指数関数は上の関数方程式をみたしている．逆に，$f(x)$ が実関数の仮定のもとで，①を解けば，指数関数が得られることも知られている．では①を $f(x)$ が複素関数のもとで解けばどうなるか．実関数の場合にならって形式的に解けば

$$f(x)=a^x$$

に達するが，これ以上発展させるのが困難である．

× ×

そこで趣向をかえ，微分方程式を作ってみる．$y=f(\theta)$ とおき，これを θ について微分すれば

$$\frac{dy}{d\theta}=-\sin\theta+i\cos\theta=i(\cos\theta+i\sin\theta)=iy$$

$$\frac{dy}{d\theta}=iy$$

この微分方程式を実数関数の場合にならって形式的に解くと

$$\int\frac{1}{y}dy=\int id\theta, \qquad \log y=i\theta+c$$

$$y=e^{i\theta+c}$$

$\theta=0$ のとき $y=1$ だから $1=e^c$

$$\therefore \quad y=e^{i\theta}$$

すなわち

$$e^{i\theta}=\cos\theta+i\sin\theta$$

これが世にも不思議な**オイラーの公式**である．物事は大胆にやってみるべきものである．実関数のときに成り立つ計算を，そのまま複素関数のときに当てはめるのは無謀に近いが，その無謀から有望が生まれたのだ．

× ×

しかし，このままでは不安であるから，この公式の真実性を別の方面から検討することにしよう．

微分法に関数のマクローリン展開という定理があった．

$$f(x)=f(0)+\frac{f'(0)}{1!}x+\frac{f''(0)}{2!}x^2+\cdots+\frac{f^{(n)}(0)}{n!}x^n+\cdots$$

この等式は右辺が収束するならば成り立つ．しかし，ここでは，収束の条件には立ち入らない．計算を形式的に大胆にやってみることである．

$f(x)=e^x$ とすると $f^{(n)}(x)=e^x$ であるから，上の公式にあてはめると

$$e^x=1+\frac{x}{1!}+\frac{x^2}{2!}+\frac{x^3}{3!}+\cdots \qquad ①$$

これは，x が任意の実数のとき成り立つことが知られている．

次に $f(x)=\cos x$ とすると $f^{(n)}(x)=\cos\left(x+\frac{n\pi}{2}\right)$，上の公式から

$$\cos x=1-\frac{x^2}{2!}+\frac{x^4}{4!}-\frac{x^6}{6!}+\cdots \qquad ②$$

同様にして

$$\sin x=x-\frac{x^3}{3!}+\frac{x^5}{5!}-\frac{x^7}{7!}+\cdots \qquad ③$$

②,③も任意の実数に対して成り立つことが知られている．

さて，①の x は実数であるが，いま仮りに x が ix のときも成り立つと考え，x を ix で置きかえてみよう．

$$e^{ix}=1+\frac{ix}{1!}+\frac{(ix)^2}{2!}+\frac{(ix)^3}{3!}+\frac{(ix)^4}{4!}+\cdots$$

$$=1+\frac{ix}{1!}-\frac{x^2}{2!}-\frac{ix^3}{3!}+\frac{x^4}{4!}+\cdots$$

ここで，さらに，項の順序を大胆に変え，i を含むものと含まないものとを分離してみよ．

$$e^{ix}=\left(1-\frac{x^2}{2!}+\frac{x^4}{4!}-\frac{x^6}{6!}+\cdots\right)+i\left(x-\frac{x^3}{3!}+\frac{x^5}{5!}-\frac{x^7}{7!}+\cdots\right)$$

かっこの中をみると $\cos x, \sin x$ の展開式と全く同じだから

$$e^{ix}=\cos x+i\sin x$$

となってオイラーの公式の信頼性が高められた．

× ×

この公式を用いると一般の複素数 $z=r(\cos\theta+i\sin\theta)$ は $re^{i\theta}$ となり，きわめて簡単である．

またド・モルガンの法則は

$$(e^{i\theta})^n=e^{in\theta}$$

にほかならない．

θ が特殊な値の場合をみると

$$e^{\frac{\pi}{2}i}=i,\quad e^{-\frac{\pi}{2}i}=-i,\quad e^0=1,\quad e^{\pi i}=-1$$

さらに，任意の整数 n に対して

$$e^{2n\pi i}=1$$

練 習 問 題 1

問題

1．$|\alpha|<1$，$w=\dfrac{z-\alpha}{1-\bar{\alpha}z}$ のとき，次のことを証明せよ．

$$|z|<1 \Leftrightarrow |w|<1$$
$$|z|=1 \Leftrightarrow |w|=1$$
$$|z|>1 \Leftrightarrow |w|>1$$

2．実係数の2次方程式

$$az^2+bz+c=0$$

が虚根 α をもてば，$\bar{\alpha}$ もまた根であることを証明せよ．

3．$|\alpha|=|\beta|=|\gamma|=1$ のとき，次の等式を証明せよ．

$$|\alpha+\beta+\gamma|=\left|\frac{1}{\alpha}+\frac{1}{\beta}+\frac{1}{\gamma}\right|$$

4．$|\alpha|=1$ のとき，次の複素数 z の絶対値を求めよ．

$$z=\frac{\alpha+\beta}{1+\bar{\alpha}\beta}$$

5．$|\alpha|\cdot|\beta|=|\alpha\beta|$ を用いて，次の等式を導け．

$$(a^2+b^2)(c^2+d^2)=(ac-bd)^2+(ad+bc)^2$$

6．θ は実数で $z+\dfrac{1}{z}=2\cos\theta$ のとき，$z^n+\dfrac{1}{z^n}$ を θ の式で表わせ．

7．極形式を用いて

$$(1+i)^{12}+(1-i)^{12}$$

を簡単にせよ．

ヒントと略解

1．$|w|^2-1=\dfrac{z-\alpha}{1-\bar{\alpha}z}\cdot\dfrac{\bar{z}-\bar{\alpha}}{1-\alpha\bar{z}}-1$

$=\dfrac{(1-|\alpha|^2)(|z|^2-1)}{|1-\bar{\alpha}z|^2}=$正数$\times(|z|^2-1)$

$|z|<1 \Leftrightarrow |z|^2<1 \Leftrightarrow |w|^2<1 \Leftrightarrow |w|<1$

他の場合も同様である．

2．$f(z)=az^2+bz+c$ とおくと $f(\alpha)=0$

$\therefore\ \overline{f(\alpha)}=\overline{a\alpha^2+b\alpha+c}=a(\bar{\alpha})^2+b(\bar{\alpha})+c=f(\bar{\alpha})=0$ よって $\bar{\alpha}$ も根である．

3．$|\alpha|^2=\alpha\bar{\alpha}=1$ から $\bar{\alpha}=\dfrac{1}{\alpha}$，他も同じ．

$|\alpha+\beta+\gamma|=|\overline{\alpha+\beta+\gamma}|=|\bar{\alpha}+\bar{\beta}+\bar{\gamma}|$
$=\left|\dfrac{1}{\alpha}+\dfrac{1}{\beta}+\dfrac{1}{\gamma}\right|$

4．$|\alpha|^2=\alpha\bar{\alpha}=1$ から $\bar{\alpha}=\dfrac{1}{\alpha}$

$|z|^2=\dfrac{\alpha+\beta}{1+\bar{\alpha}\beta}\cdot\dfrac{\bar{\alpha}+\bar{\beta}}{1+\alpha\bar{\beta}}$ に $\bar{\alpha}=\dfrac{1}{\alpha}$ を代入する．

$|z|^2=\dfrac{\alpha(\alpha+\beta)}{\alpha+\beta}\cdot\dfrac{1+\alpha\bar{\beta}}{\alpha(1+\alpha\bar{\beta})}=1$，$|z|=1$

5．$|\alpha|^2\cdot|\beta|^2=|\alpha\beta|^2$，$\alpha=a+bi$，$\beta=c+di$ とおくと $\alpha\beta=(ac-bd)+(ad+bc)i$ これらをはじめの式に代入する．

6．$z^2-2z\cos\theta+1=0$ を解くと

$z=\cos\theta\pm\sqrt{\cos^2\theta-1}=\cos\theta\pm i\sin\theta$

$z^n+\dfrac{1}{z^n}=(\cos n\theta\pm i\sin n\theta)+(\cos n\theta\mp i\sin n\theta)$
$=2\cos n\theta$

7．$1\pm i=\sqrt{2}\left(\cos\dfrac{\pi}{4}\pm i\sin\dfrac{\pi}{4}\right)$

$(1\pm i)^{12}=\sqrt{2}^{12}(\cos 3\pi\pm i\sin 3\pi)=-64$

与式$=-128$

8. ド・モアブルの定理を用いて

(1) $\cos 5\theta$ を $\cos\theta=a$ の式で表わせ.

(2) $\sin 5\theta$ を $\sin\theta=b$ の式で表わせ.

9. 次の式で表わされる複素数 z の絶対値と偏角を求めよ.

$$z=\frac{1+\cos\theta-i\sin\theta}{1+\cos\theta+i\sin\theta}$$

10. 次の式の値を求めよ.

$$(-1+\sqrt{3}i)^{10}$$

11. z を複素数とするとき，次の問に答えよ．ただし $z^2\neq-1$ とする.

(1) $|z|=1$ ならば，$\dfrac{z}{1+z^2}$ は実数であることを証明せよ.

(2) 逆に $\dfrac{z}{1+z^2}$ が実数になるための条件を求めよ.

12. $\omega^2+\omega+1=0$ のとき

$$|a\omega+b|=1$$

をみたす整数 a,b の組を求めよ.

13. α,β は複素数で，

$$|\alpha|=|\beta|=1,\ |\alpha+\beta|=\sqrt{3}$$

のとき，$\dfrac{\alpha}{\beta}$ を極形式で表わせ.

8. $\cos 5\theta+i\sin 5\theta=(a+bi)^5$

$=a^5+5a^4bi-10a^3b^2-10a^2b^3i+5ab^4+b^5i$

(1) $\cos 5\theta=a^5-10a^3b^2+5ab^4$

$=16a^5-20a^3+5a$

(2) $\sin 5\theta=5a^4b-10a^2b^3+b^5$

$=16b^5-20b^3+5b$

9. $z=\dfrac{2\cos^2\frac{\theta}{2}-2i\sin\frac{\theta}{2}\cos\frac{\theta}{2}}{2\cos^2\frac{\theta}{2}+2i\sin\frac{\theta}{2}\cos\frac{\theta}{2}}$

$=\left(\cos\dfrac{\theta}{2}-i\sin\dfrac{\theta}{2}\right)^2=\cos\theta-i\sin\theta$

$|z|=1,\quad \arg z=-\theta$

10. $2^{10}\left(\cos\dfrac{2\pi}{3}+i\sin\dfrac{2\pi}{3}\right)^{10}$

$=2^{10}\left(\cos\dfrac{20\pi}{3}+i\sin\dfrac{20\pi}{3}\right)=2^9(-1+\sqrt{3}i)$

11. (1) $\bar{z}=\dfrac{1}{z}\quad\therefore\ \overline{\left(\dfrac{z}{1+z^2}\right)}=\dfrac{\bar{z}}{1+\bar{z}^2}=\dfrac{z}{1+z^2}$

(2) $\dfrac{\bar{z}}{1+\bar{z}^2}=\dfrac{z}{1+z^2}$ から $\bar{z}(1+z^2)=z(1+\bar{z}^2)$

$(z-\bar{z})(z\bar{z}-1)=0\quad\therefore\ z=\bar{z}$ or $|z|=1$

z は実数または絶対値が1

12. ω は $x^2+x+1=0$ の虚根だから $\omega+\bar{\omega}=-1$，$\omega\bar{\omega}=1$

$(a\omega+b)(\overline{a\omega+b})=(a\omega+b)(a\bar{\omega}+b)$

$=a^2\omega\bar{\omega}+ab(\omega+\bar{\omega})+b^2=a^2-ab+b^2=1$

$\left(a-\dfrac{b}{2}\right)^2+\dfrac{3}{4}b^2=1$ から $b^2\leqq\dfrac{4}{3}\quad\therefore\ b=1,0,-1$

$(a,b)=(1,0)，(1,1)，(0,1)，(0,-1)，(-1,0)，(-1,-1)$

13. $\alpha\bar{\alpha}=\beta\bar{\beta}=1$，$(\alpha+\beta)(\bar{\alpha}+\bar{\beta})=3$，$\bar{\alpha},\bar{\beta}$ を消去して $(\alpha+\beta)^2=3\alpha\beta,\quad \alpha^2-\alpha\beta+\beta^2=0$,

$\dfrac{\alpha}{\beta}=\dfrac{1}{2}\pm\dfrac{\sqrt{3}}{2}i=\cos\left(\pm\dfrac{\pi}{3}\right)+i\sin\left(\pm\dfrac{\pi}{3}\right)$（複号同順）

第2章 複素数のベクトル表示

はじめに 複素数をガウス平面上の矢線ベクトルで表わすこと，およびその応用がここの目標である．複素数はガウス平面では点を表わしたが1歩前進させると，矢線ベクトルを表わす．

この脱皮によって，空間と複素数とは緊密に結びつき，複素数は図形の研究に予想外の力を発揮する．それにもかかわらず，この道は永いこと無視されて来た．

2次元の数ベクトル (x,y) は，平面上でみると，点の位置を表わすと同時に，無数の矢線をも表わすとみるのは常識になっている．

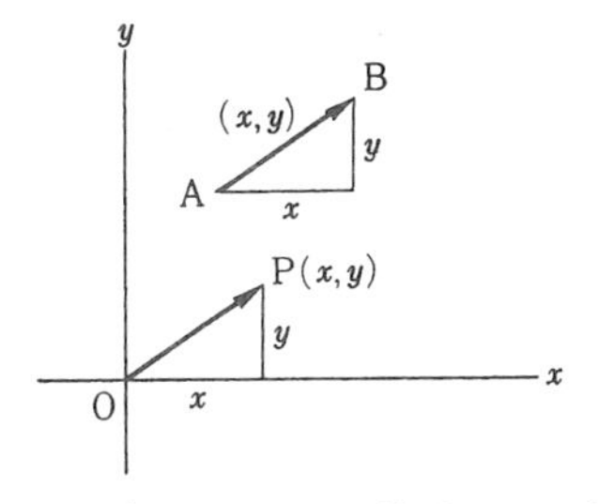

たとえば，ベクトル(3,2)は，点Pの位置を表わすとみることも，また矢線 $\overrightarrow{OP}$, $\overrightarrow{AB}$ などを表わすとみることもできる．点Aの位置には制限がないから，このような矢線は無数にあり，それらを同一視したのが矢線ベクトルであった．

この常識も，複素数になると常識として通用しないらしい．慣用,伝統とはおそろしいものである．

「この頃の若者は…」などと大人は若者を批判する．若者は昆虫のように脱皮して既成の概念を脱ぎすてる．大人はそれがおそろしいのであろう．しかし，この脱皮が社会を進歩させ，ときには変革させる．大人の保守性が若人の進歩性のブレーキになるのをみるのは悲しいことである．

学生には既成の数学がないのだから，複素数を矢線で表示することにはなんの抵抗も感じないはずである．教師は大胆に指導してみることである．一方，学生は，教師の保守性からくる古くさい学び方に気付いたら，遠慮なく捨てることである．無用のもので物置をみたすのはおろかなことである．

§1 複素数のベクトル的性格

複素数では四則演算ができるが，それらのうち，加法，減法，および実数と複素数との乗法にのみ目をつければ，数ベクトルと少しも変わらない．

$$(x_1+iy_1)+(x_2+iy_2)=(x_1+x_2)+i(y_1+y_2)$$
$$(x_1+iy_1)-(x_2+iy_2)=(x_1-x_2)+i(y_1-y_2)$$
$$k(x_1+iy_1)=kx_1+iky_1 \qquad (k\in\boldsymbol{R})$$

これらの演算が2次元の数ベクトルの計算と似ていることは，このままでもわかるが，複素数 $x+iy$ を (x,y) で表わし，次のようにかきかえてみると一層鮮かになろう．

$$(x_1,y_1)+(x_2,y_2)=(x_1+x_2,\ y_1+y_2)$$
$$(x_1,y_1)-(x_2,y_2)=(x_1-x_2,\ y_1-y_2)$$
$$k(x_1,y_1)=(kx_1,ky_1) \qquad (k\in\boldsymbol{R})$$

この事実から，複素数には2次元の数ベクトルと同じ性格がかくされていることに気付く．2次元の数ベクトルは座標平面上に，矢線ベクトルで表示された．そこで，当然，複素数もガウス平面上に，矢線ベクトルで表示される．このようすを，次の図によって具体的に印象づけていただきたい．

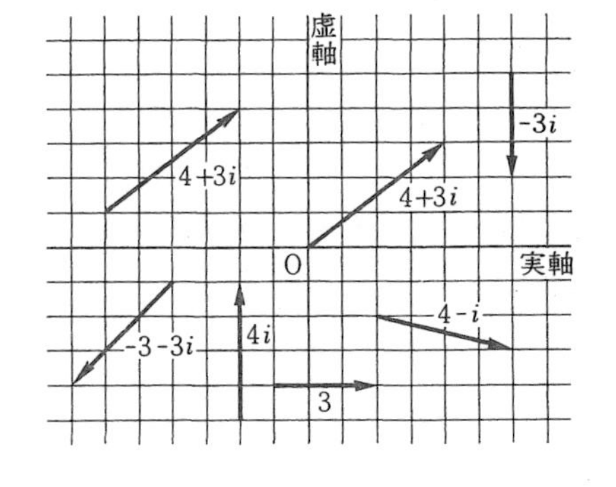

ここまでくれば，複素数の加法，減法，実数倍も矢線ベクトルのときと全く同じ方法で示されることも理解できるはずである．

2つのベクトル z_1, z_2 の加法は，ガウス平面上でみると，2つの矢線の加法で，次の図のように示される．

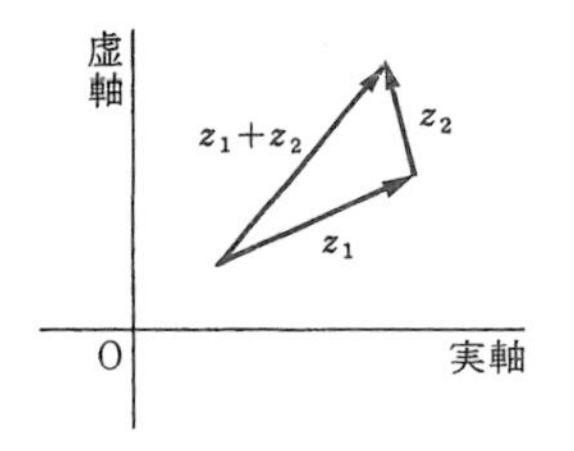

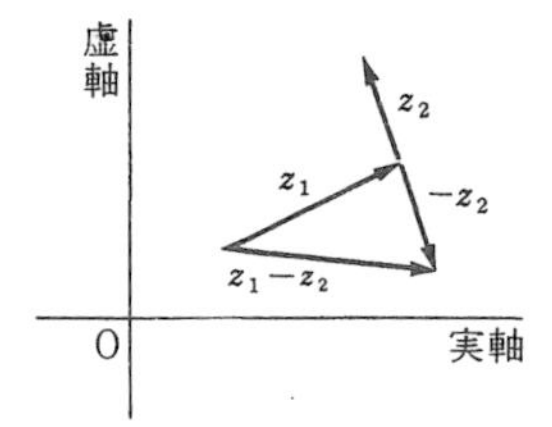

減法についても，実数倍についても同じことである．

これらの矢線による作図は，矢線の位置には無関係であるから，必要に応じ，最も都合のよい位置で試みたのでよい．矢線を原点から引くことにこだわると，応用がきゅうくつになる．

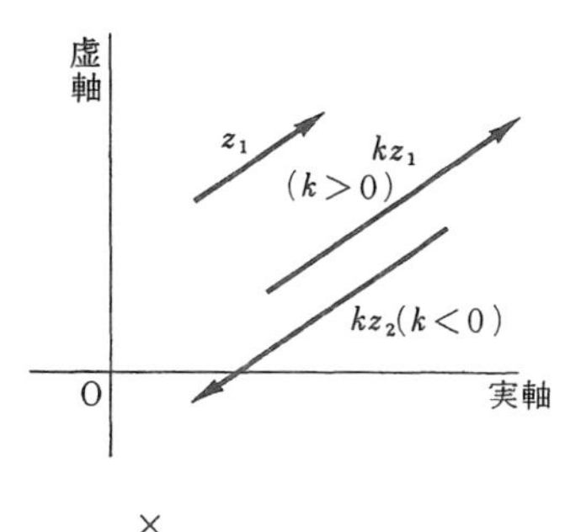

× ×

以上の事実から，当然，図形の関係をベクトルで表わした公式は，その中のベクトルを複素数にかえても，そのまま成り立つことがわかる．証明のプロセスについても全く同じことがいえる．そのようすを，二,三の実例によって，実感として把握し，認識を新たにしよう．

位置ベクトルの場合に2点を $\mathrm{A}(\boldsymbol{a}),\mathrm{B}(\boldsymbol{b})$ とすると

$$\overrightarrow{\mathrm{AB}}=\boldsymbol{b}-\boldsymbol{a},$$

であった．これをガウス平面上でみると，2点 $\mathrm{A}(\alpha),\mathrm{B}(\beta)$ に対して

[1] $\overrightarrow{\mathrm{AB}}=\beta-\alpha,$

となる．

また，位置ベクトルで，2点 $\mathrm{A}(\boldsymbol{a}),\mathrm{B}(\boldsymbol{b})$ を結ぶ線分ABを $m:n$ に分ける点を $\mathrm{P}(\boldsymbol{x})$ とすると

$$\boldsymbol{x}=\frac{m\boldsymbol{b}+n\boldsymbol{a}}{m+n} \qquad (m+n\neq 0) \qquad ①$$

であった．これをガウス平面上でみると，2点 $\mathrm{A}(\alpha),\mathrm{B}(\beta)$ を結ぶ線分ABを $m:n$ に分ける点を $\mathrm{P}(z)$ とすると

[2] $z=\dfrac{m\beta+n\alpha}{m+n}$ ②

が成り立ち，しかも，その証明はベクトルの場合と少しも変わらない．

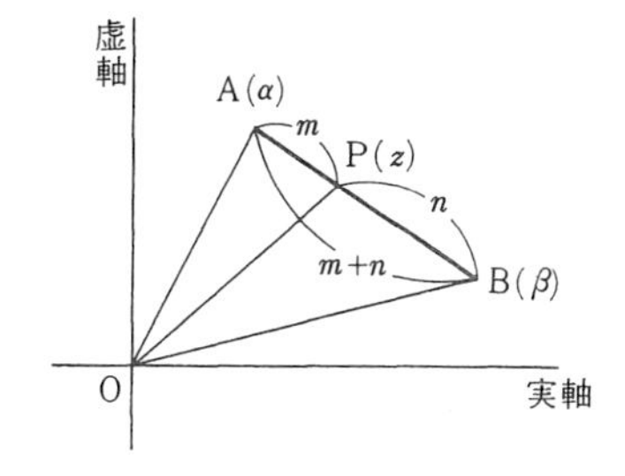

$\overrightarrow{\mathrm{AP}}=z-\alpha$，$\overrightarrow{\mathrm{AB}}=\beta-\alpha$ で，$\overrightarrow{\mathrm{AP}}$ は $\overrightarrow{\mathrm{AB}}$ の $\dfrac{m}{m+n}$ 倍であるから

$$z-\alpha=\frac{m}{m+n}(\beta-\alpha)$$

これを z について解くと

$$z=\frac{m}{m+n}(\beta-\alpha)+\alpha=\frac{m\beta+n\alpha}{m+n}$$

×　　　　　　　　×

公式が同じであれば，それらから導かれる公式もまた同じになるのは当たりまえである．

たとえば，3点 $\mathrm{A}(\boldsymbol{a}), \mathrm{B}(\boldsymbol{b}), \mathrm{C}(\boldsymbol{c})$ を頂点とする三角形の重心を $\mathrm{G}(\boldsymbol{x})$ とすると，①を用いることによって

$$\boldsymbol{x}=\frac{\boldsymbol{a}+\boldsymbol{b}+\boldsymbol{c}}{3}$$

が導かれた．したがって，ガウス平面上で，3点 $\mathrm{A}(\alpha), \mathrm{B}(\beta), \mathrm{C}(\gamma)$ を頂点とする三角形の重心を $\mathrm{G}(z)$ とすると

$$z=\frac{\alpha+\beta+\gamma}{3}$$

となる．

×　　　　　　　　×

また，ベクトルの公式は，その成分で表わすことによって，2つの公式に分解された．たとえば①で $\boldsymbol{a}=(x_1, y_1)$，$\boldsymbol{b}=(x_2, y_2)$，$\boldsymbol{x}=(x, y)$ とおくと

$$(x, y)=\frac{m(x_2, y_2)+n(x_1, y_1)}{m+n}=\left(\frac{mx_2+nx_1}{m+n},\ \frac{my_2+ny_1}{m+n}\right)$$

$$\therefore\quad x=\frac{mx_2+nx_1}{m+n},\qquad y=\frac{my_2+ny_1}{m+n} \qquad ③$$

同様の状況は複素数でも起きる．複素数を実部と虚部を用いて表わせば，公式は2つに分解される．②において $\alpha=x_1+y_1i$，$\beta=x_2+y_2i$，さらに $z=x+yi$ とおいてみよ．

$$x+yi=\frac{m(x_2+y_2i)+n(x_1+y_1i)}{m+n}=\frac{mx_2+nx_1}{m+n}+\frac{my_2+ny_1}{m+n}i$$

ここで両辺の実部どうし，虚部どうしを等しいと置くと，③に一致する．

以上により，複素数とベクトルの類似性が余すところなく理解されたものと思う．

§2 複素数の乗除と矢線ベクトル

ベクトルと複素数の似ている点の解明は済んだから，異なる点の解明に目を向けよう．ベクトルにも積と名のつく内積と外積があるが，それらは複素数の積とは異質である．２次元のベクトルの内積は１つの実数であって２次元のベクトルではなかった．ところが，複素数の積は複素数である．

さて，複素数の乗法は，ガウス平面上の矢線ベクトルではどのようになるだろうか．この解明に有力な表現は極形式である．複素数

$$z=r(\cos\theta+i\sin\theta)$$

は，矢線ベクトルでみると，絶対値 r はその長さに等しく，偏角 θ は矢線ベクトルが x 軸となす角に等しい．したがって θ によって矢線の向きが定まる．

× ×

２つの複素数を

$$z_1=r_1(\cos\theta_1+i\sin\theta_1)$$
$$z_2=r_2(\cos\theta_2+i\sin\theta_2)$$

とすると，これらの積は

$$z_1z_2=r_1r_2\{\cos(\theta_1+\theta_2)+i\sin(\theta_1+\theta_2)\}$$

この内容を図形的に解釈するのはやさしい．積も１つの矢線ベクトルで，その長さは r_1r_2 で，向きを定める偏角は $\theta_1+\theta_2$ である．

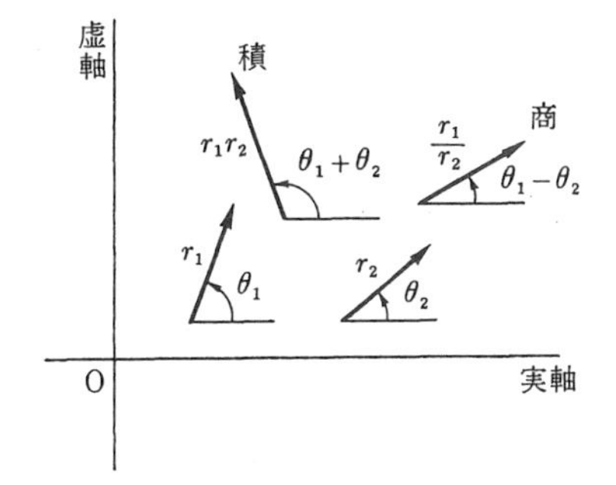

商の場合も大差ない．r_1r_2 は $\dfrac{r_1}{r_2}$ に，$\theta_1+\theta_2$ は $\theta_1-\theta_2$ にかわるだけである．

これをもっと図形的にみる１つの方法は，矢線をすべて同じ点からひいてみるとよい．

いま４つの複素数

$$z_i=r_i(\cos\theta_i+i\sin\theta_i)\qquad i=1,2,3,4$$

の間に $z_1z_2=z_3z_4$ の関係があったとすると $\dfrac{z_1}{z_4}=\dfrac{z_3}{z_2}$ とかきかえられるから，

これを絶対値と偏角との関係としてみると

$$\frac{r_1}{r_4}=\frac{r_3}{r_2}, \qquad \theta_1-\theta_4=\theta_3-\theta_2$$

したがって，4つの複素数を表わす矢線を原点からひいたとすると

$$\triangle \mathrm{OA_4A_1} \backsim \triangle \mathrm{OA_2A_3}$$

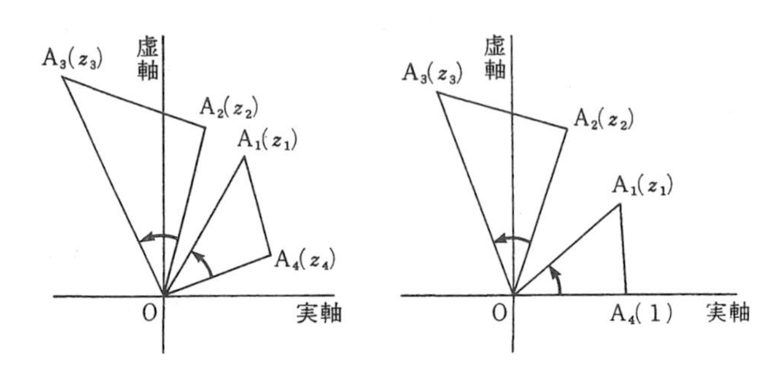

上の場合において，とくに $z_4=1$ とおくと，$z_1z_2=z_3$ となるから，z_3 は z_1 と z_2 の積である．したがって，$\mathrm{A_1}(z_1), \mathrm{A_2}(z_2)$ のときは，$\mathrm{A_4}(1)$ をとり，$\triangle \mathrm{OA_4A_1}$ に相似に $\triangle \mathrm{OA_2A_3}$ を作ると，$\mathrm{A_3}$ の座標が z_1z_2 になる．

× ×

以上の乗法では，2数 z_1, z_2 を平等に取り扱い，ともに矢線ベクトルで表わし，積 z_1z_2 も矢線ベクトルで表わした．あるいは z_1, z_2, z_1z_2 を点でも表わした．

しかし，この図表示が最善なわけではない．z_1z_2 において，z_1 を矢線ベクトル，z_2 を**作用素**（オペレーター）と見る考えもある．この見方をとるときは，矢線ベクトルと作用素とを区別するため，文字を大幅にかえるのがよいだろう．矢線ベクトルを表わす複素数は z，これに作用する複素数は α で表わしてみよう．

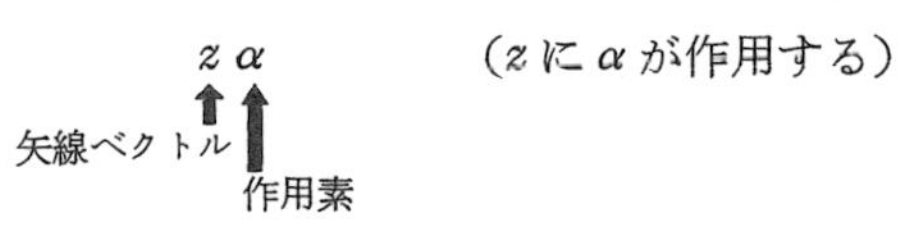

$z=r(\cos\theta+i\sin\theta)$，$\alpha=\rho(\cos\phi+i\sin\phi)$ とおくと

$$z\alpha=r\rho\{\cos(\theta+\phi)+i\sin(\theta+\phi)\}$$

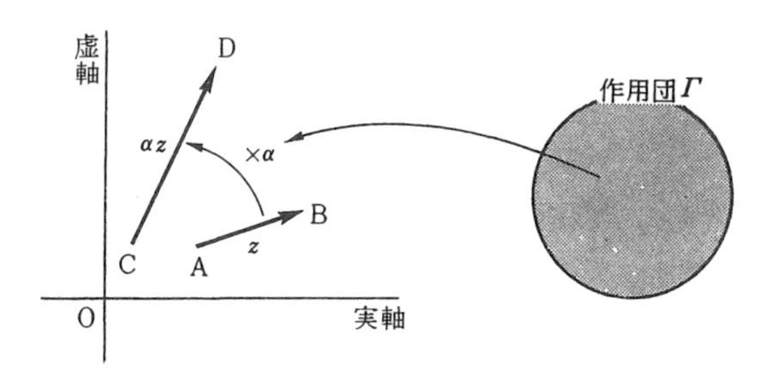

zを表わす矢線ベクトルを $\overrightarrow{AB}$, αzを表わす矢線ベクトルを $\overrightarrow{CD}$ としてみると，$\overline{CD}$ は $\overline{AB}$ の ρ 倍で，$\overrightarrow{CD}$ の向きは $\overrightarrow{AB}$ の向きを ϕ だけかえたものになる．つまり $\overrightarrow{AB}$ を α 倍すると，長さを ρ 倍，向きを ϕ だけかえた $\overrightarrow{CD}$ ができる．もちろん，$\overrightarrow{AB}$, $\overrightarrow{CD}$ の位置には制限がない．

作用素に当たる複素数の集合は**作用団**と呼び Γ で表わし，作用される複素数 z の集合 $\boldsymbol{C}$ と区別しておこう．

全く同様にして

$$\frac{z}{\alpha}=\frac{r}{\rho}\{\cos(\theta-\phi)+i\sin(\theta-\phi)\}$$

z, $\dfrac{z}{\alpha}$ の表わす矢線をそれぞれ $\overrightarrow{AB}$, $\overrightarrow{CD}$ とすると，$\overline{CD}$ は $\overline{AB}$ の $\dfrac{1}{\rho}$ 倍で，$\overrightarrow{CD}$ の向きは $\overrightarrow{AB}$ の向きを $-\phi$ だけかえたものになる．

このような変身を複素数の加法に試みればどうなるだろうか．

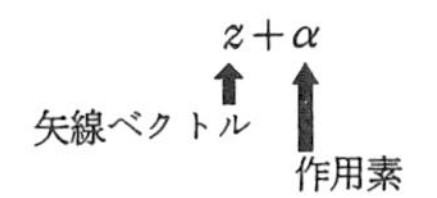

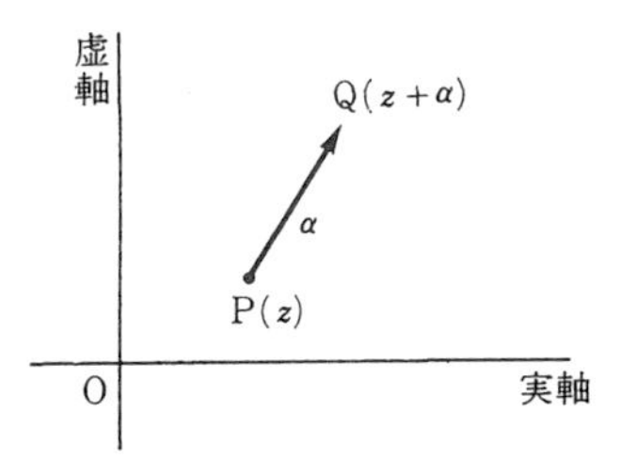

z と $z+\alpha$ とは点を表わすと見，α を作用とみると，点 Q($z+\alpha$) は点 P(z) に矢線ベクトル α で表わされる平行移動を行なった点になる．

乗法で，とくに作用素 α の絶対値が 1 の場合は，α 倍すると矢線ベクトルは向きだけをかえる．

以上のような演算の意味づけの変身は，応用上に計り知れない効果をもたらすものである．

×　　　　×

例1 zを表わす矢線ベクトル $\overrightarrow{AB}$ が与えられているとき，$(1+i)z$ を表わす矢線ベクトルを図解せよ．

作用素 $1+i$ を極形式に直すと

$$1+i=\sqrt{2}\left(\cos\frac{\pi}{4}+i\sin\frac{\pi}{4}\right)$$

よって，$(1+i)z$ を表わす矢線ベクトルを $\overrightarrow{AC}$ とすると

$$\overline{AC}=\sqrt{2}\,\overline{AB}, \qquad \angle BAC=\frac{\pi}{4}$$

したがって，B から AB に垂線 BC を立て，$\overline{BC}$ を $\overline{AB}$ に等しくとれば，$\overrightarrow{AC}$ は求める矢線ベクトルである．ただし，$\angle BAC$ が正の角になるように C をとる．

例2 3点 $A(\alpha), B(\beta), C(\gamma)$ を頂点とする三角形が正三角形になるための条件は

$$\alpha^2+\beta^2+\gamma^2-\beta\gamma-\gamma\alpha-\alpha\beta=0$$

であることを証明せよ．

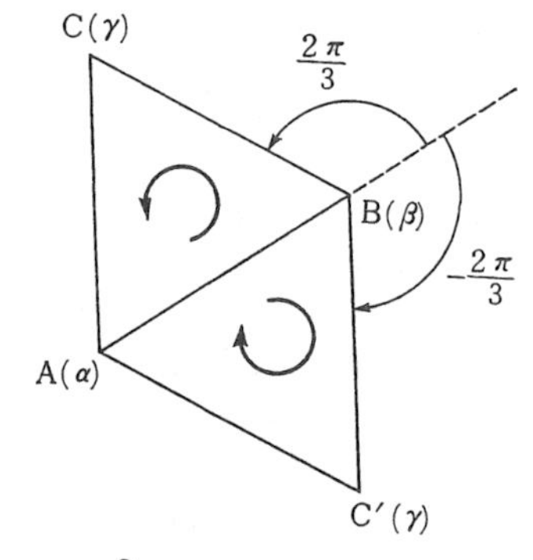

矢線 $\overrightarrow{AB}, \overrightarrow{BC}$ の関係に目をつける．

$\overrightarrow{AB}=\beta-\alpha$ の向きを $\dfrac{2}{3}\pi$ または $-\dfrac{2}{3}\pi$ かえたものが $\overrightarrow{BC}=\gamma-\beta$ であるから

$$\gamma-\beta=(\beta-\alpha)\left(\cos\frac{2\pi}{3}+i\sin\frac{2\pi}{3}\right)$$

または

$$\gamma-\beta=(\beta-\alpha)\left(\cos\frac{2\pi}{3}-i\sin\frac{2\pi}{3}\right)$$

$\cos\dfrac{2\pi}{3}+i\sin\dfrac{2\pi}{3}=\omega$ とおくと $\cos\dfrac{2\pi}{3}-i\sin\dfrac{2\pi}{3}=\bar{\omega}$ であるから

$$\gamma-\beta-(\beta-\alpha)\omega=0 \quad \text{または} \quad \gamma-\beta-(\beta-\alpha)\bar{\omega}=0$$

$$\{\gamma-\beta-(\beta-\alpha)\omega\}\{\gamma-\beta-(\beta-\alpha)\bar{\omega}\}=0$$

$$(\gamma-\beta)^2-(\gamma-\beta)(\beta-\alpha)(\omega+\bar{\omega})+(\beta-\alpha)^2\omega\bar{\omega}=0$$

これに $\omega+\bar{\omega}=-1$，$\omega\bar{\omega}=1$ を代入してから簡単にすれば

$$\alpha^2+\beta^2+\gamma^2-\beta\gamma-\gamma\alpha-\alpha\beta=0$$

➡**注1** ωは1の虚立根であるから $\omega^3=1$，$\bar{\omega}=\dfrac{1}{\omega}=\omega^2$，上の図で，$\triangle ABC$ が正三角形のときは $\alpha\omega+\beta\omega^2+\gamma=0$ で，$\triangle ABC'$ が正三角形のときは $\alpha\omega^2+\beta\omega+\gamma=0$ となる．

➡**注2** 正三角形の条件は，線分の長さの関係 $\overline{AB}=\overline{BC}=\overline{CA}$ を用いて導くこともできるが，計算は楽でない．このほかに，C と AB の中点 M を結び，$\overrightarrow{MC}$ は $\overrightarrow{AB}$ の $\frac{\sqrt{3}}{2}\left(\cos\frac{\pi}{2}\pm i\sin\frac{\pi}{2}\right)=\pm\frac{\sqrt{3}}{2}i$ 倍になることを用いる方法もあり，これは簡単である．

$$\gamma-\frac{\alpha+\beta}{2}=(\beta-\alpha)\left(\pm\frac{\sqrt{3}}{2}i\right)$$

両辺を平方して $\left(\gamma-\frac{\alpha+\beta}{2}\right)^2=-\frac{3}{4}(\beta-\alpha)^2$，これを簡単にしてみよ．

例3 △ABC において，AB, AC をそれぞれ斜辺とする直角二等辺三角形 ABD, ACE を △ABC の外側に作る．BC の中点を M とすれば，

$$\overline{MD}=\overline{ME},\qquad MD\perp ME$$

であることを証明せよ．

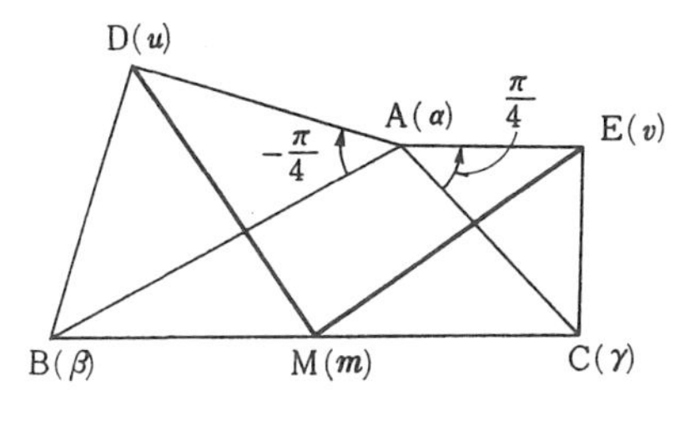

座標軸を任意にとって，A, B, C, D, E の座標をそれぞれ $\alpha, \beta, \gamma, u, v$ とする．

$\overrightarrow{AD}=u-\alpha$ は $\overrightarrow{AB}=\beta-\alpha$ を $\frac{1}{\sqrt{2}}$ 倍し，しかも向きを $-\frac{\pi}{4}$ かえたものであるから，

$$u-\alpha=(\beta-\alpha)\cdot\frac{1}{\sqrt{2}}\left(\cos\frac{\pi}{4}-i\sin\frac{\pi}{4}\right)$$

$$\therefore\quad u=\alpha+\frac{1}{2}(1-i)(\beta-\alpha) \qquad ①$$

同様にして　$\overrightarrow{AE}$ と $\overrightarrow{AC}$ から

$$v=\alpha+\frac{1}{2}(1+i)(\gamma-\alpha) \qquad ②$$

M は BC の中点であるから $m=\frac{\beta+\gamma}{2}$ である．よって

$$\overrightarrow{MD}=\alpha+\frac{1}{2}(1-i)(\beta-\alpha)-\frac{\beta+\gamma}{2}=\frac{(1+i)\alpha-i\beta-\gamma}{2}$$

$$\overrightarrow{ME}=\alpha+\frac{1}{2}(1+i)(\gamma-\alpha)-\frac{\beta+\gamma}{2}=\frac{(1-i)\alpha-\beta+i\gamma}{2}$$

$$\overrightarrow{MD}=i\overrightarrow{ME}$$

$$\therefore\quad \overline{MD}=\overline{ME},\qquad MD\perp ME$$

§3　共役複素数の利用

共役複素数は，点の座標でみると，点 P(z) と点 Q($\bar{z}$) とは，実軸に関して対称の位置にあった．

共役複素数を矢線ベクトルでみると，z の表わす矢線を $\overrightarrow{\mathrm{AP}}$, $\bar{z}$ を表わす矢線を $\overrightarrow{\mathrm{AQ}}$ とすると，$\angle$PAQ の二等分線 g は実軸に平行で，$\overrightarrow{\mathrm{AP}}$ と $\overrightarrow{\mathrm{AQ}}$ は g に関し対称の位置にある．

共役複素数の応用で重要なのは，作用素の場合である．矢線 $\overrightarrow{\mathrm{AB}}$ を表わす複素数を z とし，$\alpha z, \bar{\alpha} z$ を表わす矢線をそれぞれ $\overrightarrow{\mathrm{AP}}, \overrightarrow{\mathrm{AQ}}$ とすると，この2つの矢線は $\overrightarrow{\mathrm{AB}}$ に関し対称の位置にある．すなわち

$$\angle \mathrm{BAQ} = -\angle \mathrm{BAP}$$
$$\overline{\mathrm{AP}} = \overline{\mathrm{AQ}}$$

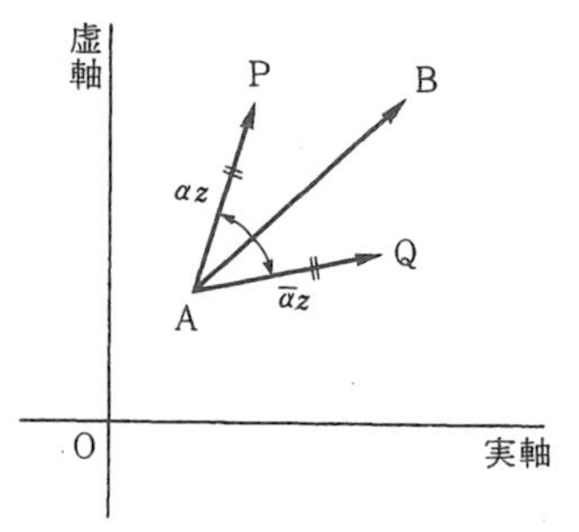

この簡単な応用例を挙げてみる．

例1　3点 A(α), B(β), C(γ) があるとき，直線 AB に関する C の対称点 D の座標を求めよ．また C から AB にひいた垂線を CH とするとき，H の座標を求めよ．

$\overrightarrow{\mathrm{AB}} = \beta - \alpha$，$\overrightarrow{\mathrm{AC}} = \gamma - \alpha$，D の座標を z とすると $\overrightarrow{\mathrm{AD}} = z - \alpha$ さらに，$\angle \mathrm{BAC} = \theta$，$\overline{\mathrm{AC}} = k\overline{\mathrm{AB}}$ とおくと $\angle \mathrm{BAD} = -\theta$，$\overline{\mathrm{AD}} = k\overline{\mathrm{AB}}$ となるから

$$\gamma - \alpha = (\beta - \alpha) \cdot k(\cos\theta + i\sin\theta) \qquad ①$$
$$z - \alpha = (\beta - \alpha) \cdot k(\cos\theta - i\sin\theta) \qquad ②$$

① の両辺の共役複素数を求めれば

$$\bar{\gamma} - \bar{\alpha} = (\bar{\beta} - \bar{\alpha}) \cdot k(\cos\theta - i\sin\theta) \qquad ③$$

② と ③ から k, θ を消去して

$$\frac{z - \alpha}{\bar{\gamma} - \bar{\alpha}} = \frac{\beta - \alpha}{\bar{\beta} - \bar{\alpha}}$$

これを z について解けば

$$z = \alpha + \frac{(\beta - \alpha)(\bar{\gamma} - \bar{\alpha})}{\bar{\beta} - \bar{\alpha}} = \frac{\alpha\bar{\beta} - \bar{\alpha}\beta + \bar{\gamma}(\beta - \alpha)}{\bar{\beta} - \bar{\alpha}}$$

H は線分 CD の中点であるから，その座標を w とすると

$$w=\frac{z+\gamma}{2}=\frac{\alpha\bar{\beta}-\bar{\alpha}\beta+\gamma(\bar{\beta}-\bar{\alpha})+\bar{\gamma}(\beta-\alpha)}{2(\bar{\beta}-\bar{\alpha})}$$

× ×

ガウス平面上で，2つの線分 AB, CD が平行であるための条件と垂直であるための条件を，共役複素数を用いて表わしてみよう．

4点を $\mathrm{A}(\alpha), \mathrm{B}(\beta), \mathrm{C}(\gamma), \mathrm{D}(\delta)$ とすると

$$\overrightarrow{\mathrm{AB}}=\beta-\alpha, \qquad \overrightarrow{\mathrm{CD}}=\delta-\gamma$$

もし，AB // CD ならば，$\overrightarrow{\mathrm{AB}}$ は $\overrightarrow{\mathrm{CD}}$ の実数倍であるから

$$\beta-\alpha=k(\delta-\gamma) \qquad \therefore \quad \frac{\beta-\alpha}{\delta-\gamma}=k$$

k は実数であるから，左辺も実数である．よって複素数が実数であるための条件によって

$$\frac{\beta-\alpha}{\delta-\gamma}=\overline{\left(\frac{\beta-\alpha}{\delta-\gamma}\right)} \qquad \therefore \quad \frac{\beta-\alpha}{\delta-\gamma}=\frac{\bar{\beta}-\bar{\alpha}}{\bar{\delta}-\bar{\gamma}}$$

これが AB // CD であるための条件である．

次に，AB⊥CD とすると，$\overrightarrow{\mathrm{AB}}$ は $\overrightarrow{\mathrm{CD}}$ に純虚数をかけたものになるから

$$\beta-\alpha=ki(\delta-\gamma) \qquad \therefore \quad \frac{\beta-\alpha}{\delta-\gamma}=ki$$

ki は純虚数であるから，左辺も純虚数である．よって複素数が純虚数であるための条件によって

$$\frac{\beta-\alpha}{\delta-\gamma}+\overline{\left(\frac{\beta-\alpha}{\delta-\gamma}\right)}=0 \qquad \therefore \quad \frac{\beta-\alpha}{\delta-\gamma}+\frac{\bar{\beta}-\bar{\alpha}}{\bar{\delta}-\bar{\gamma}}=0$$

例2 四角形 ABCD において

$$\overline{\mathrm{AB}}^2+\overline{\mathrm{CD}}^2=\overline{\mathrm{AD}}^2+\overline{\mathrm{BC}}^2$$

ならば，2つの対角線 AC, BD は直交することを証明せよ．

$\mathrm{A}(\alpha), \mathrm{B}(\beta), \mathrm{C}(\gamma), \mathrm{D}(\delta)$ とおくと，仮定の等式から

$$|\beta-\alpha|^2+|\delta-\gamma|^2=|\delta-\alpha|^2+|\gamma-\beta|^2$$

共役複素数を用いて表わすと

$$(\beta-\alpha)(\bar{\beta}-\bar{\alpha})+(\delta-\gamma)(\bar{\delta}-\bar{\gamma})$$
$$=(\delta-\alpha)(\bar{\delta}-\bar{\alpha})+(\gamma-\beta)(\bar{\gamma}-\bar{\beta})$$

展開して簡単にすると

$$\alpha\bar{\beta}+\bar{\alpha}\beta+\gamma\bar{\delta}+\bar{\gamma}\delta=\alpha\bar{\delta}+\bar{\alpha}\delta+\beta\bar{\gamma}+\bar{\beta}\gamma$$

$$(\alpha-\gamma)(\bar{\beta}-\bar{\delta})+(\beta-\delta)(\bar{\alpha}-\bar{\gamma})=0$$

$$\frac{\alpha-\gamma}{\beta-\delta}+\frac{\bar{\alpha}-\bar{\gamma}}{\bar{\beta}-\bar{\delta}}=0$$

$$\therefore\quad \mathrm{AC}\perp\mathrm{BD}$$

例3　相異なる3つの複素数 α,β,γ が等式

$$\bar{\alpha}(\beta-\gamma)+\bar{\beta}(\gamma-\alpha)+\bar{\gamma}(\alpha-\beta)=0$$

をみたすとき，3点 $\mathrm{A}(\alpha),\mathrm{B}(\beta),\mathrm{C}(\gamma)$ は1直線上にあることを証明せよ．

A, B, C が1直線上にあることを示すには，AB∥AC を示せばよい．それには

$$\frac{\beta-\alpha}{\gamma-\alpha}=\frac{\bar{\beta}-\bar{\alpha}}{\bar{\gamma}-\bar{\alpha}}$$

を示せばよい．すなわち

$$(\beta-\alpha)(\bar{\gamma}-\bar{\alpha})=(\gamma-\alpha)(\bar{\beta}-\bar{\alpha})$$

を示せばよい．ところが，この等式はかきかえると

$$\bar{\alpha}(\beta-\gamma)+\bar{\beta}(\gamma-\alpha)+\bar{\gamma}(\alpha-\beta)=0$$

となって仮定の等式に一致する．よって A, B, C は1直線上にある．

例4　原点を中心とする単位円上の相異なる4点 $\mathrm{A}(\alpha),\mathrm{B}(\beta),\mathrm{C}(\gamma),\mathrm{D}(\delta)$ が

$$\alpha+\beta+\gamma+\delta=0 \qquad ①$$

をみたすとき，A, B, C, D を頂点とする四角形は，どんな四角形か．

A, B, C, D は単位円上にあるから $|\alpha|=|\beta|=|\gamma|=|\delta|=1$

$$\therefore\quad \alpha\bar{\alpha}=\beta\bar{\beta}=\gamma\bar{\gamma}=\delta\bar{\delta}=1$$

$$\therefore\quad \bar{\alpha}=\frac{1}{\alpha},\ \bar{\beta}=\frac{1}{\beta},\ \gamma=\frac{1}{\gamma},\ \bar{\delta}=\frac{1}{\delta} \qquad ②$$

① の両辺の共役複素数をとって

$$\bar{\alpha}+\bar{\beta}+\bar{\gamma}+\bar{\delta}=0$$

これに ② を代入して

$$\frac{1}{\alpha}+\frac{1}{\beta}+\frac{1}{\gamma}+\frac{1}{\delta}=0 \qquad ③$$

① と ② から δ を消去すれば

$$\frac{1}{\alpha}+\frac{1}{\beta}+\frac{1}{\gamma}-\frac{1}{\alpha+\beta+\gamma}=0$$

$$(\alpha+\beta+\gamma)(\beta\gamma+\gamma\alpha+\alpha\beta)-\alpha\beta\gamma=0$$

$$(\beta+\gamma)(\gamma+\alpha)(\alpha+\beta)=0$$

$$\therefore\quad \beta+\gamma=0 \quad \text{or} \quad \gamma+\alpha=0 \quad \text{or} \quad \alpha+\beta=0$$

$\beta+\gamma=0$ のとき①から $\alpha+\delta=0$

$$\therefore\quad \beta=-\gamma,\quad \alpha=-\delta$$

よって，BとC，AとDは原点に関し対称の位置にあるから，四角形ABDCは長方形である．

同様にして $\gamma+\alpha=0$ のときは，四角形ABCDは長方形，$\alpha+\beta=0$ のときは四角形ACBDが長方形である．

いずれにしても，A, B, C, Dを頂点とする四角形は長方形である．

例5 原点を中心とする単位円上の相異なる点 $\mathrm{A}(\alpha), \mathrm{B}(\beta), \mathrm{C}(\gamma)$ が

$$\alpha+\beta+\gamma=0 \qquad ①$$

をみたすとき，△ABCはどんな三角形か．

A, B, Cは単位円上にあるから $|\alpha|=|\beta|=|\gamma|=1$

$$\therefore\quad \bar{\alpha}=\frac{1}{\alpha},\quad \bar{\beta}=\frac{1}{\beta},\quad \bar{\gamma}=\frac{1}{\gamma}$$

①から $\bar{\alpha}+\bar{\beta}+\bar{\gamma}=0$，これに上の式を代入して

$$\frac{1}{\alpha}+\frac{1}{\beta}+\frac{1}{\gamma}=0 \qquad \therefore\quad \beta\gamma+\gamma\alpha+\alpha\beta=0 \qquad ②$$

①,②から γ を消去して　　$\beta^2+\alpha\beta+\alpha^2=0$

$$\beta=\omega\alpha \quad \text{or} \quad \beta=\omega^2\alpha$$

$\beta=\omega\alpha$ のとき　$\gamma=-\alpha-\omega\alpha=\omega^2\alpha$

$$\angle\mathrm{AOB}=\frac{2\pi}{3},\ \angle\mathrm{AOC}=\frac{4\pi}{3},$$ △ABCは正三角形である．

$\beta=\omega^2\alpha$ のときも同様にして△ABCは正三角形である．

練　習　問　題　2

問題

1．P(α)のとき，次の点Q, Rを作図せよ．Q, Rはどんな点になるか．

(1) $\mathrm{Q}(\alpha+\bar{\alpha})$　　(2) $\mathrm{R}(\alpha-\bar{\alpha})$

ヒントと略解

1．(1) $\alpha+\bar{\alpha}$ は実数だからQは実軸上にある．

(2) $\alpha-\bar{\alpha}$ は純虚数または0だからRは虚軸上にある．

2．$\overrightarrow{\mathrm{CP}}$ を $\overrightarrow{\mathrm{CA}}$ および $\overrightarrow{\mathrm{CB}}$ 方向に分解する．すなわ

2．$A(\alpha), B(\beta), C(\gamma)$ は三角形の頂点のとき，ガウス平面上の任意の点を$P(z)$とすると，zは

$$\begin{cases} z=l\alpha+m\beta+n\gamma \\ l+m+n=1 \end{cases}$$

の形の式で，ただ1通りに表わされることを明らかにせよ．

3．△ABC の重心をG，ガウス平面上の任意の点をPとすれば

$$\overline{PA}^2+\overline{PB}^2+\overline{PC}^2 =\overline{GA}^2+\overline{GB}^2+\overline{GC}^2+3\overline{PG}^2$$

が成り立つことを証明せよ．

4．ガウス平面上の正六角形 ABCDEF において$A(\alpha), B(\beta)$であるとき，C,D,E,F の座標を求めよ．ただし ∠ABC は負となる位置にあるとする．

5．3点 $A(\alpha), B(\beta), C(\gamma)$ を頂点とする三角形がある．AB, AC をそれぞれ1辺として正方形ABDE, ACFG を三角形 ABC の外側に作る．EG の中点をMとすれば

$$AM\perp BC,\quad 2\overline{AM}=\overline{BC}$$

であることを証明せよ．

6．複素平面上の三角形 ABC の外側に，辺BC, CA, ABを斜辺とする3つの直角二等辺三角形 BCD, CAE, ABF を作り，点 A, B, C, D, E, F の表わす複素数をそれぞれ $\alpha,\beta,\gamma,z_1,z_2,z_3$ とする．A→B→C→A の回り方が時計の針の回り方と逆であ

ちPから BC, AC に平行線をひいて AC, BC との交点をそれぞれ Q, R とすれば $\overrightarrow{CP}=\overrightarrow{CQ}+\overrightarrow{CR}=l\overrightarrow{CA}+m\overrightarrow{CB}$ をみたす実数 l, m が1組定まる．この式から

$z-\gamma=l(\alpha-\gamma)+m(\beta-\gamma)$

$\therefore\ z=l\alpha+m\beta+(1-l-m)\gamma$

ここで $1-l-m=n$ とおけ．

3．G を原点にとって $A(\alpha), B(\beta), C(\gamma), P(z)$ とおくと，　$\alpha+\beta+\gamma=0$,　左辺$=(z-\alpha)(\bar{z}-\bar{\alpha})+(z-\beta)(\bar{z}-\bar{\beta})+(z-\gamma)(\bar{z}-\bar{\gamma})=\alpha\bar{\alpha}+\beta\bar{\beta}+\gamma\bar{\gamma}+3z\bar{z}-\bar{z}(\alpha+\beta+\gamma)-z(\bar{\alpha}+\bar{\beta}+\bar{\gamma})=\alpha\bar{\alpha}+\beta\bar{\beta}+\gamma\bar{\gamma}+3z\bar{z}=$右辺

4．C, D, E, F の座標をそれぞれ c, d, e, f とする．$\overrightarrow{BC}$ は $\overrightarrow{BA}$ の向きを $-\dfrac{2\pi}{3}$ かえたものだから

$c-\beta=(\alpha-\beta)(-\omega)$　$\therefore\ c=-\alpha\omega-\beta\omega^2$,

$d=\alpha+\overrightarrow{AD}=\alpha+2\overrightarrow{BC}=\alpha-2(\alpha-\beta)\omega$
$=(1-2\omega)\alpha+2\omega\beta$

$e=d+\overrightarrow{DE}=d+\overrightarrow{BA}=2(1-\omega)\alpha+(2\omega-1)\beta$

$f=c+\overrightarrow{CF}=c+2\overrightarrow{BA}=(2-\omega)\alpha-(2+\omega^2)\beta$

5．$E(e), G(g), M(m)$ とおく．$\overrightarrow{AE}=\overrightarrow{AB}\times(-i)$ から $e-\alpha=-(\beta-\alpha)i$　$\therefore\ e=\alpha+(\alpha-\beta)i$

同様にして $g=\alpha+(\gamma-\alpha)i$，$m=\dfrac{e+g}{2}=\alpha+\dfrac{\gamma-\beta}{2}i$．よって

$$\overrightarrow{AM}=\left(\alpha+\frac{\gamma-\beta}{2}i\right)-\alpha=\frac{\gamma-\beta}{2}i,\ \overrightarrow{BC}=\gamma-\beta,$$

よって $AM\perp BC$，$2\overline{AM}=\overline{BC}$

6．(1) $\overrightarrow{DC}=\gamma-z_1$ の向きを $\dfrac{\pi}{2}$ かえると $\overrightarrow{DB}=\beta-z_1$ になるから $\beta-z_1=(\gamma-z_1)i$

$\therefore\ z_1=\dfrac{\beta-\gamma i}{1-i}$,　同様にして $z_2=\dfrac{\gamma-\alpha i}{1-i}$,

$z_3=\dfrac{\alpha-\beta i}{1-i}$

(2) $\dfrac{\alpha-z_1}{z_2-z_3}=\dfrac{(\alpha-\beta)+(\gamma-\alpha)i}{(\gamma-\alpha)-(\alpha-\beta)i}=i$

るとき

(1) z_1, z_2, z_3 を α, β, γ で表わせ.

(2) $\dfrac{\alpha-z_1}{z_2-z_3}$ の値を求めよ.

(3) AD⊥EF を証明せよ. 線分AD, EFの長さの関係はどうなっているか.

7. 四角形ABCDにおいて $\overline{\mathrm{AB}}=\overline{\mathrm{CD}}$ のとき, 辺AD, BCの中点をそれぞれM, Nとすれば, MNはAB, DCと等角をなすことを証明せよ.

(3) (2)の結果から $\overrightarrow{\mathrm{AD}}=\overrightarrow{\mathrm{EF}}i$,

$\therefore$ AD⊥EF, $\overline{\mathrm{AD}}=\overline{\mathrm{EF}}$

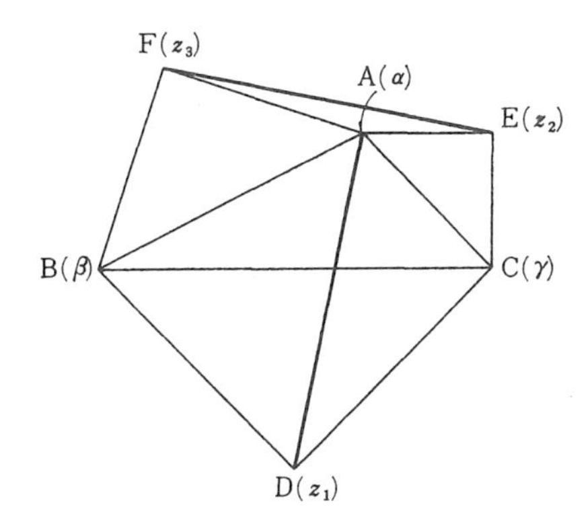

7. A(α), B(β), C(γ), D(δ) とおくと $\overline{\mathrm{AB}}=\overline{\mathrm{CD}}$ であることは $\beta-\alpha=(\gamma-\delta)t$ $(|t|=1)$ と表わされる. $\overrightarrow{\mathrm{AB}}=\beta-\alpha=(\gamma-\delta)t$, $\overrightarrow{\mathrm{DC}}=\gamma-\delta$,

$\overrightarrow{\mathrm{MN}}=\dfrac{\beta+\gamma}{2}-\dfrac{\alpha+\delta}{2}=\dfrac{1+t}{2}(\gamma-\delta)$

$\overrightarrow{\mathrm{AB}}, \overrightarrow{\mathrm{MN}}$ のなす角を θ, $\overrightarrow{\mathrm{MN}}, \overrightarrow{\mathrm{DC}}$ のなす角を θ' とすると, $\theta=\arg\dfrac{t+1}{t}=\arg(1+\bar{t})$,

$\theta'=\arg\dfrac{1}{t+1}=-\arg(t+1)=\arg(1+\bar{t})$

$\therefore$ $\theta=\theta'$

第3章　直線と円の方程式

はじめに　ガウス平面上の直線，円などの図形の方程式は，平面解析幾何における方程式を，複素数で表わしたものに過ぎない．

たとえば，直線の方程式は，平面解析幾何によると

$$\begin{cases} ax+by+c=0 \\ (a,b)\neq(0,0) \end{cases}$$

であった．この式で，係数 a,b,c と変数 x,y はともに実数である．そこでいま $z=x+yi$ とおいてみると $\bar{z}=x-yi$ であるから

$$x=\frac{z+\bar{z}}{2},\quad y=\frac{\bar{z}-z}{2}i$$

これらを，先の方程式に代入すると

$$a\frac{z+\bar{z}}{2}+b\frac{\bar{z}-z}{2}i+c=0$$

$$(a-bi)z+(a+bi)\bar{z}+2c=0$$

$a+bi$ と $a-bi$ とは共役だから $a+bi=\alpha$ とおく．また $2c$ は実数だから，あらためて b とおくと

$$\begin{cases} \bar{\alpha}z+\alpha\bar{z}+b=0 \\ \alpha\neq0 \end{cases}$$

これがガウス平面上の直線の方程式の一般形である．α,z は複素数であるが，b は実数である．

このようにガウス平面上の図形の方程式では，係数が実数かどうかに特に注意しなければならない．

一般に α,β が複素数であっても

$$\alpha\bar{\beta}+\bar{\alpha}\beta$$

は必ず実数であり

$$\alpha\bar{\beta}-\bar{\alpha}\beta$$

は純虚数または 0 であるから $(\alpha\bar{\beta}-\alpha\bar{\beta})i$ は実数である．

これらの知識は，係数が実数かどうかの判定にしばしば利用される．

ガウス平面上の図形の方程式は以上のように解析幾何における方程式から導かれるが，この章では，この方法をとらない．前の章で，複素数はガウス平面上では矢線ベクトルで表わされることを知ったから，この知識をフルに活用し，直接に方程式を導くことにする．

複素数のままで無理な場合は実部と虚部を分離し，x,y についての方程式にかえてみるとよい．

§1 直線の方程式

ベクトルの場合にならい，1点を通り，1つのベクトルに平行な直線，および，1つのベクトルに垂直な直線の方程式を導く．求めた方程式はベクトルの場合と比較してみるのも望ましいが，もっと重要なことは，どんな型の方程式が複素数の利用にふさわしいかを知ることである．

× ×

ガウス平面上で，1点 $P_1(z_1)$ を通り，1つのベクトル α に平行な直線を g とする．g の方程式を求めるには，この上の任意の点を $P(z)$ とし，z のみたす方程式を導けばよい．

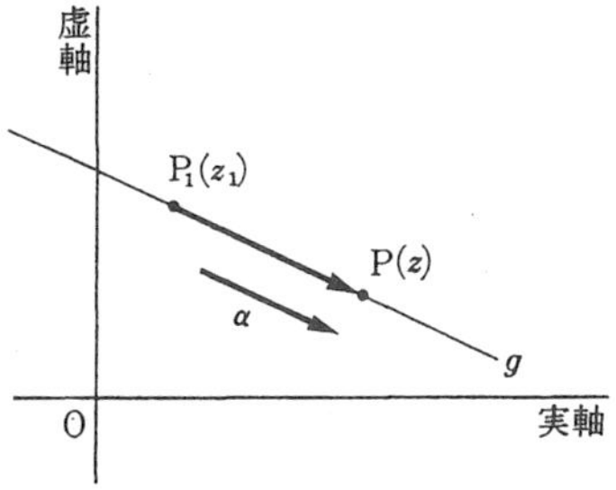

ベクトル $\overrightarrow{P_1P}=z-z_1$ は，ベクトル α に平行であるから

$$z-z_1=\alpha t$$

[1] $\quad z=z_1+t\alpha \quad (t\in\boldsymbol{R})$

逆は確かめるまでもないから，[1] は g の方程式で，t は実変数のパラメーターである．これは，ベクトルの場合と何んら変らない方程式である．

× ×

相異なる2点 $P_1(z_1), P_2(z_2)$ を通る直線は，点 $P_1(z_1)$ を通り，ベクトル $\overrightarrow{P_1P_2}=z_2-z_1$ に平行な直線ともみられるから [1] によって

[2] $\quad z=z_1+(z_2-z_1)t \qquad (t\in\boldsymbol{R})$

これは，z_1, z_2 について対等な形にかいたものが広く用いられる．

$$z=(1-t)z_1+tz_2$$

ここで $1-t=s$ とおくと

[3] $\quad z=sz_1+tz_2 \qquad (s+t=1,\quad s,t\in\boldsymbol{R})$

これも，ベクトル方程式に似ているから，くわしい説明は必要ないだろう．s, t の符号によって，点 $P(z)$ の P_1P_2 に対する位置が定まる．

$s\geqq 0$，$t\geqq 0$ のとき，点 P は線分 P_1P_2 上にある．

$s<0$，$t>0$ のとき，点 P は P_1P_2 の P_2 の方の延長上にある．

$s>0$，$t<0$ のとき，点Pは P_1P_2 の P_1 の方の延長上にある．

×　　　　　　　　×

次に，点 $P_1(z_1)$ を通り，ベクトル α に垂直な直線 g の方程式はどうか．g 上の任意の点を $P(z)$ とすると，$\overrightarrow{P_1P}=z-z_1$ は α に垂直であるから αi には平行である．したがって，[1] によって

$$z=z_1+t\alpha i \qquad (t\in\boldsymbol{R}) \qquad ①$$

これは [1] と同じタイプのもので，特に公式とする必要がない．

直線のベクトル方程式は，方向ベクトルを与えたときと，法線ベクトルを与えたときとで，目立った差がみられたが，複素数の方程式では大差がない．

×　　　　　　　　×

さて，パラメーターを含まない方程式はどうなるか．

それを求めるには，① の両辺の共役複素数をとって

$$\bar{z}=\bar{z}_1-t\bar{\alpha}i \qquad ②$$

①,② から t を消去すればよい．

$$\bar{\alpha}z+\alpha\bar{z}-(\bar{\alpha}z_1+\alpha\bar{z}_1)=0$$

$-(\bar{\alpha}z_1+\alpha\bar{z}_1)$ は実数であるから b で表わすと

$$\bar{\alpha}z+\alpha\bar{z}+b=0 \qquad (b\in\boldsymbol{R},\ \alpha\neq 0) \qquad ③$$

直線の方程式は ③ の形になることがわかった．しかし，逆に ③ が必ず直線を表わすかどうかは，検討を待ってはじめて，わかることである．③ はつねに

$$\left(\bar{\alpha}z+\frac{b}{2}\right)+\left(\alpha\bar{z}+\frac{b}{2}\right)=0$$

$$\left(\bar{\alpha}z+\frac{b}{2}\right)+\left(\overline{\bar{\alpha}z+\frac{b}{2}}\right)=0$$

この式から，$\bar{\alpha}z+\dfrac{b}{2}$ は純虚数か0である．そこで

$$\bar{\alpha}z+\frac{b}{2}=ti \qquad (t\in\boldsymbol{R})$$

とおくと

$$z=-\frac{b}{2\bar{\alpha}}+\frac{\alpha i}{|\alpha|^2}t \qquad (t\in\boldsymbol{R})$$

これは [1] と同じ形の方程式であるから，点 $-\dfrac{b}{2\bar{\alpha}}$ を通り，ベクトル α に垂直な直線を表わす．

以上によって，ガウス平面上の任意の直線は，次の方程式で表わされる．逆

にこの方程式がガウス平面上の直線を表わすことが明らかにされた．

[4] 直線の方程式

$$\bar{\alpha}z+\alpha\bar{z}+b=0 \qquad (b\in \boldsymbol{R},\ \alpha\neq 0)$$

× ×

② の方程式は ① の方程式の両辺の共役複素数を求めて作った方程式で，① の共役方程式という．一般に方程式 $A=B$ に対して，$\bar{A}=\bar{B}$ を**共役方程式**という．もちろん，$A=B$ は $\bar{A}=\bar{B}$ の共役方程式でもある．

複素数に関する方程式では，ある文字の消去に当って，共役方程式がしばしば利用される．

× ×

ガウス平面の場合にも，ヘッセの標準形に当たるものがある．

原点Oを通り，g に垂直な単位ベクトルを作り，これを表わす複素数を λ とする．λ の定める直線が g と交わる点をHとし，$\overrightarrow{\mathrm{OH}}=p\lambda$ とおくと，p は実数で，$\overrightarrow{\mathrm{OH}}$ の向きが λ の向きと同じならば p は正，反対ならば p は負，HがOと一致するならば p は0である．

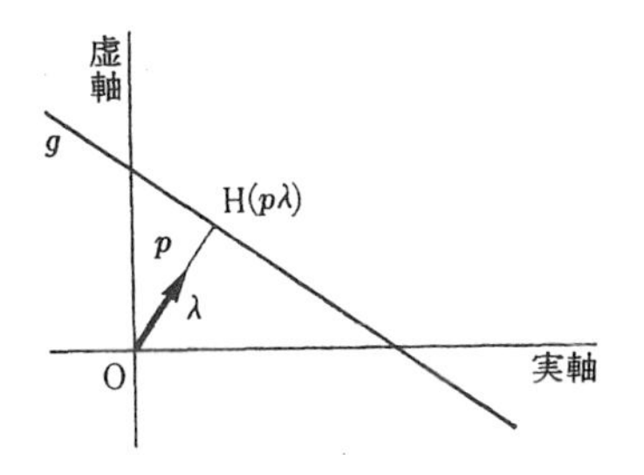

直線 g は点 $\mathrm{H}(p\lambda)$ を通り，λ に垂直であるから，その方程式は

$$z=p\lambda+t\lambda i$$

共役方程式を作って α を消去すると

$$\bar{\lambda}z+\lambda\bar{z}=2p\lambda\bar{\lambda}$$

両辺を $\lambda\bar{\lambda}$ で割って

[5] $$\frac{z}{\lambda}+\frac{\bar{z}}{\bar{\lambda}}=2p \qquad (|\lambda|=1,\ p\in \boldsymbol{R})$$

これが直線のヘッセの標準形である．

もし，$\overrightarrow{\mathrm{OH}}=\alpha$ $(\alpha\neq 0)$ とおくと $p\lambda=\alpha$ であるから，上の式から，直線の方程式として

[6] $$\frac{z}{\alpha}+\frac{\bar{z}}{\bar{\alpha}}=2 \qquad (\alpha\neq 0)$$

が得られる．これも使いやすい方程式である．

この方程式は，g に関する O の対称点を A とすると $\overrightarrow{\mathrm{OA}}=2\alpha$ であるから，もし，ここであらためて $\overrightarrow{\mathrm{OA}}=\alpha$ とおくと，線分 OA の垂直二等分線の方程式は

$$\frac{z}{\alpha}+\frac{\bar{z}}{\bar{\alpha}}=1 \qquad (\alpha \neq 0)$$

となって，一層簡単で，ガウス平面上の直線の方程式にふさわしいものになる．α は直線の法線ベクトルの１つである．

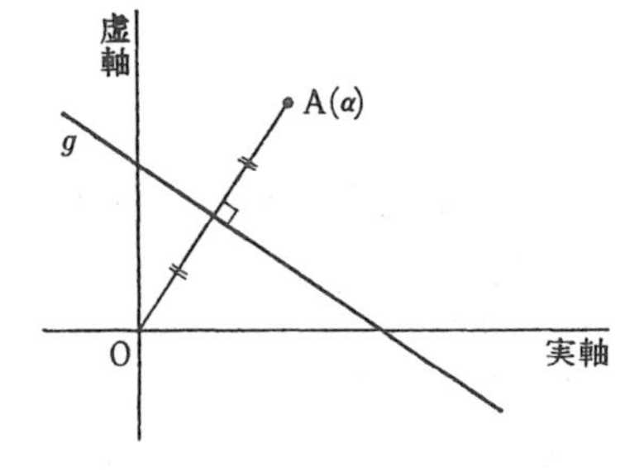

× ×

ここで，応用例を二，三あげよう．

例 1 次の２直線の共有点の座標を求めよ．

$$\bar{\alpha}z+\alpha\bar{z}+a=0 \qquad ①$$

$$\bar{\beta}z+\beta\bar{z}+b=0 \qquad ②$$

ただし $\alpha \neq 0$，$\beta \neq 0$ で，a, b は実数とする．

①,② を z について解けばよい．それには ①,② から $\bar{z}$ を消去すればよいことは明らかであろう．

②×α−①×β $\qquad (\alpha\bar{\beta}-\bar{\alpha}\beta)z=a\beta-b\alpha \qquad$ ③

$\alpha\bar{\beta}-\bar{\alpha}\beta \neq 0$ のとき

$$z=\frac{a\beta-b\alpha}{\alpha\bar{\beta}-\bar{\alpha}\beta}$$

ただ１つの共有点がある．

$\alpha\bar{\beta}-\bar{\alpha}\beta=0$，$a\beta-b\alpha=0$ のとき ③ は不定である．原式 ①,② にもどって検討する．

$\alpha\bar{\beta}=\bar{\alpha}\beta$ 　から　 $\alpha=\dfrac{\beta}{\bar{\beta}}\bar{\alpha}$

$a\beta-b\alpha=0$ 　から　 $a=\dfrac{\alpha}{\beta}b$ 　 $\therefore$ 　 $a=\dfrac{\bar{\alpha}}{\bar{\beta}}b$

これらを ① に代入すると

$$\bar{\alpha}z+\frac{\beta}{\bar{\beta}}\bar{\alpha}\bar{z}+\frac{\bar{\alpha}}{\bar{\beta}}b=0 \qquad \therefore \quad \bar{\beta}z+\beta\bar{z}+b=0$$

となって ② に一致する．したがって，これをみたす z がすべて解である．

$\alpha\bar{\beta}-\bar{\alpha}\beta=0$, $a\beta-b\alpha \neq 0$ のとき ③ は不能だから，①,② をみたす z も存在しない．

例2 方程式 $z+\lambda\bar{z}+\mu=0$, $\lambda\neq0$ が直線を表わすための条件を求めよ.

1つの方法は, 直線の方程式 $\bar{\alpha}z+\alpha\bar{z}+b=0$ $(\alpha\neq0,\ b\in\boldsymbol{R})$ にかきかえられるかどうかをみる方法である.

$\mu\neq0$ のとき, 両辺を μ で割って

$$\frac{1}{\mu}z+\frac{\lambda}{\mu}\bar{z}+1=0$$

これが直線を表わすための条件は, $\dfrac{1}{\mu}$ と $\dfrac{\lambda}{\mu}$ とが互いに共役であること.

$$\therefore\ \frac{\lambda}{\mu}=\frac{1}{\bar{\mu}}\qquad\therefore\ \lambda\bar{\mu}=\mu$$

$\mu=0$ のとき, 与えられた方程式は $1\cdot z+\lambda\bar{z}=0$, これが直線を表わすための条件は $\bar{\lambda}=1$ $\therefore\ \lambda=1$

求める答は, $\mu\neq0,\ \lambda\bar{\mu}=\mu$ または $\mu=0,\ \lambda=1$

§2 円の方程式

中心が C(γ) で, 半径が r の円の方程式を求めるのはやさしい. 円上の任意の点を P(z) とすると $\overrightarrow{\mathrm{CP}}=z-\gamma$ の長さが r であるから, 偏角を θ とすると

$$z-\gamma=r(\cos\theta+i\sin\theta)$$

これが, この円の方程式である.

$$\cos\theta+i\sin\theta=\lambda$$

とおくと

[1] $z=\gamma+r\lambda$ $(|\lambda|=1)$

これが円の方程式のパラメーター表示の1つで, パラメーター λ は, 絶対値が1の任意の複素数である.

上の方程式は, λ を一定とし, r を実変数のパラメーターとみれば, 点 C(γ) を通り, 方向ベクトルが λ の直線を表わすことに注意しよう.

このように, 同じ方程式でも, 何をパラメーターとみるかによって, 表わす図形が

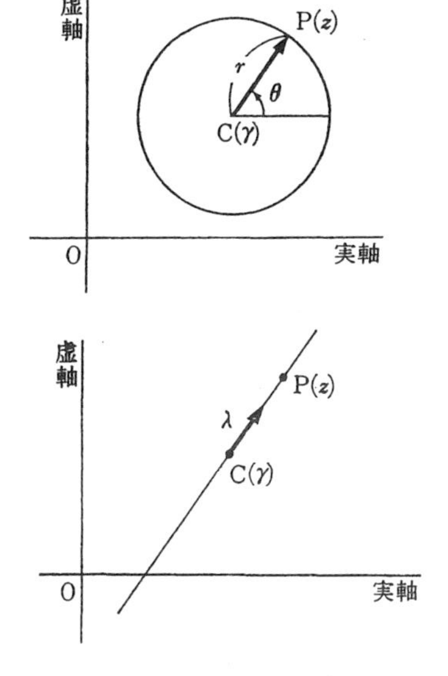

異なる.

× ×

パラメーターを含まない方程式を作るには，[1] とその共役方程式とから λ を消去すればよい.

$$z=\gamma+r\lambda, \qquad \bar{z}=\bar{\gamma}+r\bar{\lambda}$$

$$(z-\gamma)(\bar{z}-\bar{\gamma})=r^2\lambda\bar{\lambda}=r^2$$

これは，$\overline{\mathrm{CP}}^2=|z-\gamma|^2=(z-\gamma)\overline{(z-\gamma)}=r^2$ から導いても同じことである．展開してから移項すると

$$z\bar{z}-\bar{\gamma}z-\gamma\bar{z}+\gamma\bar{\gamma}-r^2=0$$

$-\gamma=\alpha$ とおき，また $\gamma\bar{\gamma}-r^2$ は実数であるから b で表わすと，円の方程式は

$$z\bar{z}+\bar{\alpha}z+\alpha\bar{z}+b=0 \qquad (b\in\boldsymbol{R}) \qquad ①$$

の形になる.

逆に ① が必ず円を表わすかどうかは，検討を待ってはじめて明らかになること．① はかきかえると

$$(z+\alpha)(\bar{z}+\bar{\alpha})=\alpha\bar{\alpha}-b$$

$$(z+\alpha)\overline{(z+\alpha)}=|\alpha|^2-b$$

$$|z+\alpha|=\sqrt{|\alpha|^2-b}\,.$$

よって $|\alpha|^2>b$ ならば，中心が $\mathrm{C}(-\alpha)$ で，半径が $\sqrt{|\alpha|^2-b}$ の円を表わし，$|\alpha|^2=b$ ならば，1つの点 $\mathrm{C}(-\alpha)$ を，$|\alpha|^2<b$ ならば，どんな図形も表わさない.

そこで，次の結論に達した.

[2] 円の方程式は

$$z\bar{z}+\bar{\alpha}z+\alpha\bar{z}+b=0 \qquad (b\in\boldsymbol{R},\ |\alpha|^2-b>0)$$

で表わされ，逆にこの方程式はつねに円を表わす.

この方程式は，直線の方程式 $\bar{\alpha}z+\alpha\bar{z}+b=0$ の左辺に $z\bar{z}$ を追加したものに過ぎないことに注意しよう.

× ×

例 1 原点 O と点 A(3) とからの距離の比が 2:1 に等しい点 P の軌跡を求めよ.

P の座標を z とすると $\overline{\mathrm{OP}}=|z|$，$\overline{\mathrm{AP}}=|z-3|$，よって

$$\overline{\mathrm{OP}}=2\overline{\mathrm{AP}} \text{ から } \qquad |z|=2|z-3|$$

この方程式は，両辺が正または0だから，両辺を平方した

$$|z|^2=4|z-3|^2 \quad \text{すなわち} \quad z\bar{z}=4(z-3)(\bar{z}-3)$$

と同値である．これを簡単にすれば

$$z\bar{z}-4z-4\bar{z}+12=0$$

$$(z-4)(\bar{z}-4)=4$$

$$|z-4|=2$$

これで，求める軌跡は，点C(4)を中心とする半径2の円であることがわかった．

➡**注** 一般に2点A, Bからの距離の比が $m:n$ $(m \neq n)$ なる点Pの軌跡は円で，この円を**アポロニュースの円**という．

例2 複素平面上で，点 $z=x+yi$ が $x=1$ を満足しながら動くとき，次の関係を満足する点 w はそれぞれどんな図形をえがくか．

(1) $w=\dfrac{1}{z-2}$ (2) $w=\dfrac{z+2i}{z-2}$

仮定から $z=1+yi$，したがって $\bar{z}=1-yi$，$z+\bar{z}=2$

(1) z について解いて $z=\dfrac{1}{w}+2$ $(w \neq 0)$

$$\therefore \quad \left(\frac{1}{w}+2\right)+\left(\frac{1}{\bar{w}}+2\right)=2$$

$$w\bar{w}+\frac{1}{2}w+\frac{1}{2}\bar{w}=0$$

$$\left(w+\frac{1}{2}\right)\left(\bar{w}+\frac{1}{2}\right)=\frac{1}{4} \qquad \therefore \quad \left|w+\frac{1}{2}\right|=\frac{1}{2}$$

中心が $-\dfrac{1}{2}$ で，半径が $\dfrac{1}{2}$ の円から原点を除いた図形をえがく．

(2) z について解いて $z=\dfrac{2w+2i}{w-1}$ $(w \neq 1)$

$$\therefore \quad \frac{2w+2i}{w-1}+\frac{2\bar{w}-2i}{\bar{w}-1}=2$$

分母を払って整理すると

$$(w+i)(\bar{w}-i)=2$$

$$(w+i)\overline{(w+i)}=2 \qquad \therefore \quad |w+i|=\sqrt{2}$$

中心が $-i$ で，半径が $\sqrt{2}$ の円から，点1を除いた図形をえがく．

例3 t がすべての実数をとるとき

$$z=\frac{1+it}{1-it}$$

によって与えられる点zの軌跡を求めよ．

tを消去して，zについての方程式を導く．tについて解けば

$$t(z+1)i=z-1$$

$$\therefore \quad ti=\frac{z-1}{z+1} \qquad (z \neq -1)$$

tiは0または純虚数であるから

$$\frac{z-1}{z+1}+\frac{\bar{z}-1}{\bar{z}+1}=0$$

分母を払って簡単にすると

$$z\bar{z}=1 \qquad |z|=1$$

求める軌跡は原点を中心とする半径1の円から，点A(-1)を除いた図形である．

§3 円の方程式のパラメーター表示

円の方程式のパラメーター表示を，先に挙げたが，パラメーターは絶対値が1の複素数であった．実変数をパラメーターとする方程式は作れないものだろうか．それを検討するのがここの課題である．

円は軌跡としてみると，1点からの距離が一定な点の軌跡であるが，このほかに，2点A,Bを結び線分を一定角に見る点Pの軌跡と定義することもできる．ただし，この場合，PAとPBとのなす角を有向角とみなし，Pが直線ABの反対側に移ったときは，πだけ増減すると見るのでないと，Pは完全な

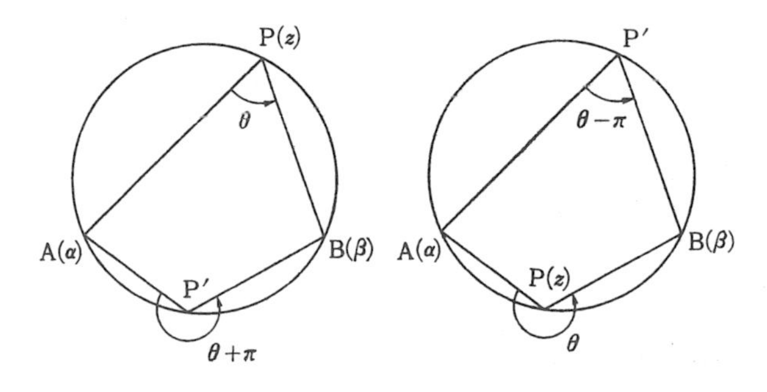

円をえがかない．ただし，このようにしても，2点 A, B は除かれるから，これらを含めるためのくふうは必要である．

× ×

円をこのように円周角が一定によって定義したとき，これに即した方程式はどうなるだろうか．

A, B の座標をそれぞれ α, β とし，円上の任意の点を $\mathrm{P}(z)$ としよう．ただし P が A, B に一致する場合は除いておく．

$\angle \mathrm{APB}=\theta$ とおくと，$\overrightarrow{\mathrm{PB}}=\beta-z$ の向きは $\overrightarrow{\mathrm{PA}}=\alpha-z$ の向きを θ だけかえたものでるあから，$\overline{\mathrm{PB}}$ が $\overline{\mathrm{PA}}$ の r 倍であるとすると

$$\beta-z=(\alpha-z)r(\cos\theta+i\sin\theta)$$

θ は一定であるから，$\cos\theta+i\sin\theta=\lambda$ とおけば，λ は絶対値が1の一定の虚数である．

$$\beta-z=(\alpha-z)r\lambda \qquad (r>0) \qquad ①$$

P が AB に関し反対側にうつると $\angle \mathrm{APB}=\theta+\pi$，または $\theta-\pi$ になるから，同様にして

$$\beta-z=-(\alpha-z)r\lambda \qquad (r>0) \qquad ②$$

①, ② で $r=0$ とおくと $z=\beta$ となるから，この場合と ①, ② とは，次の1つの式にまとめることが可能である．

$$\beta-z=(\alpha-z)t\lambda \qquad (t\in\boldsymbol{R})$$

これを z について解いて

[1] $$z=\frac{\beta-\alpha\lambda t}{1-\lambda t} \qquad (t\in\boldsymbol{R},\ |\lambda|=1,\ \lambda\notin\boldsymbol{R}) \qquad ①$$

これが，A, B を通る円の方程式のパラメーター表示で，パラメーターは実変数である．ただし，A は除かれている．

① において $|t|\to\infty$ とすると

$$z=\frac{\dfrac{\beta}{t}-\alpha\lambda}{\dfrac{1}{t}-\lambda} \to \alpha$$

したがって，実数に $+\infty, -\infty$ を追加した広義の実数 $\boldsymbol{R}^*$ を考え，$t=\pm\infty$ には，$z=\alpha$ が対応すると約束すれば，① は A, B を通る1つの円を完全に表わすことになる．

方程式のパラメーター表示では，パラメーターと点との対応を具体的につかんでおくのが望ましい．

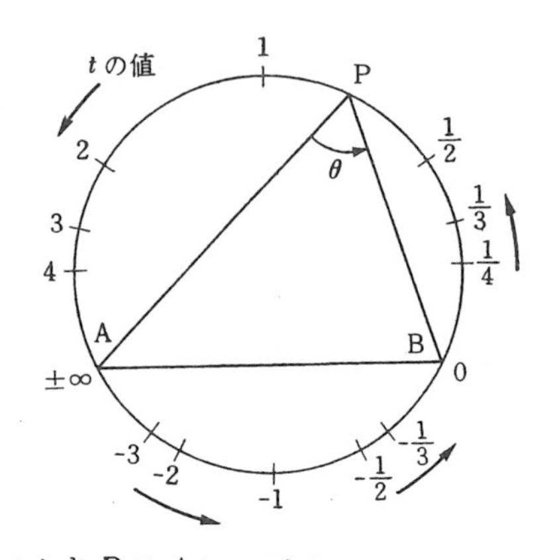

円の方程式①では，$t=0$ のとき，PはBに一致し，t が増加するに伴って，Pは $\angle APB=\theta$ の弧上を連続的に運動し，Aに近づき，$t=\infty$ のときPはAに一致する．

t が負のときは，絶対値を大きくすると，Pは前の弧の共役弧上を連続的に運動し，Aに近づき，$t=-\infty$ のときPはAに一致する．

×　　　　　　　　　　×

簡単な実例を二，三挙げてみる．

例1　t が実数のとき，方程式

$$z=\frac{1+it}{1-it}$$

は，どんな図形を表わすか．

円の方程式①とくらべてみよ．$\alpha=-1$，$\beta=1$，$\lambda=i$ の場合に当たる．

$$\lambda=i=\cos\frac{\pi}{2}+i\sin\frac{\pi}{2}$$

だから，2点 $A(-1)$, $B(1)$ を結ぶ線分を直径とする円を表わす．ただし点 $A(-1)$ を除く．

例2　3点 $A(-1)$, $B(1)$, $C(\sqrt{3}i)$ を頂点とする三角形の外接円の方程式を，実変数 t をパラメーターとして表わせ．

$\triangle ABC$ は正三角形であるから，円上の1点をPとすると，Pが，ABに関しCと同側にあるときは $\angle APB=\frac{\pi}{3}$ で，Cと反対側にあるときは $\angle APB=\pi-\frac{\pi}{3}=\frac{2\pi}{3}$ である．よって，公式で $\alpha=-1$，$\beta=1$，

$$\lambda=\cos\frac{\pi}{3}+i\sin\frac{\pi}{3}=\frac{1}{2}+\frac{\sqrt{3}}{2}i$$

と置いた場合に当たるから，求める方程式は

$$z=\frac{1-(-1)\left(\frac{1}{2}+\frac{\sqrt{3}}{2}i\right)t}{1-\left(\frac{1}{2}+\frac{\sqrt{3}}{2}i\right)t}=\frac{2+(1+\sqrt{3}i)t}{2-(1+\sqrt{3}i)t}$$

である．

例3　相異なる2点 $A(\alpha), B(\beta)$ からの距離の比が $m:n$ なる点Pの軌跡を求めよ．ただし $m, n>0$, $m \neq n$ とする．

パラメーターを用いて解決しよう．Pの座標を z とすると

$$\frac{\overrightarrow{AP}}{\overrightarrow{BP}}=\frac{z-\alpha}{z-\beta} \qquad \frac{\overline{AP}}{\overline{BP}}=\frac{|z-\alpha|}{|z-\beta|}=\frac{m}{n}$$

よって
$$\frac{z-\alpha}{z-\beta}=\frac{m}{n}\lambda \qquad (|\lambda|=1)$$

とおくことができる．これを z について解いて

$$z=\frac{n\alpha-m\beta\lambda}{n-m\lambda} \qquad (|\lambda|=1)$$

$\lambda=-1, 1$ のときの z の値をそれぞれ z_1, z_2 とすれば

$$z_1=\frac{m\beta+n\alpha}{m+n}, \qquad z_2=\frac{m\beta-n\alpha}{m-n}$$

$$\therefore \quad \frac{z-z_1}{z-z_2}=\frac{1+\lambda}{1-\lambda}\cdot\frac{m-n}{m+n}$$

$\lambda\bar{\lambda}=1$ であるから $\dfrac{1+\bar{\lambda}}{1-\bar{\lambda}}=\dfrac{\lambda+\lambda\bar{\lambda}}{\lambda-\lambda\bar{\lambda}}=\dfrac{\lambda+1}{\lambda-1}=-\dfrac{1+\lambda}{1-\lambda}$ となって $\dfrac{1+\lambda}{1-\lambda}$ は純虚数である．したがって，この $\dfrac{m-n}{m+n}$ 倍も純虚数であるから

$$\frac{z-z_1}{z-z_2}=ti \quad (t\in \boldsymbol{R})$$

$$\arg(z-z_1)-\arg(z-z_2)=\pm\frac{\pi}{2}$$

$$\angle APB=\pm\frac{\pi}{2}$$

よって，軌跡は2点 z_1, z_2 を直径の両端とする円である．

§4　4点共円の条件

4点の共円条件は，円の方程式のパラメーター表示

$$\frac{z-\beta}{z-\alpha}=t\lambda \qquad (|\lambda|=1,\ \lambda\notin \boldsymbol{R},\ t\in \boldsymbol{R})$$

を用いれば，簡単に求められる．

4点 $\mathrm{A}(\alpha), \mathrm{B}(\beta), \mathrm{C}(\gamma), \mathrm{D}(\delta)$ が同じ円周上にあったとする．A, B を通る円の方程式は ① で与えられたから，C, D がこの円上にあったとすると

$$\frac{\gamma-\beta}{\gamma-\alpha}=t_1\lambda,\quad \frac{\delta-\beta}{\delta-\alpha}=t_2\lambda \qquad (t_1t_2\neq 0)$$

をみたす，t の値 t_1, t_2 が存在する．これらの2式から λ を消去して

$$\frac{\gamma-\beta}{\gamma-\alpha}:\frac{\delta-\beta}{\delta-\alpha}=\frac{t_1}{t_2}=k \qquad (k\neq 0,\ k\in\boldsymbol{R})$$

この逆も成り立つから，次の定理がえられた．

[1]　$\alpha, \beta, \gamma, \delta$ が相異なるとき

$$4\text{点}\ \alpha, \beta, \gamma, \delta\ \text{が共円} \iff \frac{\gamma-\beta}{\gamma-\alpha}:\frac{\delta-\beta}{\delta-\alpha}=k \quad (k\in\boldsymbol{R})$$

直線 AB に関して C, D が同側にあるときは，t_1, t_2 は同符号であったから $k>0$ で，反対側にあるときは，t_1, t_2 は異符号であるから $k<0$ となる．

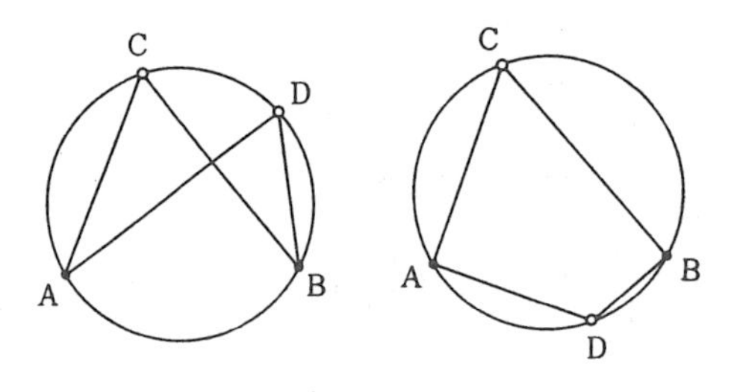

×　　　　×

上の定理を用いると，**トレミーの定理**，すなわち「円に内接する四角形の対角線の積は，2組の対辺の積の和に等しい」が簡単に導かれる．

円に内接する四角形を ABCD として

$$\overline{\mathrm{AB}}\cdot\overline{\mathrm{CD}}+\overline{\mathrm{AD}}\cdot\overline{\mathrm{BC}}=\overline{\mathrm{AC}}\cdot\overline{\mathrm{BD}}$$

を証明すればよい．それには，$\mathrm{A}(\alpha), \mathrm{B}(\beta), \mathrm{C}(\gamma), \mathrm{D}(\delta)$ とおいて

$$|\beta-\alpha|\cdot|\delta-\gamma|+|\delta-\alpha|\cdot|\gamma-\beta|=|\gamma-\alpha|\cdot|\delta-\beta| \qquad ①$$

すなわち

$$\left|\frac{(\beta-\alpha)(\delta-\gamma)}{(\gamma-\alpha)(\delta-\beta)}\right|+\left|\frac{(\delta-\alpha)(\gamma-\beta)}{(\gamma-\alpha)(\delta-\beta)}\right|=1 \qquad ②$$

すなわち

$$\left|\frac{\alpha-\beta}{\alpha-\gamma}:\frac{\delta-\beta}{\delta-\gamma}\right|+\left|\frac{\alpha-\delta}{\alpha-\gamma}:\frac{\beta-\delta}{\beta-\gamma}\right|=1 \qquad ③$$

を証明すればよい．

四角形ABCDが円に内接すれば，A, Dは直線BCの同側にあり，またA, Bは直線CDの同側にあるから，絶対値記号の中の2式はともに正である．一般に z_1, z_2 が正ならば

$$|z_1|+|z_2|=|z_1+z_2|$$

であったから，③の右辺，すなわち②の左辺は

$$②の左辺=\left|\frac{(\beta-\alpha)(\delta-\gamma)}{(\gamma-\alpha)(\delta-\beta)}+\frac{(\delta-\alpha)(\gamma-\beta)}{(\gamma-\alpha)(\delta-\beta)}\right|$$

これを簡単にすると，絶対値記号の中は1になる．したがって②，すなわち①は成り立ち，定理は証明された．

1つの数直線上の4点をA(a), B(b), C(c), D(d)としたとき

$$\frac{\mathrm{AC}}{\mathrm{BC}}:\frac{\mathrm{AD}}{\mathrm{BD}}=\frac{c-a}{c-b}:\frac{d-a}{d-b}=k$$

をA, B, C, Dまたは a, b, c, d の複比と呼んだ．

もし，$k>0$ ならは，C, Dはともに，線分AB上にあるか，またはともに線分ABの延長上にある．

$k<0$ ならば，C, Dの一方は線分AB上にあり，他は線分ABの延長上にある．

つまり $k<0$ ならばA, BとC, Dは互いに分離するが，$k>0$ ならばそうはならない．

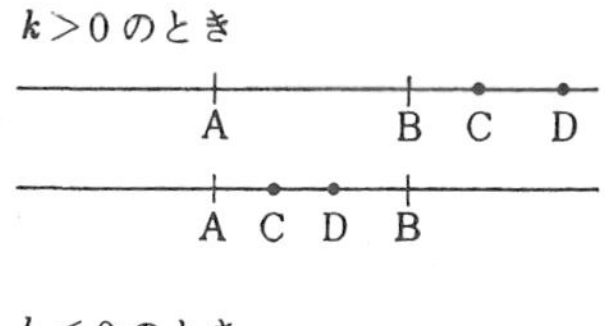

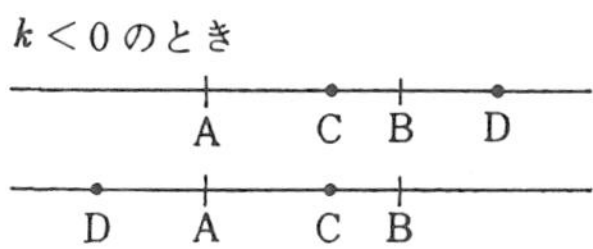

複比は射影幾何を構成するときの基本概念で，きわめて重要である．

この複比の概念をガウス平面上の4点A(α), B(β), C(γ), D(δ)へ拡張したのが

$$\frac{\mathrm{AC}}{\mathrm{BC}}:\frac{\mathrm{AD}}{\mathrm{BD}}=\frac{\gamma-\alpha}{\gamma-\beta}:\frac{\delta-\alpha}{\delta-\beta}=k$$

であって，k が実数ならば，4点は同一円周上にあり，しかも，$k<0$ のときA, BとC, Dは互いに分離するが，$k>0$ のときは分離しなかった．直線上の4点と円上の4点との間の類似性に驚かされよう．

×　　　　　　　　×

調和列点の概念も，そのまま，直線上の4点から円上の4点へと拡張できる．

直線上の4点の場合には，C, D が線分 AB を分ける比は，異符号で絶対値が等しかったから

$$\frac{\mathrm{AC}}{\mathrm{BC}}=-\frac{\mathrm{AD}}{\mathrm{BD}}, \qquad \frac{\mathrm{AC}}{\mathrm{BC}}:\frac{\mathrm{AD}}{\mathrm{BD}}=-1$$

となって複比が -1 であった．

円上の4点の場合には，複比が -1 のとき，4点 A, B, C, D は調和列点であるということにする．そうすると，A, B と C, D は互いに分離し，しかも

$$\frac{\overrightarrow{\mathrm{AC}}}{\overrightarrow{\mathrm{BC}}}=-\frac{\overrightarrow{\mathrm{AD}}}{\overrightarrow{\mathrm{BD}}} \quad から \quad \frac{\overline{\mathrm{AC}}}{\overline{\mathrm{BC}}}=\frac{\overline{\mathrm{AD}}}{\overline{\mathrm{BD}}} \qquad ①$$

となって，直線上の調和列点に似た関係が成り立つ．

① の比を $m:n$ とおくと，C, D は A, B からの距離の比が $m:n$ であるアポロニュースの円上にある．よって，AB を $m:n$ および $m:-n$ に分ける点を M, N とすると，C, D は線分 MN を直径とする円上にある．

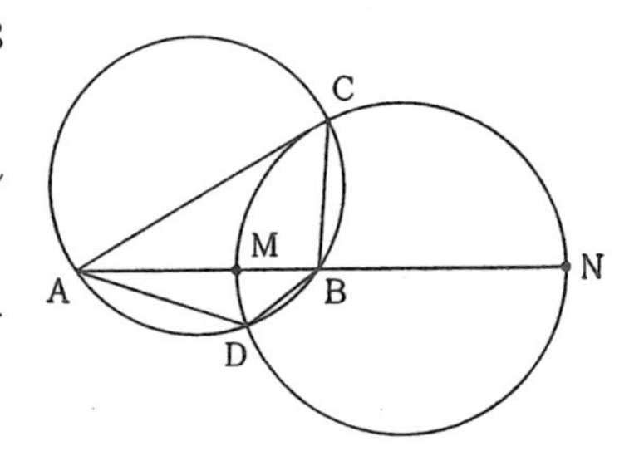

この図によって，直線上の調和列点 A, B, M, N と，円上の調和列点 A, B, C, D とが結びついている．

練　習　問　題　3

問題

1．2点 $\mathrm{A}(\alpha)$, $\mathrm{B}(\beta)$ から等距離な点 $\mathrm{P}(z)$ の軌跡は，線分 AB の垂直二等分線であることを示せ．

2．2点 $\mathrm{A}(\alpha)$, $\mathrm{B}(\beta)$ からの距離の平方の差が一定値 k^2 に等しい点 $\mathrm{P}(z)$ の軌跡はどんな図形

ヒントと略解

1．$\overline{\mathrm{PA}}=\overline{\mathrm{PB}}$ から $(z-\alpha)(\bar{z}-\bar{\alpha})=(z-\beta)(\bar{z}-\bar{\beta})$，$(\bar{\alpha}-\bar{\beta})z+(\alpha-\beta)\bar{z}+\beta\bar{\beta}-\alpha\bar{\alpha}=0$　法線ベクトルは $\alpha-\beta$ で，$z=\dfrac{\alpha+\beta}{2}$ はこの方程式をみたす．

2．$\overline{\mathrm{PA}}^2-\overline{\mathrm{PB}}^2=(z-\alpha)(\bar{z}-\bar{\alpha})-(z-\beta)(\bar{z}-\bar{\beta})=k^2$　$(\bar{\alpha}-\bar{\beta})z+(\alpha-\beta)\bar{z}+\beta\bar{\beta}-\alpha\bar{\alpha}+k^2=0$ 法線ベクトルは $\alpha-\beta$．よって AB に垂直な直線である．

か．

3．2点 $A(\alpha), B(\beta)$ からの距離の平方の和が一定値 k^2 $(k>0)$ に等しい点 $P(z)$ の軌跡はどんな図形であるか．

4．t が絶対値1の複素数であるとき，方程式

$$z=\frac{\alpha t+\beta}{\gamma t+\delta}$$

はどんな図形を表わすか．ただし $|\gamma| \neq |\delta|$ とする．

5．r が実変数のパラメーターのとき，方程式

$$z=\frac{2(1+ri)}{1+r^2}$$

はどんな図形を表わすか．

6．方程式

$$\alpha z+\beta\bar{z}+\gamma=0$$

が直線を表わすための条件を求めよ．ただし α, β, γ は複素数で，α, β は0に等しくないとする．

3．$\overline{PA}^2+\overline{PB}^2=(z-\alpha)(\bar{z}-\bar{\alpha})+(z-\beta)(\bar{z}-\bar{\beta})$

$=k^2$　$2z\bar{z}-(\bar{\alpha}+\bar{\beta})z-(\alpha+\beta)\bar{z}+\alpha\bar{\alpha}+\beta\bar{\beta}=k^2$

$$\left|z-\frac{\alpha+\beta}{2}\right|^2=\frac{2k^2-|\alpha-\beta|^2}{4}$$

$\sqrt{2}k>|\alpha-\beta|$ ならば円，$\sqrt{2}k=|\alpha-\beta|$ ならば1つの点，その他のときは軌跡がない．

4．$t=\dfrac{\beta-\delta z}{\gamma z-\alpha}$，$t\bar{t}=1$ から t を消去する．

$$z\bar{z}+\frac{\bar{\beta}\delta-\bar{\alpha}\gamma}{\gamma\bar{\gamma}-\delta\bar{\delta}}z+\frac{\beta\bar{\delta}-\alpha\bar{\gamma}}{\gamma\bar{\gamma}-\delta\bar{\delta}}\bar{z}+\frac{\alpha\bar{\alpha}-\beta\bar{\beta}}{\gamma\bar{\gamma}-\delta\bar{\delta}}=0$$

円の方程式である．半径を求めてみよ．

5．$z=\dfrac{2}{1-ri}$ から $ri=\dfrac{z-2}{z}(z\neq 0)$

$$\frac{z-2}{z}+\frac{\bar{z}-2}{\bar{z}}=0,\ |z-1|=1,\ z\neq 0,\ \text{円}.$$

6．$\gamma\neq 0$ のとき $\dfrac{\alpha}{\gamma}z+\dfrac{\beta}{\gamma}\bar{z}+1=0$，$\dfrac{\alpha}{\gamma}$ と $\dfrac{\beta}{\gamma}$ が互いに共役ならばよいから $\dfrac{\alpha}{\gamma}=\dfrac{\bar{\beta}}{\bar{\gamma}}$．

$\therefore\ \alpha\bar{\gamma}=\bar{\beta}\gamma$

$\gamma=0$ のとき $\alpha z+\beta\bar{z}=0$，α と β が互いに共役ならばよいから，$\alpha=\bar{\beta}$．

第4章　変換と複素関数

はじめに　ふつう数直線というのは実数の空間化で，実関数は2つの数直線上の点の対応として図示された．

ガウス平面は複素数の空間化で，見かけは平面であるが，実質は直線的で，ガウス直線と呼ぶのが適切だという見方もありうる．

ガウス平面からガウス平面への対応は，関数でみれば複素関数で，これがガウス平面利用の正念場である．

複素関数の理論は単に関数論と呼ばれていることからみても想像できるように，関数の理論としては重要で，その内容も豊富である．

関数論は現代では，古典化し，昔日のはなやかさはないが，解析学のなかに残した足跡は大きく，不滅の金字塔の栄光は消え去ることがないだろう．

実関数は複素関数の中に吸収することによって，その正体が鮮明に浮かび上ることが少なくない．その一端をのぞかせているのがオイラーの公式

$$e^{i\theta}=\cos\theta+i\sin\theta$$

である．実関数の末梢的な計算に時間をつぶす余裕があったら，関数論の初歩を学ぶことをすすめたい気持である．この講座に，その解説を試みる余裕がないのが残念である．

この章のねらいは，幾何学的意味づけの容易な変換を，複素数で表現することによって，複素関数の世界をちらりとのぞき見ることにある．

実関数やベクトル関数で表現するとやっかいな変換も，複素関数で表現してみると意外にやさしいものがある．合同変換，相似変換，反転などがそれである．しかも，これらの変換は中学校以来親しみ深いもので，読者にはかなりの予備知識があり，解説の理解も容易であろう．

正の合同変換と相似変換を総括したものは，複素関数でみれば，1次の整関数 $f(z)=\alpha z+\beta$ で，さらに反転と負の合同変換を含めたのが，1次の分数関数

$$g(z)=\frac{\alpha z+\beta}{\gamma z+\delta}$$

である．

§1 合同変換

身近な幾何学変換である平面上の合同変換と相似変換をガウス平面を用いて表わしてみることから話をはじめよう.

合同変換のうち，基本になるのは

平行移動，　　回転移動，　　線対称移動

の3つである.

×　　　　　　×

平行移動はベクトルによって簡単に表わされた. 複素数はベクトルの性質をその一部分として含むから，平行移動は複素数によっても簡単に表わされる. 平行移動は1つの矢線ベクトルで表わされた. その矢線ベクトルを表わす複素数をαとし，点$\mathrm{P}(z)$に点$\mathrm{Q}(w)$が対応したとすると，$\overrightarrow{\mathrm{OP}}=z$, $\overrightarrow{\mathrm{OQ}}=w$, $\overrightarrow{\mathrm{PQ}}=\alpha$, および

$$\overrightarrow{\mathrm{OQ}}=\overrightarrow{\mathrm{OP}}+\overrightarrow{\mathrm{PQ}}$$

から

[1]　　$w=z+\alpha$

となって，平行移動の式がえられる.

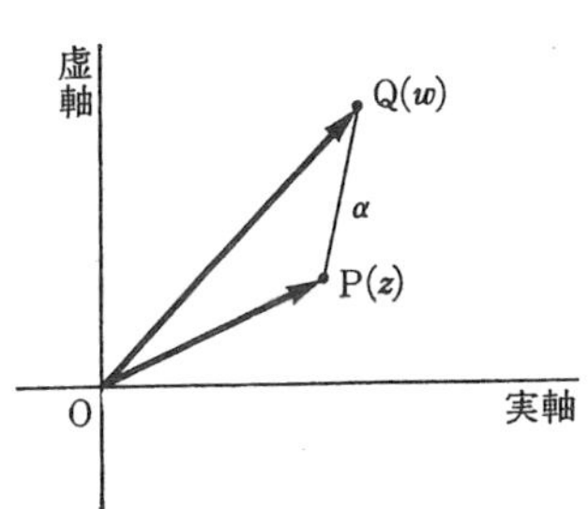

平行移動自身をfで表わし

$$f(z)=z+\alpha$$

とかいてもよい.

[1] において，$\alpha=a+bi$, $z=x+yi$, $w=u+vi$ とおけば

$$u+vi=(x+yi)+(a+bi)=(x+a)+(y+b)i$$

実部と虚部を分離すれば

$$u=x+a, \qquad v=y+b$$

となって，高校で親しんだ式が現われる.

この平行移動全体の集合をGとすると，Gは可換群をなすことが容易に証明される.

(i)　2つの平行移動を $f_1(z)=z+\alpha_1$, $f_2(z)=z+\alpha_2$ とすると

$$(f_2f_1)(z)=f_2(f_1(z))=(z+\alpha_1)+\alpha_2$$

$$(f_1f_2)(z)=f_1(f_2(z))=(z+\alpha_2)+\alpha_1$$

これらの式の右辺は等しいから

$$f_1f_2=f_2f_1$$

となって，可換律が成り立つ．

(ii) 写像は一般に結合律をみたす．平行移動は $\boldsymbol{C}$ から $\boldsymbol{C}$ への写像であるから，当然結合律をみたしている．

$$(f_1f_2)f_3=f_1(f_2f_3)$$

(iii) とくに $\alpha=0$ のもの，すなわち不動を平行移動の特殊なものとみて e で表わせば，任意の平行移動 f に対して

$$fe=ef=f$$

をみたすから，e は単位元である．

(iv) 任意の平行移動 $f(z)=z+\alpha$ に対して，$g(z)=z-\alpha$ をとれば

$$fg=gf=e$$

をみたすから，g は f の逆元である．g を f の逆変換ともいい，ふつう f^{-1} で表わす．

これで，G は可換群をなすことが明らかにされた．

例1 円 $z=\dfrac{\beta-\alpha\lambda t}{1-\lambda t}$ に平行移動 γ を行なったものを求めよ．

平行移動 γ によって，点 z が点 w に移ったとすると $w=z+\gamma$

$$\therefore\quad w=\frac{\beta-\alpha\lambda t}{1-\lambda t}+\gamma=\frac{(\beta+\gamma)-(\alpha+\gamma)\lambda t}{1-\lambda t}$$

これ当然の結果である．与えられた円は，2点 α,β を通る円で，それを平行移動したものは，2点 $\alpha+\gamma,\beta+\gamma$ を通る円になる．

× ×

次に，平面上のすべての点を，点 $\mathrm{C}(\gamma)$ を中心に角 θ だけ回転してみよう．このとき，点 $\mathrm{P}(z)$ が点 $\mathrm{Q}(w)$ に移ったとすると，$\overrightarrow{\mathrm{CP}}=z-\gamma$ は $\overrightarrow{\mathrm{CQ}}=w-\gamma$ にかわるから

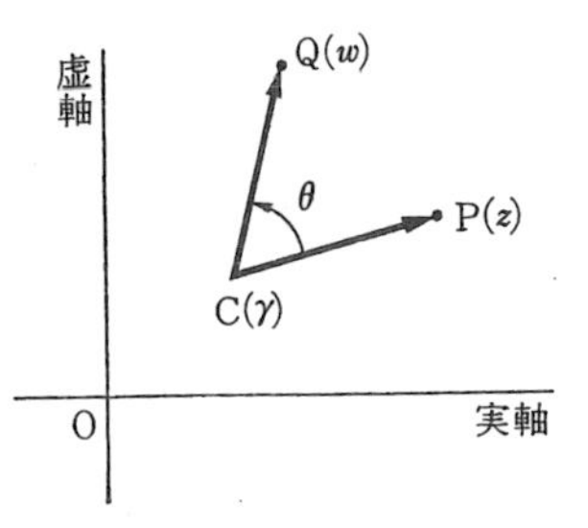

$$w-\gamma=(z-\gamma)(\cos\theta+i\sin\theta)$$

$\cos\theta+i\sin\theta=\lambda$ とおくと

$$w-\gamma=(z-\gamma)\lambda \qquad ①$$

$\gamma(1-\lambda)=\beta$ とおけば

[2]　　$w=\lambda z+\beta$　　$(|\lambda|=1,\ \lambda\neq 1)$　　②

逆に，この形の式で表わされた変換が回転になるだろうか．

回転では，回転の中心は動かない．一般に変換によって動かない点を，その変換の**不動点**という．② が回転になることを示すには，① の形の式にかきかえられることを示せばよい．[2] に不動点があったとし，それを点 γ とすると $z=\gamma$ のとき $w=\gamma$ となるから

$$\gamma=\lambda\gamma+\beta \qquad ③$$

よって $\lambda\neq 1$ ならば $\gamma=\dfrac{\beta}{1-\lambda}$ となって，不動点がただ1つ存在する．このγを ② の両辺から引く代りに，③ を ② から引いて

$$w-\gamma=\lambda(z-\gamma)$$

これは ① と同じ形だから，点 γ を中心とする角 $\arg\lambda$ の回転である．これで ② は，$\lambda\neq 1$ のとき回転を表わすことが明らかにされた．

回転のうち，回転の中心の同じものの集合は可換群をなす．しかし，一般の回転の集合は群をなさない．なぜかというに，回転の合成が回転になるとは限らないからである．それを明らかにしよう．

2つの回転を

$$f_1(z)=\lambda_1 z+\beta_1,\quad f_2(z)=\lambda_2 z+\beta_2 \qquad (|\lambda_1|=1,\ |\lambda_2|=1)$$

とすると，この合成は

$$\begin{aligned}(f_2f_1)(z)&=f_2(f_1(z))=\lambda_2(\lambda_1 z+\beta_1)+\beta_2\\&=\lambda_2\lambda_1 z+(\lambda_2\beta_1+\beta_2)\end{aligned} \qquad ④$$

この変換は $\lambda_2\lambda_1\neq 1$ ならば回転であるが，$\lambda_2\lambda_1=1$ のときは，平行移動になるからである．

×　　　　　　　　×

平行移動と回転移動を総括したものは

[3]　　$f(z)=\lambda z+\beta$　　$(|\lambda|=1)$

で表わされる．このような2つの移動 f_1, f_2 の合成は ④ になるが，この式で

$$|\lambda_1\lambda_2|=|\lambda_1|\cdot|\lambda_2|=1$$

だから ④ もまた同じ種類の移動である．

移動 [3] は合同変換の一部分で，正の合同変換という．負の合同変換については，あとで明らかにする．正の合同変換全体も群をなすが，可換群ではない．ぜなかというに，

$$(f_2f_1)(z)=\lambda_2\lambda_1 z+(\lambda_2\beta_1+\beta_2)$$
$$(f_1f_2)(z)=\lambda_1\lambda_2 z+(\lambda_1\beta_2+\beta_1)$$

は，一般には等しくないからである．

例2　直線 $\bar{\alpha}z+\alpha\bar{z}+b=0$ を，原点を中心に $\frac{2\pi}{3}$ だけ回転したものを求めよ．

点 z を原点を中心に回転した点を w とすると

$$w=z\left(\cos\frac{2\pi}{3}+i\sin\frac{2\pi}{3}\right)$$

である．$\cos\frac{2\pi}{3}+\sin\frac{2\pi}{3}=\omega$ で表わすと $\bar{\omega}=\omega^2$，$\omega^3=1$ であるから

$$w=\omega z \qquad \therefore\quad z=\omega^2 w,\ \bar{z}=\omega\bar{w}$$

これを与えられた方程式に代入して

$$\bar{\alpha}\cdot\omega^2 w+\alpha\cdot\omega\bar{w}+b=0$$
$$\overline{\omega\alpha}w+\omega\alpha\bar{w}+b=0$$

w を z にかきかえて

$$\overline{\omega\alpha}z+\omega\alpha\bar{z}+b=0$$

例3　円 $z=\frac{\beta-\alpha\lambda t}{1-\lambda t}$ $(|\lambda|=1, \lambda\neq 1, t\in\boldsymbol{R})$ を原点を中心に $\frac{\pi}{2}$ だけ回転したものを求めよ．

点 z を原点を中心に $\frac{\pi}{2}$ 回転した点を w とすると $w=iz$ であるから

$$w=iz=\frac{\beta i-\alpha i\cdot\lambda t}{1-\lambda t}$$

例4　原点を中心に $\frac{\pi}{3}$ 回転してから，平行移動 α を行なうことは，どんな回転になるか．

原点を中心に $\frac{\pi}{3}$ 回転することを f_1，平行移動 α を f_2 とすると

$$f_1(z)=z\left(\cos\frac{\pi}{3}+i\sin\frac{\pi}{3}\right)=\lambda z \qquad \left(\lambda=\cos\frac{\pi}{3}+i\sin\frac{\pi}{3}\right)$$
$$f_2(z)=z+\alpha$$

f_1 に f_2 を合成すると

$$(f_2f_1)(z)=f_2(f_1(z))=\lambda z+\alpha \qquad \therefore\quad w=\lambda z+\alpha \qquad ①$$

この不動点を z_0 とすると

$$z_0=\lambda z_0+\alpha \qquad ②$$
$$\therefore\quad z_0=\frac{\alpha}{1-\lambda}$$

ところが，$\lambda+\bar{\lambda}=2\cos\dfrac{\pi}{3}=1$，$\lambda\bar{\lambda}=1$ であるから

$$z_0=\frac{\alpha}{\bar{\lambda}}=\lambda\alpha$$

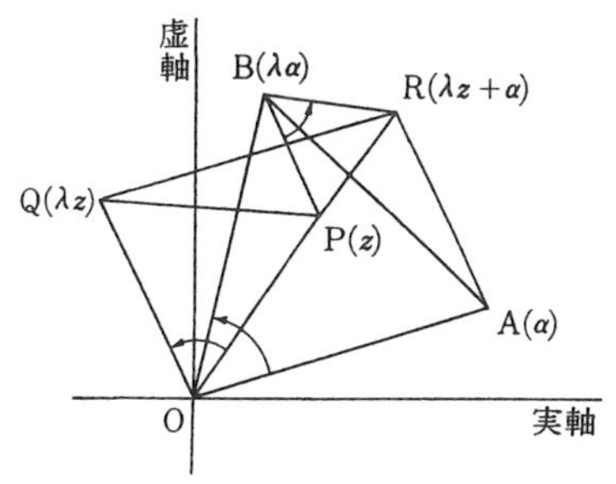

一方①−②から

$$w-z_0=\lambda(z-z_0)$$

すなわち

$$w-\lambda\alpha=\lambda(z-\lambda\alpha)$$

よって，点$(\lambda\alpha)$を中心とする$\dfrac{\pi}{3}$の回転である．

➡注　例4を幾何学的にみると，興味ある結果が得られる．△OAP があるとき，OP を1辺として正三角形 OPQ を作り，次に OA,OQ を2辺とする平行四辺形 AOQR を作れば，△BPR は正三角形である．

×　　　　　　×

最後に，直線についての線対称移動の式を導いてみる．

直線 g の方程式としては，ヘッセの標準型を選ぶことにする．g の法線ベクトルとして，単位ベクトル α をとる．原点 O の g に関する対称点を A とし，$\overrightarrow{\mathrm{OA}}=p\alpha$ とおく．

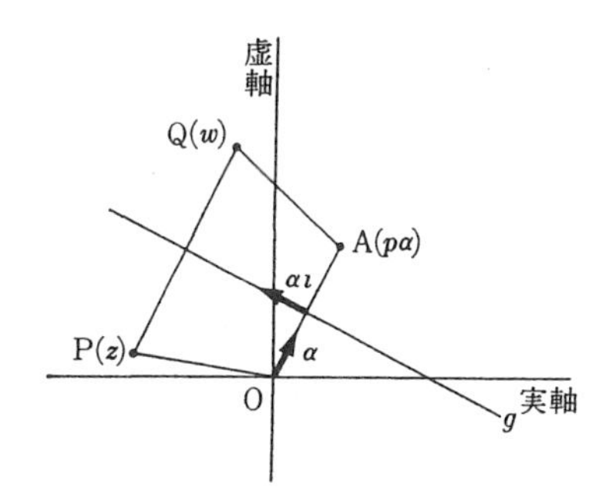

平面上の任意の点 P(z) を g に関して対称移動した点を Q(w) とすると，$\overrightarrow{\mathrm{OP}}=z$，$\overrightarrow{\mathrm{AQ}}=w-p\alpha$ で，これらはベクトル αi と等角をなすから $\dfrac{w-p\alpha}{\alpha i}$ と $\dfrac{z}{\alpha i}$ とは互いに共役である．よって

$$\frac{w-p\alpha}{\alpha i}=\overline{\left(\frac{z}{\alpha i}\right)}=\frac{\bar{z}}{-\bar{\alpha}i}$$

[4]　　$w=-\alpha^2\bar{z}+p\alpha \qquad (p\in\boldsymbol{R},\ |\alpha|=1)$

上の計算は逆が成り立つから，一般に線対称移動はこの形の式で表わされることが明らかになった．

×　　　　　　×

対称移動の式は

[5]　　$f(z)=\lambda\bar{z}+\beta$　　$(|\lambda|=1)$

の形をしている．逆に，この形の式がすべて，線対称移動になるとは限らない．

この変換は，２つの変換

$$g(z)=\bar{z}\qquad \text{実軸に関する対称移動}$$

$$h(z)=\lambda z+\beta\qquad \text{正の合同変換}$$

の合成で，$f=hg$ の関係がある．

この変換 f を負の合同変換という．

負の合同変換は，ある１つの直線 g についての対称移動と，g 方向の平行移動との合成になることを明らかにしてみる．

直線 g の単位の法線ベクトルを α とすると，g についての対称移動は

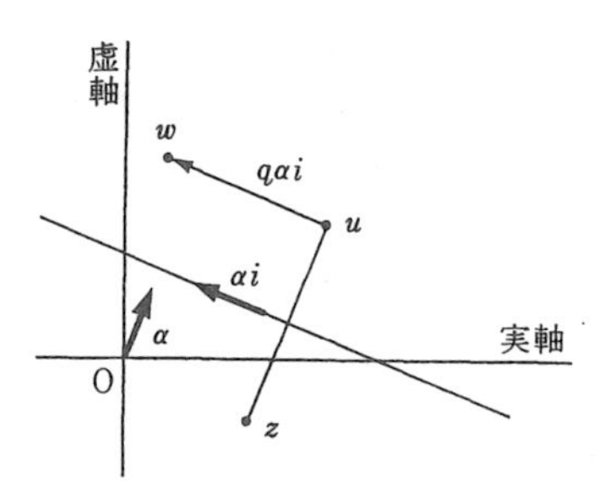

$$u=-\alpha^2\bar{z}+p\alpha\qquad (p\in\boldsymbol{R})$$

で，g 方向の平行移動は

$$w=u+q\alpha i\qquad (q\in\boldsymbol{R})$$

であるから，これらの合成は

$$w=-\alpha^2\bar{z}+p\alpha+q\alpha i$$

で表わされる．したがって，[5] が，この形に変形されることを示せばよい．

$$\lambda\bar{z}+\beta=-\alpha^2\bar{z}+(p+qi)\alpha$$

これがすべての z について成り立つためには

$$\lambda=-\alpha^2,\qquad \beta=(p+qi)\alpha$$

をみたす，単位ベクトル α と実数 p,q が存在すればよい．

第１式から $\alpha^2=-\lambda$ だから，α を $-\lambda$ の平方根の１つに選べばよい．

$|\lambda|=1$ だから，　$|\alpha^2|=1$，　$|\alpha|^2=1$　$\therefore\ \alpha\bar{\alpha}=1$

この α に対し，第２式から

$$p+qi=\bar{\alpha}\beta$$

両辺の共役複素数をとると

$$p-qi=\alpha\bar{\beta}$$

これらの２つの方程式を解いて

$$p=\frac{\alpha\bar{\beta}+\bar{\alpha}\beta}{2},\qquad q=\frac{\bar{\alpha}\beta-\alpha\bar{\beta}}{2i}=\frac{(\alpha\bar{\beta}-\bar{\alpha}\beta)i}{2}$$

$\alpha\bar{\beta}+\bar{\alpha}\beta$, $(\alpha\bar{\beta}-\bar{\alpha}\beta)i$ はともに実数だから，p, q は実数である．

以上により，[5] の式は

$$f(z)=-\alpha^2\bar{z}+p\alpha+q\alpha i$$

の形に，つねにかきかえられることがわかった．$-\lambda$ の平方根 α は 2 つあるから，上のような表わし方は 2 通りある．しかも $-\lambda$ の 2 つの平方根は 1 根を α とすると，他の根は $-\alpha$ になり，p, q の値も符号がかわるだけだから，対称の軸自身は変わらない．

例 5 円 $|z+1-2i|=1$ を，原点と点 $\mathrm{A}(2+2i)$ の垂直二等分線に関して対称移動せよ．

変換の式　$w=-\alpha^2\bar{z}+p\alpha$ に

$$p\alpha=\overrightarrow{\mathrm{OA}}=2+2i=2\sqrt{2}\left(\frac{1+i}{\sqrt{2}}\right)$$

$$\alpha=\frac{1+i}{\sqrt{2}}, \qquad \alpha^2=\frac{1+2i-1}{2}=i$$

を代入して得られる．

$$w=-i\bar{z}+2+2i$$

$$\therefore \quad \bar{w}=iz+2-2i$$

$$\therefore \quad z=-\bar{w}i+2+2i$$

これを与えられた円に代入して

$$|-\bar{w}i+3|=1 \qquad\qquad |\bar{w}+3i|=1$$

絶対値記号の中の数の共役複素数をとって $|w-3i|=1$，w を z にかきかえて，答は

$$|z-3i|=1$$

例 6 変換 $w=-i\bar{z}+3+5i$ は，直線 g に関する対称移動と g 方向の平行移動との合成に直すことができる．g の方程式を求めよ．

与えられた方程式を

$$w=-\alpha^2\bar{z}+p\alpha+q\alpha i \qquad (|\alpha|=1,\ p, q\in\boldsymbol{R})$$

の形にかえればよい．それには

$$\alpha^2=i, \qquad (p+qi)\alpha=3+5i$$

を解けばよい．

$i=\cos\dfrac{\pi}{2}+i\sin\dfrac{\pi}{2}$ であるから，α の 1 つは $\cos\dfrac{\pi}{4}+i\sin\dfrac{\pi}{4}=\dfrac{1+i}{\sqrt{2}}$ である．

よって

$$p+qi=\frac{3+5i}{\alpha}=(3+5i)\frac{1-i}{\sqrt{2}}=4\sqrt{2}+\sqrt{2}i$$

$$\therefore\quad p=4\sqrt{2},\quad q=\sqrt{2}$$

求める直線はOとP$(p\alpha)$を結ぶ線分の垂直二等分線で，その方程式は

$$\frac{z}{\alpha}+\frac{\bar{z}}{\bar{\alpha}}=p\quad \text{すなわち}\quad \bar{\alpha}z+\alpha\bar{z}=p$$

で与えられた．これにα, pの値を代入して

$$(1-i)z+(1+i)\bar{z}=4\sqrt{2}$$

§2　等形変換

すべての線分の長さを一定の割合で伸縮し，角の大きさをかえないのが**等形変換**である．この変換の基本になるのは，1つの点を中心とする相似変換であるから，その変換の式を導いてみる．

点C(γ)を中心にk倍に伸縮するものとしよう．この伸縮によって点P(z)が点Q(w)にうつったとすると，C,P,Qは1直線上にあって，$\overline{\mathrm{CQ}}=k\overline{\mathrm{CP}}$であるから，ベクトルを用いて

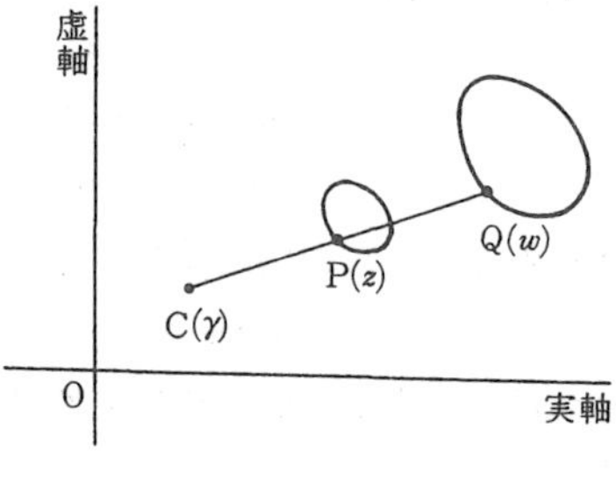

$$\overrightarrow{\mathrm{CQ}}=k\overrightarrow{\mathrm{CP}}$$

と1つの式で表わされる．よって

$$w-\gamma=k(z-\gamma)$$

$$w=kz+\gamma-k\gamma$$

$\gamma-k\gamma=\beta$ とおいて，

[1]　$w=kz+\beta\qquad(k\in\boldsymbol{R},\ k\neq 0)$　①

逆に，この形の式で与えられた変換は$k\neq 1$ならば，ある点を中心とする相似変換になる．その証明は簡単である．相似の中心があるとすれば，それは不動点だから，それをまず求めればよい．不動点をγとすると$z=\gamma$のとき$w=\gamma$となるのだから

$$\gamma=k\gamma+\beta \qquad ②$$

$1-k\neq 0$ だから　$\gamma=\dfrac{\beta}{1-k}$，①の両辺から，$\gamma$ をひく代りに①−②を作る．

$$w-\gamma=k(z-\gamma)$$

よって，点 γ を中心，伸縮率 k の相似変換である．

×　　　　×

相似変換

$$g(z)=kz+\beta_1 \qquad (k\in \boldsymbol{R},\ k\neq 0)$$

に，正の合同変換

$$h(z)=\lambda z+\beta_2 \qquad (|\lambda|=1)$$

を合成せれば

$$(hg)(z)=h(g(z))=\lambda(kz+\beta_1)+\beta_2=k\lambda z+(\lambda\beta_1+\beta_2)$$

すなわち

[2]　$f(z)=\alpha z+\beta \qquad (\alpha\neq 0)$

の形の変換になる．

逆にこの変換は $f(z)=\dfrac{\alpha}{|\alpha|}\cdot|\alpha|z+\beta$ とかきかえてみると，次の3つの変換の合成であることがわかる．

f_1：原点を中心に $|\alpha|$ 倍に伸縮する相似変換

f_2：原点を中心とする角 $\arg\alpha$ の回転

f_3：ベクトル β で表わされる平行移動

$$f=f_3f_2f_1$$

したがって，[2] は等形変換を表わす．

例1　点 γ_1 を中心，伸縮率 k_1 の相似変換 f_1 と，点 γ_2 を中心，伸縮率 k_2 の相似変換 f_2 との合成 f_2f_1 は，ある点を中心とする相似変換になるか．

f_1, f_2 を式で表わせば

$$f_1(z)=k_1z+(1-k_1)\gamma_1$$
$$f_2(z)=k_2z+(1-k_2)\gamma_2$$

$$\therefore\quad (f_2f_1)(z)=f_2(f_1(z))=k_2(k_1z+(1-k_1)\gamma_1)+(1-k_2)\gamma_2$$
$$=k_1k_2z+k_2(1-k_1)\gamma_1+(1-k_2)\gamma_2$$

すなわち

$$(f_2f_1)(z)=k_1k_2z+\beta$$

の形の式で与えられる変換である．これは $k_1k_2\neq 1$ ならば，1つの点を中心とする相似変換で，$k_1k_2=1$ のときは平行移動である．

例2　相異なる2点 z_1, z_2 をそれぞれ相異なる2点 w_1, w_2 にかえる等形変換が存在するか．存在するならば，それを求めよ．

求める等形変換があったとし，それを $w=\alpha z+\beta$ とすれば

$$\begin{cases}\alpha z_1+\beta=w_1 & ① \\ \alpha z_2+\beta=w_2 & ②\end{cases}$$

②−①　　$\alpha(z_2-z_1)=w_2-w_1$

$z_2-z_1\neq 0$　　$\therefore\ \alpha=\dfrac{w_2-w_1}{z_2-z_1}$

①×z_2−②×z_1 から　　$\beta(z_2-z_1)=w_1z_2-w_2z_1$

$$\therefore\ \beta=\frac{w_1z_2-w_2z_1}{z_2-z_1}$$

$$\therefore\ w=\frac{w_2-w_1}{z_2-z_1}z+\frac{w_1z_2-w_2z_1}{z_2-z_1}$$

$w_2\neq w_1$ から，z の係数は0でないから，この式は等形変換を表わす．

逆に，この式で $z=z_1$ とおくと $w=w_1$，$z=z_2$ とおくと $w=w_2$ となるから，与えられた条件をみたす．

例3　△ABC に等形変換を行なったものを △A′B′C′ とし，線分 AA′, BB′, CC′ の中点をそれぞれ A″, B″, C″ とすれば

$$\triangle \mathrm{A''B''C''} \backsim \triangle \mathrm{ABC}$$

であることを証明せよ．

△ABC を △A′B′C′ にうつす等形変換を $f(z)=\alpha z+\beta$ とし，A, B, C の座標をそれぞれ z_1, z_2, z_3 とすれば，A′ の座標は $\alpha z_1+\beta$ であるから A″ の座標は

$$\frac{z_1+\alpha z_1+\beta}{2}=\left(\frac{1+\alpha}{2}\right)z_1+\frac{\beta}{2}$$

同様にして B″, C″ の座標は

$$\left(\frac{1+\alpha}{2}\right)z_2+\frac{\beta}{2},\quad \left(\frac{1+\alpha}{2}\right)z_3+\frac{\beta}{2}$$

である．したがって，△A″B″C″ は △ABC に等形変換

$$g(z)=\left(\frac{1+\alpha}{2}\right)z+\frac{\beta}{2}\qquad (1+\alpha\neq 0)$$

を行なったものであり，これらの2つの3角形は相似である．

×　　　　　　　　×

線対称移動と等形変換を合成したものは

$$f(z)=\alpha\bar{z}+\beta \qquad (\alpha\neq 0)$$

で与えられる変換である．

この変換を負の**等形変換**といい，これに対して，いままでの等形変換を正の**等形変換**ということがある．

正の等形変換全体の集合は，合成に関して群をなす．2つの負の等形変換の合成は正の等形変換になるから，負の等形変換の集合は群をなさない．正負のすべての等形変換全体の集合を考えれば，合成に関して群をなす．

§3 反　　転

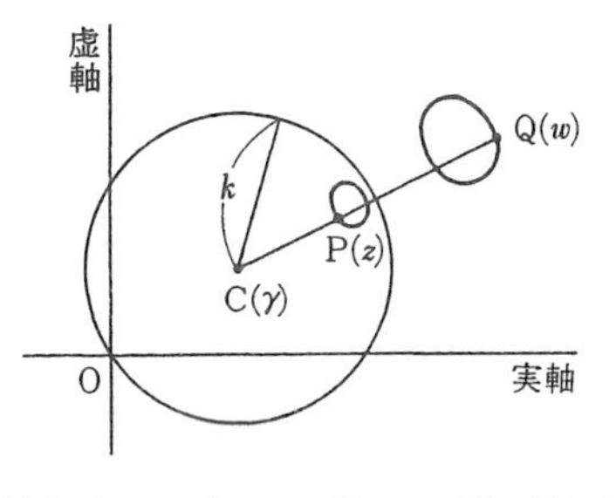

1つの定点をCとする．平面上のC以外の任意の点をPとするとき，直線CP上に，Cに関しPと同側に点Qをとり

$$\overline{\mathrm{CP}}\cdot\overline{\mathrm{CQ}}=k^2$$

となるようにし，PにQを対応させる変換を**反転**といい，Cを**反転の中心**，正の数kを**反転の半径**という．

この定義から明らかなように，PにQが対応するときは，QにはPが対応する．

×　　　　　　　　×

この反転を表わす式を求めよう．

C, P, Qの座標をそれぞれγ, z, wとし，$\overline{\mathrm{CP}}=p$，$\overline{\mathrm{CQ}}=q$，$\overrightarrow{\mathrm{CP}}$の偏角を$\theta$とすると

$$pq=k^2 \qquad ①$$

さらに，$\overrightarrow{\mathrm{CP}}=z-\gamma$，$\overrightarrow{\mathrm{CQ}}=w-\gamma$を$p, q, \theta$で表わすと

$$z-\gamma=p(\cos\theta+i\sin\theta) \qquad ②$$

$$w-\gamma=q(\cos\theta+i\sin\theta) \qquad ③$$

以上の3式からp, q, θを消去すればよい．消去する文字と方程式の数が等しければ一般には消去できないが，この場合は例外である．$\cos\theta+i\sin\theta=t$とおいてみると$|t|=1$，すなわち$t\bar{t}=1$の関係があり，方程式が1つ増えるか

らである．そこで ② の共役方程式

$$\bar{z}-\bar{\gamma}=p(\cos\theta-i\sin\theta)$$

を作り，これと ③ とをかけ合わせる．

$$(w-\gamma)(\bar{z}-\bar{\gamma})=pq$$

① を用いて

$$(w-\gamma)(\bar{z}-\bar{\gamma})=k^2$$

wについて解いた．

$$[1]\qquad w=\gamma+\frac{k^2}{\bar{z}-\bar{\gamma}}\qquad(k>0)$$

が，反転を表わす式である．

とくに，原点を中心とする単位円に関する反転のときは，$\gamma=0$，$k=1$ であるから，反転の式は

$$w=\frac{1}{\bar{z}}$$

となって簡単である．

反転では，$z=\gamma$ に対応する点 w がない．これでは，ガウス平面上の変換といえないので，γ にも対応する点があるようにくふうしよう．[1] において $z\to\gamma$ とすると $\bar{z}\to\bar{\gamma}$ となるから $|w|\to\infty$ になる．ガウス平面上には，無限大 ∞ を表わす点がない．それで，いま，∞ を表わす点を仮想し，無限遠点と呼ぶことにし，ガウス平面に無限遠点を追加した平面を考える．この平面を広義のガウス平面と呼ぶことにしよう．

反転 [1] において，点 γ には無限遠点 ∞ が対応するとみる．また [1] で $|z|\to\infty$ としてみよ．$|\bar{z}|=|z|$ であるから $|\bar{z}|\to\infty$

$$|w-\gamma|=\frac{k^2}{|\bar{z}-\bar{\gamma}|}\leqq\frac{k^2}{||\bar{z}|-|\bar{\gamma}||}\to0$$

$$\therefore\quad w\to\gamma$$

となる．そこで，われわれは $z=\infty$ には，$w=\gamma$ が対応すると仮定する．このように定めれば，反転は広義のガウス平面上の全単射の写像になり，きわめて都合がよい．

×　　　　　×

反転によって，一般の曲線は複雑な曲線に変わるのが常であるが，円と直線の場合には，特別で，簡単な結果が得られる．

直線に反転を行なうと，どんな図形になるだろか．

直線の方程式として標準形

$$\bar{\alpha}z+\alpha\bar{z}+b=0 \qquad (\alpha\neq 0,\ b\in\boldsymbol{R}) \qquad ①$$

を選び，これに原点を中心とする単位円についての反転

$$w=\frac{1}{\bar{z}}$$

を行なってみる．この式から $z=\dfrac{1}{\bar{w}}$，これを ① に代入すると

$$\bar{\alpha}\cdot\frac{1}{\bar{w}}+\alpha\cdot\frac{1}{w}+b=0$$

$$bw\bar{w}+\bar{\alpha}w+\alpha\bar{w}=0 \qquad ②$$

これは $b=0$ のとき，$\bar{\alpha}w+\alpha\bar{w}=0$ となって，原点を通る直線である．このとき ① も原点を通る直線 $\bar{\alpha}z+\alpha\bar{z}=0$ だから，① と ② は一致する．反転の定義からみて当然の結果である．

$b\neq 0$ のとき，② の両辺を b で割ると

$$w\bar{w}+\frac{\bar{\alpha}}{b}w+\frac{\alpha}{b}\bar{w}=0$$

すなわち
$$\left|w+\frac{\alpha}{b}\right|=\left|\frac{\alpha}{b}\right|$$

すなわち ① が原点を通らない直線のときは，② は原点を通る円である．

×　　　　×

次に，円に反転を行なうと，どんな図形になるかをみよう．

円の方程式を

$$z\bar{z}+\bar{\alpha}z+\alpha\bar{z}+b=0 \qquad (b\in\boldsymbol{R}) \qquad ①$$

とする．これに $z=\dfrac{1}{\bar{w}}$ を代入すると

$$\frac{1}{\bar{w}}\cdot\frac{1}{w}+\bar{\alpha}\cdot\frac{1}{\bar{w}}+\alpha\cdot\frac{1}{w}+b=0$$

$$bw\bar{w}+\bar{\alpha}w+\alpha\bar{w}+1=0 \qquad ②$$

これも，b が 0 かどうかで表わす図形が異なる．

$b=0$ のとき，① は原点を通る円で，これに反転を行なった ② は直線

$$\bar{\alpha}w+\alpha\bar{w}+1=0$$

で，原点を通らない．

$b\neq 0$ のとき，① は原点を通らない円で，これに反転を行なった ② も原点を

通らない円である．

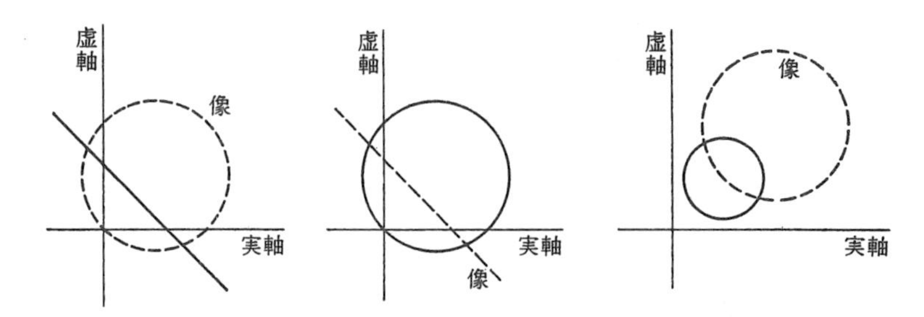

以上の結果を総括しておく．

（i） 直線をその上の点を中心に反転したものは，その直線自身である．

（ii） 直線をその上にない点を中心に反転すると，中心を通る円になる．

（iii） 円をその上の点を中心に反転すると，中心を通らない直線になる．

（iv） 円をその上にない点を中心に反転すると，中心を通らない円になる．

この4つの結論を，1つに総括する道がありそうである．

方程式

$$az\bar{z}+\bar{\alpha}z+\alpha\bar{z}+b=0 \qquad (a, b \in \boldsymbol{R},\ \alpha \neq 0)$$

は，$a \neq 0$ ならば円を表わし，$a=0$ ならば直線を表わす．そこでいま，$a \to 0$ としたとき，円の極限を考えてみよう．

$a \neq 0$ のとき，上の方程式

$$\left|z+\frac{\alpha}{a}\right|=\frac{\sqrt{|\alpha|^2-ab}}{|a|}$$

とかきかえられる．ここで $a \to 0$ とすると

$$\left|-\frac{\alpha}{a}\right| \to \infty, \quad \frac{\sqrt{|\alpha|^2-ab}}{|a|} \to \infty$$

すなわち，中心が無限遠点で，半径が無限大の円に近づくと考えられる．そこで，中心が無限遠点で，半径が無限大の円を仮想し，直線と同じものとみることにすれば，直線は円の中に包含される．

この広義の円を用いると，反転の結果は1つに総括される．すなわち，広義の円を反転すれば広義の円になる．

この事実を1つの式で明らかにするには，円と直線を総括した方程式として

$$az\bar{z}+\bar{\alpha}z+\alpha\bar{z}+b=0 \qquad (a, b \in \boldsymbol{R},\ \alpha \neq 0)$$

を用い，これに反転 $w=\dfrac{1}{\bar{z}}$ を試みればよい．その結果は

$$a\cdot\frac{1}{\bar{w}w}+\bar{\alpha}\cdot\frac{1}{\bar{w}}+\alpha\cdot\frac{1}{w}+b=0$$

すなわち

$$bw\bar{w}+\bar{\alpha}w+\alpha\bar{w}+a=0$$

となって，円と直線を総括した方程式が得られる．

× ×

例1 原点を中心とする反転によって不変な円があるか．あるならそれを求めよ．

求める円があったとし，それを

$$z\bar{z}+\bar{\alpha}z+\alpha\bar{z}+b=0 \qquad ①$$

とする．これに反転 $w=\dfrac{1}{\bar{z}}$ を行なったものは

$$bw\bar{w}+\bar{\alpha}w+\alpha\bar{w}+1=0$$

すなわち

$$w\bar{w}+\frac{\bar{\alpha}}{b}w+\frac{\alpha}{b}\bar{w}+\frac{1}{b}=0 \qquad ②$$

①と②が同じ円であるための条件は

$$\alpha=\frac{\alpha}{b},\quad 1=\frac{1}{b} \qquad \therefore\quad b=1$$

①に $b=1$ を代入し，変形すると

$$|z+\alpha|=\sqrt{|\alpha|^2-1}$$

この円の中心をCとし，単位円と交わる点の1つをAとしてみよ．$C(-\alpha)$ であるから

$$\overline{OC}=|\alpha|,\qquad \overline{OA}=1$$

$$\overline{CA}=\sqrt{|\alpha|^2-1}$$

したがって

$$OA^2+CA^2=OC^2$$

ピタゴラスの定理によって

$$CA\perp OA$$

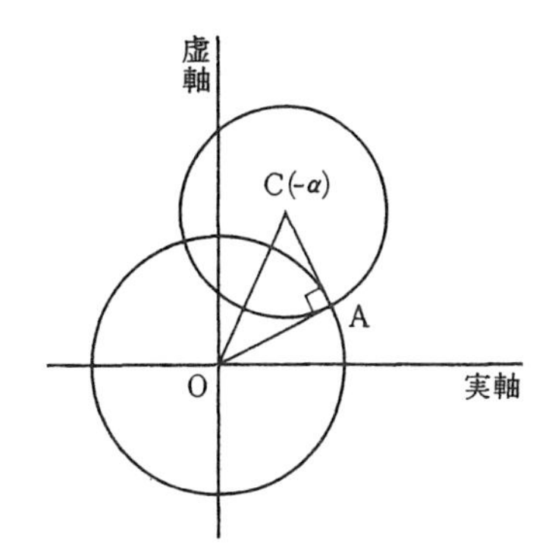

OAは円CにAで接し，CAは円OにA

において接する．2つの円は交点における接線が直交する．このとき，2円は直交するという．求める円は，単位円Oに直交するものである．

§4　1次変換

ここで1次変換というのは，分子と分母がともに1次の分数式

[1]　$w=\dfrac{\alpha z+\beta}{\gamma z+\delta}\qquad \alpha\delta-\beta\gamma\neq 0$

で表わされる変換のことである．ただしがきの条件 $\alpha\delta-\beta\gamma=0$ は，1次式で約されて定値関数 $w=k$（一定）とならないための条件である．

この変換は $\gamma=0$ のときには $\delta\neq 0$ であるから

$$w=\frac{\alpha}{\delta}z+\frac{\beta}{\delta}$$

となって，等形変換になる．すなわち1次変換は正の等形変換をその一部分として含む．

×　　　　×

1次変換の正体を知るには，これを単純な変換に分解してみればよい．すでに知った変換の合成になるなら，正体は解明されたことになる．

[1] の分子を分母で割ってかきかえると

$$w=\frac{\alpha}{\gamma}+\frac{\beta\gamma-\alpha\delta}{\gamma}\cdot\frac{1}{\gamma z+\delta}$$

ここで

$$z_1=\gamma z+\delta \qquad ①$$

$$z_3=\frac{1}{z_1} \qquad ②$$

とおけば

$$w=\frac{\alpha}{\gamma}+\frac{\beta\gamma-\alpha\delta}{\gamma}z_3 \qquad ③$$

となって3つの変換に分解された．

これらのうち①と③は明らかに等形変換であって既にわかっている．未知なのは②だけである．②は

$$z_3=\overline{\left(\frac{1}{\bar{z}_1}\right)}$$

とかきかえてみよ．これは，さらに

$$z_2=\frac{1}{\bar{z}_1} \qquad ④$$

$$z_3=\bar{z}_2 \qquad ⑤$$

の２つに分解される．⑤は $\bar{z}_3$ に z_2 を対応させる変換だから，実軸に関する対称移動である．④は前の節で学んだ反転である．

以上によって [1] は等形変換，線対称移動，反転の合成であることが明らかにされた．これをくわしくみるため

等形変換①……………………………………………………… f_1
原点を中心とする単位円についての反転④…………………… f_2
実軸に関する対称移動⑤………………………………………… f_3
等形変換③……………………………………………………… f_4

とおけば

$$f=f_4f_3f_2f_1$$

f は既知の変換を合成したものに過ぎない．

× ×

１次変換全体の集合を G とすると，G は合成に関して群をなすことを明らかにしよう．

（i） G は合成について閉じていること

G の２つの１次変換を

$$f_1(z)=\frac{\alpha_1z+\beta_1}{\gamma_1z+\delta_1}, \quad (\alpha_1\delta_1-\beta_1\gamma_1\neq 0)$$

$$f_2(z)=\frac{\alpha_2z+\beta_2}{\gamma_2z+\delta_2}, \quad (\alpha_2\delta_2-\beta_2\gamma_2\neq 0)$$

とおいてみよ．f_1 に f_2 を合成すると

$$(f_2f_1)(z)=f_2(f_1(z))=\frac{\alpha_2\cdot\dfrac{\alpha_1z+\beta_1}{\gamma_1z+\delta_1}+\beta_2}{\gamma_2\cdot\dfrac{\alpha_1z+\beta_1}{\gamma_1z+\delta_1}+\delta_2}$$

$$=\frac{(\alpha_2\alpha_1+\beta_2\gamma_1)z+(\alpha_2\beta_1+\delta_1\beta_2)}{(\gamma_2\alpha_1+\delta_2\gamma_1)z+(\gamma_2\beta_1+\delta_2\delta_1)}$$

さらに，定値関数にならないための条件

$$(\alpha_2\alpha_1+\beta_2\gamma_1)(\gamma_2\beta_1+\delta_2\delta_1)-(\alpha_2\beta_1+\delta_1\beta_2)(\gamma_2\alpha_1+\alpha_2\gamma_1)$$
$$=(\alpha_1\delta_1-\beta_1\gamma_1)(\alpha_2\delta_2-\beta_2\gamma_2)\neq 0$$

もみたされるから，$f_2 f_1$ も１次変換である．したがって

$$f_1 \in G,\ f_2 \in G \ \Rightarrow \ f_2 f_1 \in G$$

となって，G は合成について閉じていることが示された．

（ii） 写像は結合律をみたしたから，写像の１種である１次変換も当然結合律をみたす．

$$(f_1 f_2) f_3 = f_1 (f_2 f_3)$$

（iii） 単位元が存在すること

$\alpha=1,\ \beta=0,\ \gamma=0,\ \delta=1$ とおいたもの

$$e(z)=\frac{1\cdot z+0}{0\cdot z+1}=z$$

は恒等変換で G に属し，単位元にあたる．

（iv） 逆元が存在すること

任意の１次変換

$$w=f(z)=\frac{\alpha z+\beta}{\gamma z+\delta} \qquad \alpha\delta-\beta\gamma \neq 0$$

に対して，逆変換 $f^{-1}(z)$ があることを示そう．上の式を z について解くと

$$z=\frac{-\delta w+\beta}{\gamma w-\alpha}$$

w と z をいれかえて

$$w=g(z)=\frac{-\delta z+\beta}{\gamma z-\alpha}$$

定値関数にならないための条件

$$(-\delta)(-\alpha)-\beta\gamma=\alpha\delta-\beta\gamma \neq 0$$

もみたされる．

このgに対して $fg=gf=e$ が成り立つことは容易に確かめられるから， g は f の逆変換である．

以上によって，G は群をなすことが明らかにされた．

× ×

１次変換 [1] には， ４つの係数 $\alpha,\beta,\gamma,\delta$ があるが， これらの値が定まらなくとも，比が定まれば１次変換は決定する．この比を定めるには， ３つの方程式があればよい．したがって， １次変換は， ３つの対応値によって決定することがわかる．

また，１次変換は等形変換，線対称移動，反転の合成であった．これらの３つの変換は，どれをとっても，広義の円を円にかえる．したがって，１次変換によって広義の円は円にうつる．つまり，直線または円は直線または円にうつり，他の図形になることがない．

これらの事実を一気に解明するのが，１次変換と非調和比の関係である．

[2]　１次変換によって，４点 z_1, z_2, z_3, z_4 にそれぞれ点 w_1, w_2, w_3, w_4 が対応するとき，等式

$$\frac{z_3-z_1}{z_3-z_2} : \frac{z_4-z_1}{z_4-z_2} = \frac{w_3-w_1}{w_3-w_2} : \frac{w_4-w_1}{w_4-w_2}$$

が成り立つ．

この証明は，分数計算を根気強くすすめるだけのものである．

１次変換 [1] を用いると

$$w_3-w_1 = \frac{\alpha z_3+\beta}{\gamma z_3+\delta} - \frac{\alpha z_1+\beta}{\gamma z_1+\delta}$$

$$= \frac{(\alpha\delta-\beta\gamma)(z_3-z_1)}{(\gamma z_3+\delta)(\gamma z_1+\delta)}$$

サヒックスの１を２にかえて

$$w_3-w_2 = \frac{(\alpha\delta-\beta\gamma)(z_3-z_2)}{(\gamma z_3+\delta)(\gamma z_2+\delta)}$$

これらの２式から

$$\frac{w_3-w_1}{w_3-w_2} = \frac{z_3-z_1}{z_3-z_2} \cdot \frac{\gamma z_2+\delta}{\gamma z_1+\delta} \qquad ①$$

サヒックスの３を４にかえて

$$\frac{w_4-w_1}{w_4-w_2} = \frac{z_4-z_1}{z_4-z_2} \cdot \frac{\gamma z_2+\delta}{\gamma z_1+\delta} \qquad ②$$

① と ② の比をとれば，目的の等式が得られる．

×　　　　　　×

定理 [2] を用いると，３組の対応値 $(z_1, w_1), (z_2, w_2), (z_3, w_3)$ によって定まる１次変換が簡単に求められる．この１次変換によって，任意の点 z に点 w が対応したとすると，

$$\frac{w_3-w_1}{w_3-w_2} : \frac{w-w_1}{w-w_2} = \frac{z_3-z_1}{z_3-z_2} : \frac{z-z_1}{z-z_2}$$

これを w について解けば，w は z の１次式

$$w=\frac{\alpha z+\beta}{\gamma z+\delta}$$

が得られる．

また，4点 z_1, z_2, z_3, z_4 が同一の円，または同一の直線上にあれば，これらの非調和比の値は実数であった．したがって定理 [2] によって，対応する4点 w_1, w_2, w_3, w_4 の非調和比の値も実数であって，これらの4点も同一の円，または同一の直線上にある．

× ×

例 1 次の1次変換は単位円の内部，周，外部をそれぞれ単位円の外部，周，内部へうつすことを明らかにせよ．

$$w=\frac{z+2i}{2zi-1}$$

$|z|$ と1の大小に対応する $|w|$ と1の大小をみればよい．

$$|w|^2-1=w\bar{w}-1=\frac{z+2i}{2zi-1}\cdot\frac{\bar{z}-2i}{-2\bar{z}i-1}-1$$

$$=\frac{(z+2i)(\bar{z}-2i)-(2zi-1)(-2\bar{z}i-1)}{|2zi-1|^2}$$

$$=-\frac{3(|z|^2-1)}{|2zi-1|^2}$$

よって $|z|<1$ ならば $|w|>1$

$|z|=1$ ならば $|w|=1$

$|z|>1$ ならば $|w|<1$

例 2 1次変換 $w=\dfrac{z-3}{z-1}$ について，次の問に答えよ．

(1) 点 z が点 A(1) と B(3) を直径の両端とする円周上を動くとき，点 w はどんな図形上を運動するか．

(2) 点 z が A, B からの距離の比が 2:1 のアポロニュースの円上を運動するとき，点 w はどんな運動をするか．

(1) 点 z と点 w との対応も知るため，パラメーター表示を用いてみる．点 z が線分 AB を直径とする円周上にあるときは

$$z=2+\cos\theta+i\sin\theta$$

と表わされる．これに対応する点は

$$w=\frac{\cos\theta+i\sin\theta-1}{\cos\theta+i\sin\theta+1}=\frac{-2\sin^2\frac{\theta}{2}+2i\sin\frac{\theta}{2}\cos\frac{\theta}{2}}{2\cos^2\frac{\theta}{2}+2i\sin\frac{\theta}{2}\cos\frac{\theta}{2}}$$

$$=-\tan\frac{\theta}{2}\cdot\frac{\sin\frac{\theta}{2}-i\cos\frac{\theta}{2}}{\cos\frac{\theta}{2}+i\sin\frac{\theta}{2}}=i\tan\frac{\theta}{2}$$

よって，点 w は虚軸上を運動する．

(2) 点 z は A, B からの距離の比が $2:1$ であるから

$$\frac{|z-1|}{|z-3|}=\frac{2}{1} \qquad \therefore \quad \left|\frac{z-3}{z-1}\right|=\frac{1}{2}$$

$$\therefore \quad |w|=\frac{1}{2}$$

よって点 w は，原点を中心とする半径 $\frac{1}{2}$ の円上を運動する．

例3　単位円を単位円へうつす1次変換を求めよ．

求める1次変換を

$$w=\frac{\alpha z+\beta}{\gamma z+\delta} \qquad (\alpha\delta-\beta\gamma\neq 0)$$

とおいて，$\alpha, \beta, \gamma, \delta$ のみたす条件を明らかにすればよい．

$|z|^2=z\bar{z}=1$ のとき $|w|^2=w\bar{w}=1$ となることから

$$w\bar{w}=\frac{\alpha z+\beta}{\gamma z+\delta}\cdot\frac{\bar{\alpha}\bar{z}+\bar{\beta}}{\bar{\gamma}\bar{z}+\bar{\delta}}=1$$

$\bar{z}$ に $\frac{1}{z}$ を代入してから分母を払うと

$$(\alpha z+\beta)(\bar{\beta}z+\bar{\alpha})=(\gamma z+\delta)(\bar{\delta}z+\bar{\gamma})$$

これが $|z|=1$ をみたすすべての z について成り立つための条件は

$$\alpha\bar{\beta}=\gamma\bar{\delta} \qquad ①$$

$$\alpha\bar{\alpha}+\beta\bar{\beta}=\gamma\bar{\gamma}+\delta\bar{\delta} \qquad ②$$

$$\bar{\alpha}\beta=\bar{\gamma}\delta \qquad ③$$

③は①の共役方程式であるから，①と同値である．

$\alpha\neq 0$ のとき

①から　$$\bar{\beta}=\frac{\gamma\bar{\delta}}{\alpha}, \quad \beta=\frac{\bar{\gamma}\delta}{\bar{\alpha}} \qquad ④$$

これを②に代入して解くと

$$|\alpha|=|\gamma| \qquad \text{or} \qquad |\alpha|=|\delta|$$

$|\alpha|=|\gamma|$ のとき $\gamma=t\alpha$, $|t|=1$ とおくことができる．これを④に代入して $\beta=\bar{t}\delta$, このとき

$$\alpha\delta-\beta\gamma=\alpha\delta-t\alpha\cdot\bar{t}\delta=0$$

となって仮定に反する．

$|\alpha|=|\delta|$ のとき $\delta=\alpha t$, $|t|=1$ とおくことができる．これを④に代入して $\beta=\dfrac{\overline{\gamma}\alpha t}{\bar{\alpha}}$

$$\therefore \quad w=\frac{\alpha z+\dfrac{\overline{\gamma}\alpha t}{\bar{\alpha}}}{\gamma z+\alpha t}=\bar{t}\frac{z+\dfrac{\overline{\gamma}t}{\bar{\alpha}}}{\dfrac{\gamma\bar{t}}{\alpha}z+1}$$

ここで，$-\dfrac{\overline{\gamma}t}{\bar{\alpha}}=\lambda$ とおくと $-\dfrac{\gamma\bar{t}}{\alpha}=\bar{\lambda}$, さらに $-\bar{t}=\mu$ とおくと

$$w=\mu\frac{z-\lambda}{\bar{\lambda}z-1}$$

ただし $|\mu|=|-\bar{t}|=1$, さらに $1\cdot(-1)-(-\lambda)\bar{\lambda}\neq 0$ から $|\lambda|\neq 1$

$\alpha=0$ のとき

①から $\gamma\bar{\delta}=0$, しかるに $\alpha\delta-\beta\gamma=-\beta\gamma\neq 0$ から $\gamma\neq 0$ $\quad\therefore\ \delta=0$

②から $|\beta|=|\gamma|$, よって $\dfrac{\beta}{\gamma}=\mu$ とおくと

$$w=\mu\frac{1}{z}, \quad |\mu|=1$$

求める1次変換は，次のいずれかである．

(i) $w=\mu\dfrac{z-\lambda}{\bar{\lambda}z-1}$, $|\mu|=1$, $|\lambda|\neq 1$

(ii) $w=\mu\dfrac{1}{z}$, $|\mu|=1$

× ×

例3には，このほかにも，いろいろの解き方がある．たとえば $w=1,-1,i$ に対応する z の値を α,β,γ としてみよう．α,β,γ,z の非調和比は，$1,-1,i,w$ の非調和比に等しいから

$$\frac{i-1}{i+1}:\frac{w-1}{w+1}=\frac{\gamma-\alpha}{\gamma-\beta}:\frac{z-\alpha}{z-\beta}$$

$$\frac{w+1}{w-1}=-\frac{i(\gamma-\alpha)(z-\beta)}{(\gamma-\beta)(z-\alpha)}$$

これを w につい解いたものを

$$w=\frac{az+b}{cz+d} \qquad ①$$

とおくと

$$a=(\gamma-\beta)-(\gamma-\alpha)i$$
$$c=-(\gamma-\beta)-(\gamma-\alpha)i$$
$$b=-\alpha(\gamma-\beta)+\beta(\gamma-\alpha)i$$
$$d=\alpha(\gamma-\beta)+\beta(\gamma-\alpha)i$$

$|\alpha|=|\beta|=|\gamma|=1$ であるから $\bar{\alpha}=\dfrac{1}{\alpha}$, $\bar{\beta}=\dfrac{1}{\beta}$, $\bar{\gamma}=\dfrac{1}{\gamma}$

$$\therefore \quad \bar{a}=(\bar{\gamma}-\bar{\beta})+(\bar{\gamma}-\bar{\alpha})i=\left(\frac{1}{\gamma}-\frac{1}{\beta}\right)+\left(\frac{1}{\gamma}-\frac{1}{\alpha}\right)i$$
$$=\frac{\alpha(\beta-\gamma)\alpha+\beta(\alpha-\gamma)i}{\alpha\beta\gamma}=-\frac{d}{\alpha\beta\gamma}$$

$d=-\alpha\beta\gamma\bar{a}$　同様にして　$b=-\alpha\beta\gamma\bar{c}$

これらを ① に代入すると

$$w=\frac{az-\alpha\beta\gamma\bar{c}}{cz-\alpha\beta\gamma\bar{a}}$$

$a\neq 0$ のとき，上の式をかきかえれば

$$w=\frac{a}{\bar{a}\alpha\beta\gamma}\cdot\frac{z-\dfrac{\alpha\beta\gamma\bar{c}}{a}}{\dfrac{\bar{\alpha}\bar{\beta}\bar{\gamma}c}{\bar{a}}\cdot z-1}$$

$\dfrac{\alpha\beta\gamma\bar{c}}{a}=\lambda$, $\dfrac{a}{\bar{a}\alpha\beta\gamma}=\mu$ とおくと $|\mu|=1$, $|\lambda|\neq 1$

$$w=\mu\frac{z-\lambda}{\bar{\lambda}z-1}, \quad |\mu|=1, \quad |\lambda|\neq 1$$

$a=0$ のとき，　$w=-\dfrac{\alpha\beta\gamma\bar{c}}{c}\cdot\dfrac{1}{z}$, $-\dfrac{\alpha\beta\gamma\bar{c}}{c}=\mu$ とおくと

$$\therefore \quad w=\mu\frac{1}{z}, \qquad |\mu|=1$$

例 4　実軸を単位円にうつす1次変換を求めよ．

実軸上の3点 a, b, c がそれぞれ単位円上の点 $i, 1, -1$ にうつると仮定すると，$i, 1, -1, w$ の非調和比は a, b, c, z の非調和比に等しい．

$$\therefore\quad \frac{-1-i}{-1-1}:\frac{w-i}{w-1}=\frac{c-a}{c-b}:\frac{z-a}{z-b}$$

これを w について解いたものを $w=\dfrac{\alpha z+\beta}{\gamma z+\delta}$ とおけば

$$\alpha=-(b-c)+(2a-b-c)i,\qquad \beta=a(b-c)+(2bc-ab-ac)i$$
$$\gamma=(2a-b-c)-(b-c)i,\qquad \delta=(2bc-ab-ac)+a(b-c)i$$

となるから $\gamma=\bar{\alpha}i$, $\delta=\bar{\beta}i$ の関係がある．よって

$$\therefore\quad w=\frac{\alpha z+\beta}{(\bar{\alpha}z+\bar{\beta})i}$$

ここで $(\alpha\bar{\beta}-\bar{\alpha}\beta)i\neq 0$ だから $\alpha\neq 0$

$$\therefore\quad w=\frac{\alpha}{\bar{\alpha}i}\cdot\frac{z+\dfrac{\beta}{\alpha}}{z+\dfrac{\bar{\beta}}{\bar{\alpha}}}$$

$-\dfrac{\beta}{\alpha}=\lambda$, $\dfrac{\alpha}{\bar{\alpha}i}=\mu$ とおくと

$$w=\mu\frac{z-\lambda}{z-\bar{\lambda}},\quad (|\mu|=1,\ \lambda\neq\bar{\lambda})$$

練　習　問　題　4

問題

1．正の等形変換全体の集合を G とすると，G は合成に関して群をなすことを証明せよ．

2．正の等形変換の式の実部と虚部を分離することによって，この変換を表わす x,y について の式を求めよ．

　同じことを，負の等形変換についても試みよ．

3．z,w が複素数で

$$w=\frac{20z}{5-(2-i)z}$$

ヒントと略解

1．$f_1(z)=\alpha_1 z+\beta_1$ $(\alpha_1\neq 0)$, $f_2(z)=\alpha_2 z+\beta_2$ $(\alpha_2\neq 0)$ とおくと $(f_2 f_1)(z)=\alpha_1\alpha_2 z+(\alpha_2\beta_1+\beta_2)\in G$，結合律の成立は明らか．単位元は $e(z)=z$，f_1 の逆元は逆変換 $f_1^{-1}(z)=\dfrac{1}{\alpha_1}z-\dfrac{\beta_1}{\alpha_1}$

2．$w=\alpha z+\beta$ で，$w=x'+y'i$, $z=x+yi$, $\alpha=k(\cos\theta+i\sin\theta)$, $\beta=a+bi$ とおく．

$$\begin{cases}x'=k(x\cos\theta-y\sin\theta)+a\\ y'=k(x\sin\theta+y\cos\theta)+b\end{cases}$$

負の等形変換 $w=\alpha\bar{z}+\beta$ では

$$\begin{cases}x'=k(x\cos\theta+y\sin\theta)+a\\ y'=k(x\cos\theta-y\cos\theta)+b\end{cases}$$

であるとき，点zが単位円

$$|z|=1$$

の内部および周上にあれば，点wはどんな領域にあるか．

4．1次変換 $w=\dfrac{z}{z-i}$ による円 $|z+i|=1$ の像を求めよ．

5．点zが直線

$$iz-i\bar{z}=1$$

の上を動くとき，点$w=\dfrac{z+i}{z-i}$ はどんな図形上を動くか．

6．点zが原点Oと点A$(1+i)$を結ぶ線分上にあるとき，点

$$w=(z-\alpha)i+\alpha$$

はどんな図形上にあるか．

3．zについて解いて $z=\dfrac{5w}{20+(2-i)w}$ これを $z\bar{z}\leqq 1$ に代入して

$$\frac{5w}{20+(2-i)w}\cdot\frac{5\overline{w}}{20+(2+i)\overline{w}}\leqq 1$$

分母を払って整理せよ．$|w-(2+i)|\leqq 5$

点wは点 $2+i$ を中心とする半径5の円の内部および周上にある．

4．zについて解いて $|z+i|=1$ に代入する．

$$\frac{(2w-1)i}{w-1}\cdot\frac{-(2\overline{w}-1)i}{\overline{w}-1}=1,\quad \left|w-\frac{1}{3}\right|=\frac{1}{3}$$

5．zについて解いて $z=\dfrac{iw+i}{w-1}$，これを $iz-i\bar{z}=1$ に代入する．$\left|w-\dfrac{1}{3}\right|=\dfrac{2}{3}$

6．$w-\alpha=(z-\alpha)i$，点wは点zを点αを中心に90°回転した点である．よって，求める図形は，線分OAを点αを中心に90°回転したもの．

著者紹介：

石谷　茂（いしたに・しげる）

大阪大学理学部数学科卒

主　書　教科書にない高校数学
初めて学ぶトポロジー
大学入試　新作数学問題100選
∀と∃に泣く
ε－δに泣く
Max と Min に泣く
Dim と Rank に泣く
2次行列のすべて
入門入門群論
エレガントな入試問題解法集　上・下　（以上 現代数学社）

数学の本質をさぐる2　新しい解析幾何・複素数とガウス平面

2021年2月21日　初版第1刷発行

著　者　　石谷　茂

発行者　　富田　淳

発行所　　株式会社　現代数学社
〒606-8425 京都市左京区鹿ヶ谷西寺ノ前町1
TEL 075 (751) 0727　FAX 075 (744) 0906
https://www.gensu.co.jp/

装　幀　　中西真一（株式会社 CANVAS）

印刷・製本　　亜細亜印刷株式会社

ISBN 978-4-7687-0553-7　　2021 Printed in Japan